"国家示范性高等职业院校建设计划项目"中央财政支持重点建设专业

杨凌职业技术学院水利水电建筑工程专业课程改革系列教材

《工程水文及水利计算》工学结合案例及技能训练项目集

《工程水文及水利计算》课程建设团队　编著

中国水利水电出版社
www.waterpub.com.cn

内 容 提 要

　　本教材是"国家示范性高等职业院校建设计划项目"中央财政支持重点建设专业杨凌职业技术学院水利水电建筑工程专业课程改革系列教材。本教材分两部分，第一部分主要包括：水利水电工程的水文与水利计算问题概述、防洪与灌溉为主水库的水文水利计算、城市供水为主水库的水文水利计算、堤防工程水文计算、小型水电站水能计算、Excel 在水文水利计算中的应用。第二部分为技能训练项目集，并包括 22 个技能训练项目，每个训练项目都有明确的训练目标和做法提示，为学生课后训练提供方便。

　　本教材可作为高职高专水利工程、水利水电建筑工程、城市水利、水利工程监理、水土保持等专业的教材，也可作为相关专业工程技术人员的参考用书。

图书在版编目（CIP）数据

《工程水文及水利计算》工学结合案例及技能训练项目集/《工程水文及水利计算》课程建设团队编著. —
北京：中国水利水电出版社，2010.7（2016.1 重印）
　（杨凌职业技术学院水利水电建筑工程专业课程改革系列教材

　ISBN 978 - 7 - 5084 - 7619 - 3

　Ⅰ.①工… Ⅱ.①工… Ⅲ.①工程水文学-高等学校
：技术学校-教学参考资料②水利计算-高等学校：技术
学校-教学参考资料 Ⅳ.①TV12

中国版本图书馆 CIP 数据核字（2010）第 140968 号

书　　名	"国家示范性高等职业院校建设计划项目"中央财政支持重点建设专业 杨凌职业技术学院水利水电建筑工程专业课程改革系列教材 **《工程水文及水利计算》工学结合案例及技能训练项目集**
作　　者	《工程水文及水利计算》课程建设团队　编著
出版发行	中国水利水电出版社 （北京市海淀区玉渊潭南路 1 号 D 座　　100038） 网址：www. waterpub. com. cn E - mail：sales@waterpub. com. cn 电话：（010）68367658（发行部）
经　　售	北京科水图书销售中心（零售） 电话：（010）88383994、63202643、68545874 全国各地新华书店和相关出版物销售网点
排　　版	中国水利水电出版社微机排版中心
印　　刷	北京市北中印刷厂
规　　格	184mm×260mm　16 开本　13.25 印张　314 千字
版　　次	2010 年 7 月第 1 版　2016 年 1 月第 3 次印刷
印　　数	6001—8000 册
定　　价	**30.00** 元

凡购买我社图书，如有缺页、倒页、脱页的，本社发行部负责调换

"国家示范性高等职业院校建设计划项目"教材编写委员会

主　任：张朝晖

副主任：陈登文

委　员：刘永亮　祝战斌　拜存有　张　迪　史康立

解建军　段智毅　张宗民　邹　剑　张宏辉

赵建民　刘玉凤　张　周

《〈工程水文及水利计算〉工学结合案例及技能训练项目集》教材编写团队

编　著：杨凌职业技术学院　拜存有

徐州建筑职业技术学院　张子贤

参　编：河北省水文水资源勘测局　刘惠霞

西北农林科技大学水建学院　王双银

山东科技大学地质科学与工程学院　张升堂

杨陵职业技术学院　刘红英

主　审：中国水电顾问集团西北勘测设计研究院　王康柱

陕西省水利电力勘测设计院　阴宇宙

序

    2006 年 11 月，教育部、财政部联合启动了"国家示范性高等职业院校建设计划项目"，杨凌职业技术学院是国家首批批准立项建设的 28 所国家示范性高等职业院校之一。在示范院校建设过程中，学院坚持以人为本、以服务为宗旨、以就业为导向，紧密围绕行业和地方经济发展的实际需求，致力于积极探索和构建行业、企业和学院共同参与的高职教育运行机制。在此基础上，以"工学结合"的人才培养模式创新为改革的切入点，推动专业建设，引导课程改革。

    课程改革是专业教学改革的主要落脚点，课程体系和教学内容的改革是教学改革的重点和难点，教材是实施人才培养方案的有效载体，也是专业建设和课程改革成果的具体体现。在课程建设与改革中，我们坚持以职业岗位（群）核心能力（典型工作任务）为基础，以课程教学内容和教学方法改革为切入点，坚持将行业标准和职业岗位要求融入到课程教学中，使课程教学内容与职业岗位能力融通、与生产实际融通、与行业标准融通、与职业资格证书融通。同时，强化课程教学内容的系统化设计，协调基础知识培养与实践动手能力培养的关系，增强学生的可持续发展能力。

    通过示范院校建设与实践，我院重点建设专业初步形成了"工学结合"特色较为明显的人才培养模式和较为科学合理的课程体系，制订了课程标准，进行了课程总体教学设计和单元教学设计，并在教学中予以实施，收到了良好的效果。为了进一步巩固扩大教学改革成果，发挥示范、辐射、带动作用，我们在课程实施的基础上，组织由专业课教师及合作企业的专业技术人员组成的课程改革团队编写了这套工学结合特色教材。本套教材突出体现了以下几个特点：一是在整体内容构架上，以实际工作任务为引领，以项目为基础，以实际工作流程为依据，打破了传统的学科知识体系，形成了特色鲜明的项目化教材内容体系；二是按照有关行业标准、国家职业资格证书及毕业生面向职业岗位的具体要求编排教学内容，充分体现教材内容与生产实际相融通，与岗位技术标准相对接，增强了实用性；三是以技术应用能力（操作技能）为核心，以基本理论知识为支撑，以拓展性知识为延伸，将理论知识学习与能力培养置于实际情景之中，突出工作过程技术能力的培养和经验性知识的积累。

    本套特色教材的出版，既是我院国家示范性高等职业院校建设成果的集中反映，也是带动高等职业院校课程改革、发挥示范辐射带动作用的有效途径。我们希望本套教材能对我院人才培养质量的提高发挥积极作用，同时，为相关兄弟院校提供良好借鉴。

杨凌职业技术学院院长：

2010 年 2 月 5 日于杨凌

水利水电建筑工程专业是杨凌职业技术学院"国家示范性高等职业院校建设计划项目"中央财政重点支持的 4 个专业之一；项目编号为 062302。按照子项目建设方案，在广泛调研的基础上，与行业企业专家共同研讨，在原国家教改试点成果的基础上不断创新"合格＋特长"的人才培养模式，以水利水电工程建设一线的主要技术岗位核心能力为主线，兼顾学生职业迁移和可持续发展需要，构建工学结合的课程体系，优化课程内容，进行专业平台课与优质专业核心课的建设。经过 3 年的探索实践取得了一系列成果，2009年 9 月 23 日顺利通过省级验收。为了固化示范建设成果，进一步将其应用到教学之中，实现最终让学生受益的目标，在同类院校中形成示范与辐射，经学院专门会议审核，决定正式出版系列课程教材，包括优质专业核心课程、工学结合一般课程等，共计 16 部。

《〈工程水文及水利计算〉工学结合案例及技能训练项目集》属于工学结合特色教材《工程水文及水利计算》的配套辅助教材，是根据工学结合特色教材的编写思路，从北方地区常见中小型水利水电工程项目的可研和初设资料中筛选典型工程案例，贯彻工程规范的要求，体现实际工程的水文设计与水利计算过程，为学生课程学习提供有效参考，进一步突出课程的实用性和针对性。

本教材分两部分，第一部分主要包括：水利水电工程的水文与水利计算问题概述、防洪与灌溉为主水库的水文水利计算、城市供水为主水库的水文水利计算、堤防工程水文计算、小型水电站水能计算、Excel 在水文水利计算中的应用，各部分内容均选择中小型水利水电工程典型案例（水文水利计算部分），共计 6 个。

第二部分为技能训练项目集。为了加强学生的技能训练，根据工程实际资料进行编写，共包括 22 个技能训练项目，每个训练项目都有明确的训练目标和做法提示，为学生课后训练提供方便。

本教材由院校专业教师牵头，邀请行业企业专家参与，共同优选实际工程设计案例，按工学结合要求进行编写，是课程建设团队共同努力的结晶。全书主要由杨凌职业技术学院拜存有和徐州建筑职业技术学院张子贤编著，拜存有负责统稿。第一部分的第 1 章、第5 章案例 5.1、第二部分的技能训练项目 11～技能训练项目 21 由拜存有编写；第一部分的第 2 章、第 6 章，第二部分的技能训练项目 22 由张子贤编写；第一部分的第 3 章由河北水文水资源勘测局刘惠霞编写；第一部分的第 5 章案例 5.2 由西北农林科技大学水建学院王双银编写；第一部分的第 4 章由山东科技大学地质科学与工程学院张升堂编写；第二部分的技能训练项目 1～技能训练项目 10 由杨凌职业技术学院刘红英编写。中国水电顾问集团西北水电勘测设计研究院王康柱和陕西省水利电力勘测设计院阴宇宙任主审。

另外，本教材也得到了杨慧英、何书会等多位专家的热情帮助和指导，在此表示由衷的感谢。

　　本教材编写中将工作任务与工作内容引入课程教学，实现"学中做"和"做中学"，体现了职业教育的最新理念。本教材的编写过程是示范建设中的一种大胆创新，虽有一定的新意，但错误与缺陷在所难免，恳望各位读者多提宝贵意见！

本课程建设团队

2009 年 9 月

目 录

第一部分

工 学 结 合 案 例

第1章 水利水电工程的水文与水利计算问题概述

1.1 建设项目概述

1.1.1 建设项目的概念

1. 项目的含义及其特性

项目是指在一定的约束条件下，具有特定的明确目标的一次性事业（或活动）。项目的概念有广义与狭义之分。就广义的项目概念而言，凡是符合上述定义的一次性事业都可以看作项目，如技术更新改造项目、新产品开发项目、科研项目等。在工程领域，狭义的项目概念，一般专指工程建设项目，如修建一座水电站、一栋大楼、一条公路等具有质量、工期和投资目标要求的一次性工程建设任务。工程建设项目，是最为常见最为典型的项目类型，属于投资项目中最重要的一类，是一种既有投资行为又有建设行为的项目决策与实施活动。

项目的内涵，项目的特性和内在规律性，主要体现在以下几方面。

（1）项目的一次性和单件性。所谓一次性，是指项目过程的一次性。它区别于周而复始的重复性活动。一个项目完成后，不会再安排实施与之完全相同的项目。项目作为一次性事业，其成果具有明显的单件性。它不同于现代工业化的大批量生产。因此，作为项目的决策者与管理者，只有认识到项目的一次性和单件性的特点，才能有针对性地根据项目的具体情况和条件，采取科学的管理方法和手段，实现预期目标。

（2）项目的目标性。任何一个项目，不论是大型项目、中型项目，还是小型项目，都必须有明确的特定目标。所谓项目目标一般包括成果性目标和约束性目标。项目的成果性目标一般是指工程建设项目的功能要求，即项目提供或增加一定的生产能力，或形成具有特定使用价值的固定资产。例如，修建一座水电站，其成果性目标表现为形成一定的建设规模，建成后应具有一定的发电供电能力等。项目的约束性目标也称约束条件或限制条件。就一个工程建设项目而言，是指明确规定的建设工期、投资和工程质量标准等。作为项目管理者要充分认识到：项目成果性目标和项目约束性目标是密不可分的，脱离了约束性目标，成果性目标就难以实现。所以，项目管理必须认真分析研究和处理好投资、工期、质量三者之间的关系，力争获得三个目标的整体最优，最终实现成果性目标。项目中的任何约束性目标，都必须受控于项目的成果性总目标。

2. 建设项目的划分及其特殊性

任何工程项目的运营，都必须具备必要的固定资产和流动资产。固定资产是指在社会再生产过程中，可供较长时间反复使用，使用年限一年以上，单位价值在规定的限额以上，并在其使用过程中基本上不改变原有实物形态的劳动资料和物质资料。如水工建筑物、电器设备、金属结构设备等。为了保证社会发展和再生产的顺利进行，必须进行固定资产再生产，包括简单再生产和扩大再生产。

基本建设即固定资产的建设，包括建筑、安装和购置固定资产的活动及与之相关的工作。它属于固定资产的扩大再生产范畴。

建设项目即基本建设项目，是指按照一个总体设计进行施工，由若干个具有内在联系的单项工程组成，经济上实行统一核算，行政上实行统一管理的基本建设单位。

为了工程管理工作的需要，建设项目可按单项工程、单位工程、分部工程和分项工程逐级划分，如图 1.1 所示。

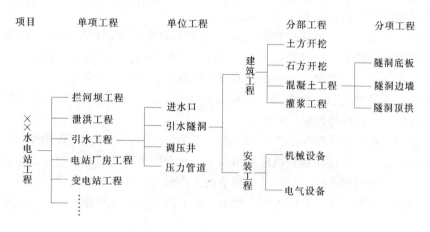

图 1.1　建设项目划分示例

单项工程是建设项目的组成部分。一个单项工程应有独立的设计文件，建成后可以独立发挥设计文件所规定的生产能力或效益。如水电站工程中的拦河坝工程、泄洪工程、引水工程、电站厂房工程、变电站工程等。

单位工程是单项工程的组成部分。按照单项工程各组成部分的性质及能否独立施工，可将单项工程划分为若干个单位工程。单位工程一般还可划分为建筑工程和安装工程两类。

分部工程是单位工程的组成部分，它是按照建筑物部位或施工工种的不同来划分的。如溢流坝的坝基开挖工程、混凝土浇筑工程、隧洞的开挖工程、混凝土衬砌工程等。分部工程是编制建设计划、编制概预算、组织施工、进行承包结算和成本核算的基本单位，也是检验和评定建筑安装工程质量的基础。分项工程是分部工程的组成部分。对于水利水电工程，一般将人力、物力消耗定额基本相近的结构部位，归为同一分项工程，如溢流坝的混凝土工程可分为坝身、闸墩、胸墙、工作桥、护坦等分项工程。

分部、分项工程的划分，一般应与国家颁发的概预算定额中项目的划分一致。

应当说明的是：根据不同的管理需要，项目划分的方式有所不同，如《水利水电工程质量评定规程》（SL 176—1999）规定，在质量评定中，项目划分为单位工程、分部工程和单元工程。

建设项目具有自己的特殊性。建设项目的特殊性主要有以下几方面：

（1）总体性。建设产品的总体性表现在：①它是由许多材料、半成品和产成品经加工装配而组成的综合体；②它是由许多个人和单位分工协作、共同劳动的总成果；③它是由许多具有不同功能的建筑物有机结合成的完整体系。例如一座水电站，它是由土石料、混凝土、钢材、水轮发电机组以及其他各种机电设备组成的；参与工程建设的单位除项目法人外，还有设计单位、施工单位、设备材料生产供应单位、咨询单位、监理单位等；整个工程不仅包括发电、输变电系统，而且包括水库、引水系统、泄水系统等有关建筑物，另外还包括相应的生活、后勤服务设施。

（2）固定性。一般的工农业产品可以流动，消费使用空间不受限制，而建设产品只能固定在建设场址使用，不能移动。

工程建设的特殊性有以下方面：

（1）生产周期长。由于建设产品体型庞大，工程量巨大，建设期间要耗用大量的资源，加之建设产品的生产环境复杂多变，受自然条件影响大，所以，其建设周期长，通常需要几年至十几年。一方面，在如此长的建设周期中，不能提供完整产品，不能发挥完全效益，造成了大量的人力、物力和资金的长期占用；另一方面，由于建设周期长，受政治、社会与经济、自然等因素影响大。

（2）建设过程的连续性和协作性。工程建设的各阶段、各环节、各协作单位及各项工作，必须按照统一的建设计划有机地组织起来，在时间上不间断，在空间上不脱节，使建设工作有条不紊地顺利进行。如果某个环节的工作遭到破坏和中断，就会导致该项工作的停工，甚至波及其他工作，造成人力、物力、财力的积压，并可能导致工期拖延，不能按时投产使用。

（3）施工的流动性。建设产品的固定性决定了施工的流动性。建设产品只能固定在使用地点，施工人员及机械就必然要随建设对象的不同而经常流动转移。一个项目建成后，建设者和施工机械就得转移到下一个项目的工地上去。

（4）受自然和社会条件的制约性强。一方面，由于建设产品的固定性，工程施工多为露天作业；另一方面，在建设过程中，需要投入大量的人力和物资。因此，工程建设受地形、地质、水文、气象等自然因素以及材料、水电、交通、生活等社会条件的影响很大。

1.1.2 建设项目的分类

为了管理和统计分析的需要，建设项目可从不同角度进行分类。

1. 按照水利工程建设项目不同的效益和市场需求情况分类

水利部1995年印发的《水利工程建设项目实行项目法人责任制的若干意见》指出："根据水利行业特点和建设项目不同的社会效益、经济效益和市场需求等情况，将建设项目划分为生产经营性、有偿服务性和社会公益性三类项目。"

生产经营性项目包括城镇、乡镇供水和水电项目。这类项目要按社会主义市场经济的需求，以受益地区或部门为投资主体，使用资金以贷款、债券和自筹等各项资金为主。国家在贷款和发行债券方面通过政策性银行给予相应的优惠政策。

有偿服务性项目包括灌溉、水运、机电排灌等项工程。这类项目应以地方政府和受益部门、集体和农户为投资主体，使用资金以部分拨款、拨改贷（低息）、贴息贷款和农业开发基金有偿部分为主。大型重点工程也可争取利用外资。

社会公益性项目包括防洪、防潮、治涝、水土保持等工程项目。这类工程应以国家（包括中央和地方）为投资主体，使用资金以财政拨款（包括国家预算内投资、国家农发基金、以工代赈等无偿使用资金）为主。对有条件的经济发达地区亦可使用有偿资金和贷款进行建设。

2. 按建设项目的建设阶段分类

按建设项目的建设阶段不同，一般分为预备项目、筹建项目、施工项目、建成投产项目等。

3. 按建设项目的建设性质分类

按建设项目的建设性质不同，可分为新建项目、扩建项目、改建项目、迁建项目和恢复项目。新建项目是指新开工建设的项目；扩建项目是指原企事业单位为扩大生产能力或效益而兴建的附属于原单位的工程项目；改建项目是指原企事业单位对原有设备或工程进行技术改造的项目；迁建项目是指原有企事业单位由于改变生产布局或环境保护以及其他特殊需要，搬迁到另外地方进行建设的项目；恢复项目是指企事业单位按原规模恢复受灾害或战争破坏的固定资产而投资建设的项目。但在恢复的同时进行扩建，应视作扩建项目。

4. 按建设项目的规模或投资总量分类

按建设项目规模或投资总量大小，一般分为大型项目、中型项目和小型项目。例如水电站按装机容量分：25 万 kW 以上为大型，25 万～2.5 万 kW 为中型，2.5 万 kW 以下为小型；水库以库容量分：1 亿 m³ 以上为大型，1 亿～1000 万 m³ 为中型，1000 万 m³ 以下为小型；对于非生产性建设项目，总投资在 2000 万元以上为大型。2000 万～1000 万元为中型，1000 万元以下为小型。

5. 按建设项目的土建工程性质分类

按建设项目的土建工程性质，可分为房屋建筑工程项目、土木建筑工程项目（如公路、桥梁、机场、铁道、港口码头、地下建筑、输油管道、污水处理、水利工程等）、工业建筑工程项目（如发电厂、矿山、炼钢厂、化工厂、机电设备制造厂、纺织厂、食品加工厂等）。

6. 按建设项目的使用性质分类

按建设项目的使用性质，一般分为公共工程项目（如公路、通信、城市给排水、部分水利工程设施、教育科研设施、医疗保健设施、文化体育设施、政府机关建设工程等）、生产性产业建设项目、服务性产业建设项目（如宾馆、商店等）、生活设施建设项目。

国家根据不同时期经济发展的目标，结构调整的任务和其他需要，对以上各类建设项目制定不同的调控和管理政策。因此，系统地了解建设项目的分类，对贯彻国家有关方针、政策，搞好项目管理有着重要意义。

1.2　水利水电工程项目的建设程序

1.2.1　建设程序的概念

建设程序是指由行政性法规、规章所规定的，进行基本建设所必须遵循的阶段及其先后顺序。这个法则是人们在认识客观规律，科学地总结建设工作的实践经验的基础上，结合经济管理体制制定的。它反映了项目建设所固有的客观规律和经济规律，体现了现行建设管理体制的特点，是建设项目科学决策和顺利进行的重要保证。国家通过制定有关法规，把整个基本建设过程划分为若干个阶段，规定了每一阶段的工作内容、原则以及审批权限。建设程序既是基本建设应遵循的准则，也是国家对基本建设进行监督管理的手段之一。它是国家计划管理、宏观资源配置的需要，是主管部门对项目各阶段监督管理的需要。

1.2.2 水利水电工程建设程序

我国的工程项目建设程序是在社会主义建设中，随着人们对项目建设认识的日益深化而逐步建立、发展起来的，并随着我国经济体制改革的深入得到进一步完善。1952 年，我国出台了第一个有关建设程序的全国性文件，对基本建设阶段作出了初步的规定。之后，又对加强规划和设计等工作做出了进一步的规定。改革开放以来，改革和完善建设程序的步骤加快。1978 年，明确规定项目从计划建设到建成投产必须经过以下阶段：编制计划任务书，选定建设地点；经批准后，进行勘察设计；初步设计，经批准列入国家投资年度计划后，组织施工；工程按设计完成，进行验收，交付使用。1979 年，决定建立建设项目开工报告制度。1981 年，对利用外资、引进技术项目提出要编制项目建议书和可行性研究报告的要求。1983 年做出决定，国内项目也试行项目建议书和可行性研究报告的做法。1984 年确定所有项目都实行项目建议书和设计任务书审批制度，利用外资和引进技术项目以可行性研究报告代替设计任务书。1991 年又进一步规定，将国内投资的项目设计任务书和利用外资项目的可行性研究报告统一称为可行性研究报告，取消设计任务书的名称。

1995 年，水利部《水利工程建设项目管理规定（试行）》（水建 128 号）文件规定，水利工程建设程序一般分为：项目建议书、可行性研究报告、初步设计、施工准备（包括招标设计）、建设实施、生产准备、竣工验收、后评价等阶段。

水利工程项目建设程序中，通常将项目建议书、可行性研究和初步设计作为一个大阶段，称为项目建设前期阶段；初步设计以后的建设活动作为另一大阶段，称为项目建设实施阶段；最后是生产阶段。水利水电工程建设程序各阶段相关的主要工作如图 1.2 所示。

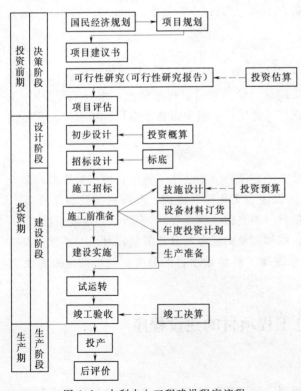

图 1.2　水利水电工程建设程序流程

1.2.2.1　项目建议书

项目建议书是要求建设某一具体工程项目的建议文件，是基本建设程序中最初阶段的工作，是投资决策前对拟建项目的轮廓设想。编制项目建议书，应根据国民经济和社会发展规划与地区经济发展规划的总体要求，在经批准的流域（区域）综合利用规划或行业发展规划的基础上，提出开发目标和任务，对项目的建设条件进行调查和必要的勘察工作，并在对资金筹措进行分析后，择优选定建设项目及其建设规模、地点和时间，论证项目建设的必要性，初步分析项目建设的可能性。

20 世纪 70 年代，国家规定的基本建设程序第一步是设计任务书（计划任务书）。设计任务书一经批准，就表示项目已经成立。为了进一步加强项目前期工作，对项目建设的必要性进行充分论证，国家从 80 年代初期规定了增加项目建议书这一步骤。项目建议书经批准后，可以进行详细的可行性研究工作，但项目建议书不是项目的最终决策。

各部门、地区、企事业单位应根据国民经济和社会发展的长远规划、行业规划、地区规划等要求，经过调查、预测分析后，提出项目建议书。有些部门在提出项目建议书之前，还增加了初步可行性研究工作。对拟进行建设的项目初步论证后，再行编制项目建议书。国家目前对项目初步可行性研究没有统一的要求，由各行业根据自己行业的特点而定。水利工程的项目建议书编制按照水利部《水利水电工程项目建议书编制暂行规定》（1996）进行。项目建议书按要求编制完成后，按照建设总规模和限额划分审批权限报批。按现行规定，凡属大中型或限额以上项目的项目建议书，首先要报送行业归口主管部门，同时抄送国家发改委。行业归口主管部门根据国家中长期规划的要求，着重从资金来源、建设布局、资源合理利用、经济合理性、技术可行性等方面进行初审。行业归口主管部门初审通过后报国家发改委，由国家发改委再从建设总规模、生产力总布局、资源优化配置及资金供应、外部协作条件等方面进行综合平衡，并委托有资格的工程咨询单位评估后审批。凡行业归口主管部门初审未通过的项目，国家发改委不予审批。凡属小型和限额以下项目的项目建议书，按项目隶属关系由部门或地方计委审批。

1.2.2.2　可行性研究报告

项目建议书一经批准，即可着手进行可行性研究，在进行全面技术经济预测、计算、分析论证和多种方案比较的基础上，对项目在技术上是否可行和经济上是否合理进行科学的分析和论证。我国从 20 世纪 80 年代初将可行性研究正式纳入基本建设程序，规定大中型项目、利用外资项目、引进技术和设备进口项目，都要进行可行性研究，其他项目有条件的也要进行可行性研究。承担可行性研究工作的单位应是经过资格审定的规划、设计和工程咨询单位。

可行性研究报告是在可行性研究的基础上编制的一个重要文件。它确定建设项目的建设原则和建设方案，是编制设计文件的重要依据。可行性研究报告的主要内容包括建设项目的目标与依据、建设规模、建设条件、建设地点、资金来源、综合利用要求、环保评估、建设工期、投资估算、经济评价、工程效益、存在的问题和解决方法等。由于可行性研究报告是项目决策和进行初步设计的重要文件，要求必须有相当的深度和准确性。

1988 年国务院颁布的投资管理体制的近期改革方案规定，属中央投资、中央和地方合资的大中型和限额以上项目的可行性研究报告，要报送国家计委审批。国家计委在审批过程中征求行业归口主管部门和国家专业投资公司的意见，同时委托有资格的工程咨询公司进行评估。根据行业归口主管部门的意见、投资公司的意见和咨询公司的评估意见，国家计委再行审批；总投资 2 亿元以上的项目，不论是中央项目还是地方项目，都要经国家计委审查后报国务院审批。中央各部门所属小型和限额以下项目，由各部门审批；地方投资 2 亿元以下项目，由地方计委审批。

可行性研究报告经批准后，该建设项目即可立项并进行下一步的勘测设计工作。

1.2.2.3　设计工作

设计是对拟建工程的实施在技术上和经济上所进行的全面而详细的安排，是基本建设计划的具体化，是整个工程的决定环节，是组织施工的依据。它直接关系着工程质量和将来的使用效果。经批准可行性研究报告的建设项目，应委托设计单位，按照批准的可行性研究报告的内容和要求进行设计，编制设计文件。

根据建设项目的不同情况，设计过程一般划分为两个阶段，即初步设计和施工图设计。重大项目和技术复杂项目，可根据不同行业的特点和需要，增加技术设计阶段。

1. 初步设计

初步设计是根据批准的可行性研究报告和必要而准确的设计资料，对设计对象进行系统研究，阐明拟建工程在技术上的可行性和经济上的合理性，规定项目的各项基本技术参数，编制项目的总概算。初步设计应择优选择有相应资格的设计单位承担，并依照有关初步设计编制规定进行编制。

水利水电工程项目的初步设计，应根据充分利用水资源、综合利用工程设施和就地取材的原则，通过不同方案的分析比较，论证本工程及主要建筑物的等级标准，选定坝（闸）址，确定工程总体布置方案、主要建筑物型式和控制性尺寸、水库各种特征水位、装机容量、机组机型，制定施工导流方案、主体工程施工方法、施工总进度及施工总布置以及对外交通、施工动力和工地附属企业规划，并进行选定方案的设计和编制设计概算。根据国家规定，如果初步设计提出的总概算超过可行性研究报告确定的投资估算 10% 以上或其他主要指标需要变更时，要重新报批可行性研究报告。

2. 技术设计

技术设计是针对初步设计中的重大技术问题而进一步开展的设计工作。它在进行科学研究、设备试制后取得可靠数据和资料的基础上，具体地确定初步设计中所采用的工艺、土建结构等方面的主要技术问题，并编制修正总概算。

随着水利工程建设管理体制改革的进一步深化和工程建设招标投标制的推行，水利部在 1994 年 11 月颁发的《关于明确招标设计阶段的通知》（水建〔1994〕488 号）规定，凡要求实行施工招投标的工程，均要进行招标设计。招标设计阶段的工作内容，暂按原技术设计的要求进行，并在此基础上制定施工规划，编制招标文件。招标设计工作在施工准备阶段进行。

3. 施工图设计

施工图设计是按初步设计或技术设计所确定的设计原则、结构方案和控制尺寸，根据建筑安装工作的需要，分期分批地编制工程施工详图的设计。在施工图设计中，还要编制相应的施工图预算。

设计文件要按规定程序报送审批。初步设计与总概算应提交主管部门审批。施工图设计因是设计方案的具体化，由设计单位负责，在交付施工前，须经项目法人或由项目法人委托监理单位审查。

1.2.2.4　施工准备

1. 项目报建

施工准备工作开始前，项目法人或其代理机构，应依照《水利工程建设项目管理规定（试行）》（水利部水建〔1995〕128 号）和《水利工程建设项目报建管理办法》（水建〔1998〕275 号）的规定，向水行政主管部门办理报建手续，项目报建须交验工程建设项目的有关批准文件。

工程项目进行报建登记后，方可组织施工准备工作。进行施工准备必须满足如下条件：

（1）初步设计已经批准。

（2）项目法人已经成立。

（3）项目已列入国家或地方水利建设投资计划，筹资方案已经确定。

（4）有关土地使用权已经批准。

（5）已办理报建手续。

2. 施工准备工作

项目法人或建设单位向主管部门提出主体工程开工申请报告前，必须进行施工准备工作，主要包括：

（1）建设项目列入国家年度计划、落实年度建设资金。

（2）施工现场的征地、拆迁。

（3）完成施工用水、电、通信、道路和场地平整等工程。

（4）必需的生产、生活临时建筑工程。

（5）组织招标设计、咨询服务。

（6）选择设计单位并落实初期主体工程施工详图设计。

（7）组织项目监理、设备采购、施工等招标。

年度建设计划是合理安排分年度施工项目和投资，规定计划年度应完成的建设任务的文件。它具体规定：各年应该建设的工程项目和进度要求，应该完成的投资金额的构成，应该交付使用固定资产的价值和新增的生产能力等。只有列入批准的年度建设计划的工程项目，才能安排施工和支用建设资金。在项目新开工前，必须由审计机关对项目的有关内容进行审计证明，审计机关主要对项目的资金来源是否正当、落实，项目开工前的各项支出是否符合国家的有关规定，资金是否存入规定的专业银行进行审计。

准备工作基本就绪后，要向上级主管部门提交开工申请报告，经批准后，才能正式开工。

1.2.2.5　建设实施

建设实施阶段是指主体工程的建设实施。建设项目经批准开工后，项目法人按照批准的建设文件，组织工程建设；参与项目建设的各方，依照项目法人或建设单位与设计、监理、工程承包单位以及材料与设备采购等有关各方签订的合同，行使各方的合同权利，并严格履行各自的合同义务。项目法人或建设单位应按照批准的建设文件，依照有关合同，协调有关建设各方的关系和建设外部环境。

1. 开工时间

开工时间是指建设项目设计文件中规定的任何一项永久性工程中第一次正式破土动工的时间。工程地质勘察、平整土地、临时导流工程、临时建筑，施工用临时道路、水、电等施工，不算正式开工。

2. 主体工程开工条件

项目法人或其代理机构必须按审批权限，向主管部门提出主体工程开工申请报告，经批准后，主体工程方能正式开工。主体工程开工须具备的条件是：

（1）前期工程各阶段文件已按规定批准，施工详图设计可以满足初期主体工程施工需要。

（2）建设项目已列入国家或地方水利建设投资年度计划，年度建设资金已落实。

（3）主体工程招标已经决标，工程承包合同已经签订，并得到主管部门同意。

（4）现场施工准备和征地移民等建设外部条件能够满足主体工程开工需要。

实行项目法人责任制的建设项目，主体工程开工前还必须具备：

（1）建设管理模式已经确定、投资主体与项目主体的管理关系已经理顺。

（2）项目建设所需全部投资来源已经明确，且投资结构合理。

（3）项目产品的销售，已有用户承诺，并确定了定价原则。

3. 建设项目的组织实施

项目法人要充分发挥建设管理的主导作用，为项目的实施创造良好的建设条件。项目法人要充分授权监理单位，进行项目的建设工期、质量、投资的控制和现场施工的组织协调。

按照"法人负责、监理控制、施工保证、政府监督"的要求，建立健全质量管理体系。

1.2.2.6 生产准备

生产准备是为使建设项目顺利投产运行在投产前所进行的必要的准备工作。根据建设项目或主要单项工程的生产技术特点，由项目法人或建设单位适时组织进行。生产准备的主要工作包括：组建运行管理组织机构、签订产品销售合同、招收和培训人员、正常的生活福利设施准备、生产技术准备、生产物资准备等。

1. 运行管理组织机构

组建生产运行管理组织机构，明确部门人员的编制、分工与协作、岗位职责和权力。制定工作程序、人员岗位守则、奖惩制度和其他有关规章制度。

2. 产品销售合同

根据项目的开发目的、市场情况、项目建设情况以及国家的有关方针、政策，及时落实产品销路，签订产品销售合同，明确产品规格和其他质量要求、数量、销售方式、价格、用户等主要事项。

3. 招收和培训人员

根据岗位职责要求，招收和配备相应专业、级别、水平、数量的工作人员，并进行系统的岗前培训和严格的岗前考核工作。

生产管理人员要尽早介入工程的施工建设，熟悉设备的安装、调试等情况，掌握好生产技术和工艺流程，为顺利衔接基本建设和生产经营阶段做好准备。

4. 正常的生活福利设施准备

根据生产和生活的需要以及工程现场自然、经济和社会条件，准备正常的生活福利设施，如住房、交通、水、暖、电、气、生活用品供应、子女教育、医疗保健、休闲娱乐等。

5. 生产技术准备

生产技术准备主要包括：国内装置的设计资料汇编、有关国外技术资料的翻译和编辑、各种生产运行方案和岗位操作法的编制及新技术的学习和应用准备。

6. 生产物资准备

生产物资准备主要包括落实原材料、协作产品、燃料、水、电、气等的来源和其他协作配合条件，组织工器具、备品、备件等的制造和订货。

1.2.2.7　竣工验收阶段

《水利水电建设工程验收规程》（SL 223—1999）规定：水利水电工程验收分为分部工程验收、阶段验收、单位工程验收和竣工验收。按照验收的性质，可分为投入使用验收和完工验收。对于水库等蓄引水工程在进行蓄引水前的阶段验收前，还应根据《水利水电建设工程蓄水安全鉴定暂行办法》的有关规定，进行蓄水安全鉴定。

竣工验收是工程建设过程的最后一环，是全面考核基本建设成果、检验工程设计和施工质量的重要步骤，也是基本建设转入生产或使用的标志。工程在投入使用前必须通过竣工验收。竣工验收应在全部工程完工后 3 个月内进行，且应具备以下条件：

（1）工程已按批准设计规定的内容全部建成。

（2）各单位工程能正常运行。

（3）历次验收所发现的问题已基本处理完毕。

（4）归档资料符合工程档案资料管理的有关规定。

（5）工程建设征地补偿及移民安置等问题已基本处理完毕，工程主要建筑物安全保护范围内的迁建和工程管理土地征用已完成。

（6）工程投资已经全部到位。

（7）竣工决算已经完成并通过竣工审计。

工程竣工验收前应进行初步验收。初步验收工作组由设计、施工、监理、质量监督、运行管理、有关上级主管单位代表以及有关专家组成。

竣工验收主持单位按以下原则确定：

（1）中央投资和管理的项目，由水利部或水利部授权流域机构主持。

（2）中央投资、地方管理的项目。由水利部或流域机构与地方政府或省级水行政主管部门共同主持，原则上由水利部或流域机构代表担任验收委员会主任委员。

（3）中央和地方合资建设的项目，由水利部或流域机构主持。

（4）地方投资和管理的项目由地方政府或水行政主管部门主持。

（5）地方与地方合资建设的项目，由合资各方共同主持，原则上由主要投资方代表担任验收委员会主任委员。

（6）多种渠道集资兴建的项目，由当地水行政主管部门主持；乙类项目由主要出资方主持，水行政主管部门派员参加。大型项目的验收主持单位要报省级水行政主管部门批准。

竣工验收委员会由主持单位、地方政府、水行政主管部门、银行（贷款项目）、环境保护、质量监督、投资方等单位代表和有关专家组成。

工程项目法人、设计、施工、监理、运行管理单位作为被验收单位不参加验收委员会，但应列席验收委员会会议，负责解答验收委员会的质疑。

1.2.2.8 后评价

项目后评价是固定资产投资管理工作的一个重要内容。1990 年 1 月，国家计委发出通知，要求对国家重点建设项目开展后评价工作。在项目建成投产后（一般经过 1～2 年生产运营后），要进行一次系统的项目后评价。通过对项目前期工作、项目实施、项目运营情况的综合研究、衡量并分析项目的实际情况及其与预测（计划）情况的差距，从项目完成过程中吸取经验教训，为今后改进项目的准备、决策、监督管理等工作创造条件，并为提高项目投资效益提出切实可行的对策措施。

项目后评价的主要内容包括：影响评价——项目投产后对各方面的影响进行评价；经济效益评价——对项目投资、国民经济效益、财务效益、技术进步和规模效益、可行性研究深度等进行评价；过程评价——对项目的立项、设计施工、建设管理、竣工投产、生产运营等全过程进行评价；持续运营评价——对项目持续运营的预期效果评价。项目后评价一般按三个层次组织实施，即项目法人的自我评价、项目行业的评价、计划部门（或主要投资方）的评价。

1.3　水利水电工程项目水文分析计算与水利计算问题

按照水利水电工程项目建设程序，一个水利水电工程项目的主要技术文件有项目建议书、可行性研究报告、初步设计报告和竣工验收报告等。根据现行规范，工程水文分析计算与水利计算主要在可研阶段和初步设计阶段，因此，下面就以可研与初设阶段的水文问题为主线，举例说明实际工程的水文分析与水利计算过程。

1.3.1　项目可研报告对水文的要求

水利水电工程项目可行性研究报告应根据江河流域（河段）规划、区域综合规划或水利水电专业规划的要求，贯彻国家基本建设的方针政策，遵循有关规程和规范，对工程项目的建设条件进行调查和必要的勘测，在可靠资料的基础上，进行方案比较，从技术、经济、社会、环境等方面进行全面论证提出可行性评价。

可行性研究报告的主要内容和深度应符合下列要求：

（1）论证工程建设的必要性，确定本工程建设任务和综合利用的主次顺序。

（2）确定主要水文参数和成果。

（3）查明影响工程的主要地质条件和主要工程地质问题。

（4）选定工程建设场址、坝（闸）址、厂（站）址等。

（5）基本选定工程规模。

（6）选定基本坝型和主要建筑物的基本型式，初选工程总体布置。

（7）初选机组、电气主接线及其他主要机电设备和布置。

（8）初选金属结构设备型式和布置。

（9）初选水利工程管理方案。

（10）基本选定对外交通方案，初选施工导流方式、主体工程的主要施工方法和施工总布置，提出控制性工期和分期实施意见。

（11）基本确定水库淹没、工程占地的范围，查明主要淹没实物指标，提出移民安置、专项设施迁建的可行性规划和投资。

（12）评价工程建设对环境的影响。

（13）提出主要工程量和建材需要量，估算工程投资。

（14）明确工程效益，分析主要经济评价指标，评价工程的经济合理性和财务可行性。

（15）提出综合评价和结论。

下列资料可根据需要列为可行性研究报告的附件：

（1）有关工程的重要文件。

（2）中间讨论或审查会议纪要。

（3）水文分析报告。

（4）工程地质报告。

（5）环境影响报告书表。

（6）移民安置和淹没处理可行性规划。

（7）经济评价报告。

（8）重要试验和科研报告。

根据《水利水电工程可行性研究报告编制规程》（DL 5020—93），工程项目可研阶段水文分析计算与水利计算的任务主要是：确定主要水文参数和成果；基本选定工程规模。

具体要求如下：

3　水文

3.1　流域概况

3.1.1　说明工程所在流域的自然地理概况，河道特征和水利水土保持概况。

3.2　气象

3.2.1　说明流域及邻近地区气象台站（探空站、测风站）分布与观测情况。

3.2.2　概述流域和工程所在地区的气象特性。

3.3　水文基本资料

3.3.1　水文测验及资料整编。说明流域内水文测站分布、观测项目、观测年限，主要水文站的控制特性和高程系统，水位、流速、泥沙等的测验方法和测验精度，主要测站资料整编情况等。

3.3.2　水文资料复核。说明水文测验和资料整编存在的主要问题，复核变动情况并对基本资料质量作出评价。

3.4 径流

3.4.1 径流系列及其代表性论证。进行年月径流的还原计算和插补延长，说明径流的时空分布特性，分析论证径流系列代表性。

3.4.2 径流计算。

（1）进行设计依据站和区间的径流计算，提出工程场址年径流参数的计算成果和径流计算成果。

（2）说明径流调节代表段（年）的选择原则，选择代表段（年）说明实测站枯水流量及持续时间，历史枯水调查情况，分析枯水径流特性。

3.5 洪水

3.5.1 暴雨特性。暴雨成因，常见暴雨中心位置，实测及调查大暴雨概况。

3.5.2 洪水特性。洪水的时空分布特性，洪水成因。

3.5.3 历史洪水与重现期的确定。说明历史洪水调查和复查情况，历史洪水的洪峰和洪量估算方法及采用成果。分析确定历史洪水及实测特大洪水的重现期。

3.5.4 设计洪水

（1）说明洪峰洪量系列的统计原则，进行还原插补延长和频率计算，分析检查计算成果的合理性，提出设计洪水成果。分析洪水过程线的特性，选择典型洪水过程线，放大绘制（或推求）设计洪水过程线。

（2）用暴雨资料推算设计洪水时，说明设计暴雨及产、汇流计算方法，分析检查其合理性，提出设计洪水成果。

3.5.5 入库洪水。入库设计洪水的推求方法和采用成果。

3.5.6 可能最大洪水推算。可能最大暴雨和可能最大洪水，经综合分析提出所采用的成果。

3.5.7 分期设计洪水。

（1）说明施工洪水时段的划分，洪峰和洪量系列统计原则，进行参数计算，提出各时段洪峰洪量频率计算成果，并分析论证合理性。

（2）为水库调度运用计算分期洪水，需说明划分前汛潮、后汛潮的根据。

3.5.8 洪水地区的组成和遭遇。分析洪水地区组成规律和干支流洪水遭遇特性，进行设计洪水地区组成的计算和提出采用的成果。

3.5.9 涝区设计排水流量。根据流量或暴雨资料推算涝区的设计排水流量。

3.6 地下水

3.6.1 对灌溉及供水工程应说明本地区地下水的储量，可开采量、水质及分布。

3.7 泥沙

3.7.1 说明泥沙来源。进行资料的还原和插补延长，对泥沙资料精度进行评价，提出悬移质、推移质特征值及颗粒级配、矿物成分等成果。

3.8 设计断面水位流量关系曲线

3.8.1 说明工程场址设计断面水位—流量关系曲线的绘制方法，提出采用成果。

3.9　水文预报站网规划和水情自动测报系统

3.9.1　初步规划施工期水雨情测报站网，提出增设测报站的数量、站址和报汛通信方式。

3.9.2　论证运行期水情自动测报系统的必要性，初选遥测站网，提出报汛通信方式，编制水情自动测报系统规划报告。

3.10　冰情

3.10.1　工程所在河段的冰情特性，开河形势，分析工程河段发生冰坝、冰塞等的可能性，并估算对工程的影响。

3.11　潮汐

3.11.1　说明工程所在地区的潮汐规律及特征水位，潮汐与洪涝水遭遇特性分析，计算确定设计潮汐水位、过程线等。

3.12　水面蒸发

3.12.1　说明流域及邻近地区蒸发器皿类型、安装方式、观测情况，不同蒸发器皿观测的水面蒸发量，分析确定年、月水面蒸发折算系数，提出水面蒸发量特征值。

3.13　根据需要进行专门观测和分析计算的其他问题

3.14　附图、附表和专题报告

3.14.1　附图

(1) 流域水系图（标明水文气象站和已建、在建大中型水利水电工程位置）。

(2) 径流、暴雨洪水、暴雨量、泥沙插补延长的主要相关关系图。

(3) 年（汛期、枯期）径流、暴雨频率曲线图。

(4) 洪峰、洪量关系图。

(5) 洪峰和各时段洪量（暴雨量）频率曲线图。

(6) 典型洪水及设计洪水过程线图。

(7) 主要水文站和设计断面的水位—流量关系图。

(8) 悬移质、推移质颗粒级配曲线图。

(9) 其他有关附图。

3.14.2　附表

(1) 年、月径流（雨量）系列表（设计依据站、工程场址及区间）。

(2) 洪峰、洪量（暴雨量）系列表（设计依据站、工程场址及区间）。

(3) 典型洪水和设计洪水过程线表。

(4) 年、月输沙量系列表。

(5) 其他有关附表。

3.14.3　专题报告

(1) 基本资料复核报告。

(2) 历史洪水调查、复核报告。

(3) 可能最大洪水估算报告。

(4) 水情自动测报系统规划报告。

5　工程任务和规模

5.1　地区社会经济发展状况及工程建设的必要性

5.1.1　概述工程所在河流的规划成果及审查主要结论。

5.1.2　概述与工程有关地区的社会经济现状及远近期发展规划。

5.1.3　概述工程在所在江河流域（河段）、区域综合规划或专业规划中的地位和作用。论证兴建本工程的必要性和迫切性。

5.2　综合利用

5.2.1　概述工程的综合利用任务和主次顺序。协调各部门的要求，并确定可能达到的目标。

5.2.2　基本选定工程规模。

5.2.3　基本选定工程的正常蓄水位和防洪高水位，初选其他特征水位。

5.2.4　提出不同水平年水库和下游泥沙冲淤计算和回水成果。对多泥沙河流上的水库应研究长期保持有效库容的措施和调水调沙运用方案。

5.2.5　初选水库的调度运用方案（包括与其他共同承担防洪、发电等任务的工程的联合运用方案）。

5.3　水力发电

5.3.1　电站建设的必要性

说明国民经济近期和远景计划要求及电力系统运行特性（水火电比重、负荷特性及调峰要求等），结合地区（必要时包括相邻地区的能源供应条件）综合论证本工程在电力系统中的作用和近期开发的必要性。

5.3.2　供电范围

概述工程影响地区的经济情况及发展计划，对能源资源及开发条件和开发程度进行调查分析，结合本工程的规模和在电力系统中的作用，论证供电范围，必要时需研究远期供电范围，对远距离跨区域供电，要论证输电的必要性和合理性。

5.3.3　负荷预测

(1) 说明供电区历史用电增长规律和电力供需平衡现状，根据国家长远计划调查和分析主要用电户的用电需求及城乡公用事业、生活用电的发展趋势，对用电及负荷的逐年增长作出预测。

(2) 对负荷特性进行计算分析，列表说明各设计水平年的负荷特性指标。

5.3.4　水库水位选择

(1) 说明规划阶段确定的梯级衔接水位，结合本阶段调查的水库淹没数据和制约条件以及工程地质条件，通过技术经济比较，基本选定水库正常蓄水位，初选其他主要特征水位。对分期开发的水电站，应分别拟定初期及最终规模的正常蓄水位及其他主要特征水位。

(2) 当利用已建水库作为抽水蓄能电站的水库时，应对该水库原有功能有否受影响进行分析，必要时应计入工程改建的补偿费用。

5.3.5　装机规模及装机程序

（1）概述电力系统发展预测的负荷及电量、系统水火电比重、电力开发计划以及已建、在建和拟建水火电的特性，通过电力电量平衡，拟定本电站的工作容量及备用容量，结合电站的调节性能及对下游已建、在建的梯级水电站的效益增值，经全网综合经济分析，基本选定装机容量，拟定装机程序和相应的必须容量及电量。

（2）在通航河流上要说明航运对装机选择的制约，必要时提出解决措施。

（3）对远景能量指标变化大的水电站，要研究最终装机规模，预留机组或后期扩建的可能性与合理性。

（4）对抽水蓄能电站尚应研究电力系统的调峰能力，平衡抽水电源的可靠性及上、下库的水量平衡等问题，并应说明负荷特性不确定性对装机规模的影响。

5.3.6　径流调节及能量指标

（1）概述径流系列计算时段的原则及成果。

（2）概述调节计算的原则及方法。表列选定径流系列或代表年逐年逐时段的调节流量、出力及水头等指标，计算保证出力及多年平均发电量，视需要分列保证电能及季节电能，对具有调节库容的工程，尚需计算梯级和跨流域补偿调节的能量效益。

（3）对抽水蓄能电站，需明确调节周期，说明年发电量及抽水耗电量计算的方法和成果，必要时应单独列出利用天然径流的年发电量及其月分配。

（4）对调节程度高的水电站需，编制水库初期蓄水发电计划，并预测本电站及下游已建梯级电站能量指标。调查初期蓄水及调峰时对航运和其他部门的影响，并提出减缓措施。

（5）对分期开发的工程，要分别列出初期和远景的保证出力及年平均电量。

5.3.7　泥沙冲淤分析及防沙措施

（1）概述泥沙特性，泥沙计算的原则和方法，根据工程的综合利用任务，水库调节性能、水库形态、水沙特性进行水库冲淤计算。

（2）泥沙问题严重的水库应研究长期保持调节库容的措施。

（3）引水式电站应研究闸和进水口的引水防沙运用方式。

（4）梯级电站应研究工程对上游梯级尾水的影响。

（5）水库运用对下游河道冲淤的影响。

5.4　防洪

5.4.1　概述流域的洪水特性、实测洪水和历史洪水、洪灾情况、防洪现状和防洪要求。

5.4.2　论证防洪保护对象，选定防洪标准，确定防洪工程的总体方案。

5.4.3　水库

（1）分析水库工程下游河道安全泄量，拟定水库泄量的标准及运用方式。

（2）基本确定防洪库容及相应防洪高水位、汛期限制水位，初选设计、校核洪水位及泄洪设施的规模。

5.4.4　河道与堤防

（1）概述河道堤防现状及存在的问题，确定安全泄量。

（2）论证选定新开河道堤防线路和堤距。

（3）基本选定行洪断面型式，推算洪水水面线，确定堤顶高程。

（4）对重点防护的河堤，初选河道整治工程。

（5）初选跨河穿堤建筑物的位置和规模。

（6）研究河道滩地利用方式。规划防护林带。

5.4.5 行、蓄洪区

（1）基本选定行、蓄洪区范围，行、蓄洪标准和行、蓄洪水位及相应容积。

（2）基本选定行、蓄洪区工程总体布置。

（3）研究滞洪区内部排灌及生产方式。

（4）基本选定骨干工程的规模及主要参数。

（5）制定行、蓄洪区的运用原则初步制定滞洪区安全建设规划。

5.5 灌溉

5.5.1 概述灌溉工程所在地区及灌区的自然、社会经济状况、农业水利现状和发展规划，提出兴建灌溉工程的必要性。

5.5.2 分析论证灌溉水源不同水平年的可供水量，进行灌区水土资源平衡，初选灌区开发方式，确定灌区范围、选定灌溉方式。

5.5.3 调查灌区土地利用现状，进行灌区土地利用规划，初定灌溉面积和农林牧业生产结构，作物组成轮作制度、复种指数以及计划产量等。

5.5.4 分析灌区可能产生涝盐碱化的原因，结合灌区地形、土壤、水文地质条件及技术经济条件，初拟灌区水利土壤改良分区。论述灌区排水工程的必要性和排水工程的初步规划，选定排水方式。

5.5.5 拟定设计水平年，选定灌溉设计保证率。

5.5.6 分析不同水文年型的作物耗水量和灌溉需水量，拟定不同年型的灌溉制度，初选灌溉水利用系数，进行灌区供需水量平衡，拟定灌溉年用水总量和年内分配。

5.5.7 基本选定灌溉工程整体规划和总体布置方案，水库的灌溉调节水量库容及相应水位，引水枢纽及泵站等其他水源工程主要建筑物的规模和主要参数，干支渠及交叉建筑物的位置、设计规模，以及灌区内部调蓄、泥沙处理、排洪、排水、防治盐碱化等工程的主要参数。

5.5.8 提出典型区田间灌排渠系布置规划。

5.6 治涝

5.6.1 概述涝区的涝水特性、涝灾和治涝要求。

5.6.2 基本选定治涝区范围和治涝标准。

5.6.3 基本选定治涝区的排水区、排水方式和排水系统总体布置。

5.6.4 基本选定治涝骨干工程的规模及主要参数。

5.6.5 初选主要交叉建筑物规模，初选排水典型区布置。

5.7 城镇和工业供水

5.7.1 概述供水地区水资源（地表水、地下水）的总量和开发利用状况，基本确定供水地区范围，供水主要对象对不同水平年的水量和水质的基本要求。

5.7.2 选定不同对象的供水保证率和相应的典型年的供水量，基本选定供水工程的总体规划，包括水源工程的输水系统的布置等。

5.7.3 基本选定供水水库的调蓄库容、相应水位及输水、扬水工程的规模和主要参数。

5.7.4 提出水源保护、调度运用的要求。

5.8 通航过木

5.8.1 调查客、货和木（竹）运量的现状和发展趋势，确定通航标准及过坝（闸）客、货和木（竹）设计运量。

5.8.2 论证工程区上、下游通航水位、流量的范围。

5.8.3 确定过坝设计最大船舶吨位，确定过木（竹）排型尺寸。

5.8.4 基本选定过坝（闸）建筑物或设施的规模。

5.9 垦殖

5.9.1 概述垦殖区暴雨、洪水、径流、台风、潮汐、泥沙等特性和地形地质条件。

5.9.2 概述地区垦殖规划，论述垦殖的必要性，初选垦殖范围和方式。

5.9.3 初选垦殖区土地利用，工农业生产，水产养殖等开发利用规划。

5.9.4 分析可利用的淡水水源、水量及其保证率。

5.9.5 初选防洪、防潮、灌排标准及相应工程布置方案。

5.9.6 基本选定挡水堤线、设计洪水位、挡潮水位及堤顶高程，涵闸的规模及主要参数。

5.9.7 分析垦殖对河口、港湾及其他方面的影响，并提出处理意见。

5.10 附图

5.10.1 附图

（1）流域（河段）综合利用示意图。

（2）供电范围电力系统地理接线图（现状及远景）。

（3）水库库容—面积曲线（天然及淤积后）。

（4）电力电量平衡图。

（5）防洪工程位置图。

（6）灌区工程布置图。

（7）治涝工程布置图。

（8）供水工程水源及路线布置图。

（9）垦殖工程布置图。

（10）其他。

1.3.2 项目初步设计报告对水文的要求

初步设计在上级主管部门批准的可行性研究报告的基础上，遵循国家有关政策法令，按有关规程、规范进行编制。

编制初步设计报告时，应认真进行调查、勘察、试验、研究取得可靠的基本资料。设计应安全可靠，技术先进，密切结合实际，节约投资，注重经济效益。初步设计报告应有分析，有论证，有必要的方案比较，并有明确的结论和意见，文字简明扼要，图纸完整清晰。

初步设计报告的主要内容和深度应符合下列要求：

（1）复核工程任务及具体要求，确定工程规模，选定水位、流量、扬程等特征值，明确运行要求。

（2）复核水文成果。

（3）复核区域构造稳定，查明水库地质和建筑物工程地质条件、灌区水文地质条件及土壤特性，提出相应的评价和结论。

（4）复核工程的等级和设计标准，确定工程总体布置、主要建筑物的轴线、线路、结构型式和布置、控制尺寸、高程和工程数量。

（5）确定电厂或泵站的装机容量，选定机组机型、单机容量、单机流量及台数，确定接入电力系统的方式，电气主接线和输电方式及主要机电设备的选型和布置，选定开关站（变电站、换流站）的型式，选定泵站电源进线路径、距离和线路型式，确定建筑物的闸门和启闭机等的型式和布置。

（6）提出消防设计方案和主要设施。

（7）选定对外交通方案、施工导流方式、施工总布置和总进度，主要建筑物施工方法及主要施工设备。提出天然（人工）建筑材料、劳动力、供水和供电的需要量及其来源。

（8）确定水库淹没、工程占地的范围，核实水库淹没实物指标及工程占地范围的实物指标，提出水库淹没处理移民安置规划和投资概算。

（9）提出环境保护措施设计。

（10）拟定水利工程的管理机构，提出工程管理范围和保护范围，以及主要管理设施。

（11）编制初步设计概算，利用外资的工程应编制外资概算。

（12）复核经济评价。

初步设计文件应根据需要将下列资料列为附件：

（1）可行性研究报告的审查意见、专题报告的审查意见、重要会议纪要等。

（2）有关工程综合利用、水库淹没对象及工程占地的迁移和补偿，铁路公路及其他设施改建设备制造等方面的协议书及主要有关资料。

（3）水文分析复核报告。

（4）工程地质勘察、土壤调查等报告及有关专门性工程地质问题研究报告。

（5）水库淹没处理和移民安置规划报告。

（6）工程永久占地处理报告。

（7）水工模型试验报告及其他试验研究报告。

具体要求如下：

3 水文

3.1 流域概况

3.1.1 简述流域自然地理概况，流域和河流特性，工程上游水利和水土保持措施概况。

3.2 气象

3.2.1 简述流域内及邻近地区气象台、站分布与观测情况。

3.2.2 根据可行性研究报告编制以后新增加的气象资料复核流域及工程所在地区主

要气象要素特征值。

3.3　水文基本资料

3.3.1　简述流域内水文站分布及主要测站的测验情况。

3.3.2　水文资料整编及资料复核情况

（1）说明可行性研究报告编制以后，新增加资料的整编和复核情况，对新出现的大洪水需详加说明。

（2）根据新增加资料，并结合对可行性研究报告的审查意见和要求，检验前阶段基本资料是否需要修正。

3.4　径流

3.4.1　复核径流系列及代表性分析成果。

3.4.2　说明增加资料后的径流计算成果并与可行性研究阶段径流成果比较。

3.5　洪水

3.5.1　简述暴雨洪水特性。

3.5.2　复核历史洪水。

3.5.3　设计洪水

（1）说明增加新资料后设计洪水计算成果，并与可行性研究阶段的洪水成果相比较。

（2）用暴雨资料推算设计洪水时，说明增加新资料后设计暴雨的产、汇流参数，设计洪水成果，并与可行性研究阶段的成果比较。

（3）入库洪水。复核可行性研究阶段的入库洪水成果。

（4）可能最大洪水。复核可行性研究阶段的可能最大暴雨及可能最大洪水成果。

（5）分期设计洪水。说明分期原则及时期划分、峰量选择原则、参数计算和采用成果，并与可行性研究阶段成果比较。

（6）洪水地区组成和遭遇。说明洪水地区组成的规律性及干支流洪水遭遇特性。说明设计洪水地区组成的推求方法、参数计算和洪水过程线成果。

（7）涝区设计涝水流量。说明增加新资料后涝区的设计涝水流量，并与可行性研究阶段成果比较。

3.6　地下水

3.6.1　复核本地区地下水资源总量及可开采资源量。

3.7　泥沙

3.7.1　说明可行性研究报告编制以来增加新资料后的悬移质、推移质和输沙量计算成果，复核泥沙特征值及颗粒级配。

3.8　设计断面的水位流量关系曲线

3.8.1　根据可行性研究后的实测资料对原定水位—流量关系曲线进行复核检验，并提出成果。

3.9　水文泥沙测验站网及水情自动测报系统

3.9.1　说明施工期水（雨）情测报站网规划，确定报汛通信方式。

3.9.2　在多泥沙河流上根据需要，编制库区水文泥沙测验站网规划。

3.9.3　提出运行期水情自动测报系统的总体设计专题报告。

3.10 其他

3.10.1 水质

说明工程所在河段天然状态下的水质情况。

3.10.2 冰情

简要说明工程所在河段冰情性质;当水库区或坝下游邻近河段冰情严重时,分析说明特殊冰情(冰塞、冰坝)等对工程施工、运行的可能影响情况。

3.10.3 潮汐

简述工程所在地区的潮汐规律及其特征水位,说明潮汐与洪水遭遇特性。

3.10.4 水面蒸发

说明观测情况与蒸发量特征值。

3.11 水文附图、附表

3.11.1 附图

(1) 流域水系图(标准水文、气象站及已建在建水利水电工程位置)。

(2) 径流、洪水、泥沙有关插补关系图。

(3) 峰量关系图。

(4) 主要站年降水量、年径流量、年输沙量频率曲线图。

(5) 主要站年暴雨量、洪峰、洪量频率曲线图。

(6) 典型与设计洪水(潮水位)过程线图。

(7) 工程场址的水位—流量关系曲线图。

(8) 主要控制站水位—流量关系曲线图。

(9) 悬移质、推移质泥沙颗粒级配曲线图。

3.11.2 附表

(1) 年月径流系列表(包括区间径流)。

(2) 旬平均径流系列表。

(3) 代表年逐日平均流量表。

(4) 洪峰洪量系列表。

(5) 典型和设计洪水过程线表。

(6) 年、月输沙量系列表(包括区间输沙量)。

(7) 年、月含沙量系列表。

5 工程任务和规模

5.1 综合利用水库及水力发电工程

5.1.1 地区社会经济概况

5.1.1.1 地区社会经济概况

(1) 概述本工程有关地区的社会经济情况,人口、土地、矿产、水资源、能源等项资源,各种自然灾害情况,工农业、交通运输业的现状及发展计划,主要国民经济指标和该地区在全国国民经济发展中的地位、优势和方向,水资源和能源的开发和供应状况。

(2) 说明有关国民经济部门近期和远景计划对本工程的要求,修建本工程的必要性。

5.1.1.2　电力发展要求

（1）概述本水电站所在地区的电力系统的用电要求、负荷特性、网络结构、电源组成及水火电站的特性，调峰要求、供电经济指标等方面的现状和发展规划，确定本水电站在电力系统中的任务和作用。

（2）论证确定本水电站供电范围、设计负荷水平和设计保证率等基本依据。

5.1.2　综合利用要求

根据工程任务分别对各项综合利用要求加以说明。

（1）防洪：防洪对象、洪灾状况、现有防洪工程设施及其标准和对本工程的要求，防凌及减淤和对本工程的要求。

（2）灌溉：上下游灌区现状和规划灌溉发展面积、引水方式、引水高程、引用流量、设计保证率及需水量年内分配和对本工程的要求。

（3）治涝：有关地区的治涝现状和标准及对本工程的要求。

（4）城镇和工业供水：现状和规划需水量、需水量年内分配、保证率要求、取水口的位置和高程。

（5）通航及过木：航道及运输量现状和规划（包括流向）、通航和过木（竹）季节、流量、船只（船队）及木筏的型式、尺寸和吃水深度，对水库放水时上下游水位变化和变率及保证率的要求，施工期间及初期蓄水期间通航和过木（竹）的要求。

（6）渔业：有关鱼类的种类、习性，本工程对鱼类的影响、必要的解决措施以及库区养殖要求。

（7）旅游：利用水电站或综合利用水库，结合附近的名胜古迹、风景区发展旅游事业对本工程的要求。

（8）环境保护：环境保护对本工程的要求。

5.1.3　水利和动能

5.1.3.1　径流调节计算

（1）说明所采用的基本资料、计算用的水文系列、径流调节时段和代表年的选定、用水过程及其对各部门用水的满足程度。

（2）说明本水库及有关水库群径流补偿调节方式和成果，兴利与防洪共用库容的分析成果，汛后回蓄的分析成果。

（3）抽水蓄能电站尚需说明水源可靠性、调节周期、上下库水量平衡；若水源不足时尚应落实补水措施。

5.1.3.2　洪水调节和防洪特征水位的选择

（1）说明所采用的不同频率洪水及典型过程线、地区洪水组成、下游河道和梯级水库电站的防洪标准、安全泄量或安全水位等情况的选择和论证成果。

（2）说明本工程洪水调节方式、洪水调度原则和泄洪方式。

（3）选定泄水建筑物尺寸、防洪库容及相应特征水位（汛期限制水位、防洪高水位、设计及校核洪水位）。

5.1.3.3　正常蓄水位的选择

（1）说明在可行性研究阶段对正常蓄水位的选择成果和审查意见，必要时予以复核。

（2）必要时对分期提高蓄水位进行论证。

5.1.3.4 死水位选择

（1）说明选择死水位所依据的水利动能计算成果，发电、灌溉、供水、航运、渔业、旅游及生态环境水库淤积条件及排沙措施等方面对最低水位的要求，水库淤积条件及排沙措施，提出方案的技术经济比较成果、结论以及对进水口布置方式和高程的意见。

（2）如近期与远景需分别采用不同死水位，应进行论证。

5.1.3.5 装机容量选择

（1）说明可行性研究阶段对装机容量选择成果和审查意见；如设计条件无明显变化，可按审查意见进行复核，确定装机容量。

（2）抽水蓄能电站的装机容量与上下库的蓄能库容一并复核；说明底谷剩余电量和负荷特性可能的变化对装机规模的影响及其分析结论。

（3）提出电站装机程序的意见，必要时，提出初期低水位发电预留机组位置、台数或远景扩容的意见。

5.1.3.6 水轮机额定水头和机型选择

（1）说明本水电站的水头特性及额定水头比选结果。

（2）根据水库和水电站的运行特性，通过技术经济比较，提出水轮机型式及机组台数的意见。

（3）如近期与远景分别采用不同的机型，应通过论证说明其必要性。

5.1.3.7 引水道尺寸和日调节容积的选择

（1）说明引水道尺寸比较方案和经济尺寸的选择。

（2）按照电站担负的调峰任务和梯级电站过水能力相互协调的原则，选定日调节池容积。

5.1.3.8 水库运行方式、多年运行特性和初期蓄水计划

（1）根据本水库和水电站选定的参数，并考虑已建成的梯级水库，同一电网的水库的联合作用以及综合利用要求，提出水库运用规划，绘制水库调度图，并提出长系列计算成果分析多年运行特性。

（2）对抽水蓄能电站应说明丰、平、枯水年的发电量和耗电量。当上库有多余的天然径流时年平均发电量中还应计入天然径流发电量。

（3）说明本水库和水电站投入运行时上下游有关部门的用水要求，提出不同水文代表年（时段）初期蓄水计划和电站初期运行方式。

（4）对抽水蓄能电站应说明初期充水方式。

5.1.4 水库泥沙冲淤分析

（1）概述水库泥沙冲淤计算的方法及主要参数的选择，提出计算成果；多泥沙河流上的水库应提出长期保持调节库容的措施和必要的排沙措施。

（2）论证水库淤积对上游梯级电站尾水及施工的影响。

（3）研究提出引水建筑物防沙运行方式和防沙排沙措施。

（4）研究提出通航建筑物上下游引航道防淤措施，视需要对变动回水区泥沙冲淤对航道的影响进行计算分析。

（5）当水库下游有重要城市、堤防、工农业取水口时，应进行下游河道冲淤计算。

（6）泥沙问题严重的水库应进行泥沙模型试验，并提出泥沙观测规划。

5.1.5　回水及其他分析计算

5.1.5.1　回水计算

（1）说明计算用的基本资料、条件和方法。

（2）根据库区淹没影响对象的洪水标准，进行回水计算，并绘制回水曲线与同频率天然水面线对比，确定回水尖灭点；对泥沙淤积影响较明显的工程，还应提出不同淤积年限的库区沿程泥沙淤积分布和对回水的影响分析及成果。

（3）视需要进行施工期的不同洪水标准的回水计算。

5.1.5.2　其他

（1）如水电站进行日调节且下游河道又有较重要的通航或取水要求时，应进行下游河道不稳定流计算并阐明其影响，必要时提出设置反调节池和其他补偿措施。

（2）如有放低库水位的特殊要求，需进行放低库水位的计算并提出对泄流能力的要求。

（3）必要时进行溃坝洪水计算，分析溃坝对下游的影响范围和程度。并提出相应的意见和建议。

5.1.6　工程综合利用效益

阐明本工程对综合利用各部门需要的满足程度和作用，提出各部门效益指标和费用分摊的意见。

5.2　防洪工程

5.2.1　自然及社会经济情况和防洪要求

概述本工程防护地区的自然及社会经济情况；说明防洪保护对象的洪水灾害情况，分析洪灾的成因，提出防洪的要求和治理原则。

5.2.2　防洪河道与堤防工程

5.2.2.1　河道、堤防状况及存在的主要问题

（1）概述河道特点、河道比降、横断面宽度、河床质及河道演变等情况。

（2）简述堤防沿革、断面型式及险工险段。

（3）简述穿堤建筑物种类、数量和质量对堤防安危的影响。

（4）简述河道跨河建筑物及河滩阻水障碍物情况，对河道行洪的影响。

（5）说明影响河道堤防防洪安全的主要问题，分析河道现状安全泄量及其标准。

5.2.2.2　河道、堤防防洪标准、线路布置及堤距选择

（1）根据河道堤防情况及主要防护对象的重要性、经技术经济、比较复核防洪标准和设计流量。

（2）说明河道、堤防线路布置原则，复核河道、堤防线路和堤距。

5.2.2.3　河道与堤防纵、横断面

根据河道地形及河势工程地质、河床及堤岸稳定、工程量、施工、移民占地、投资及管理运用等条件，确定河底纵坡和河道堤防横断面型式。

5.2.2.4　河道清障规划

提出清障的范围、清理对象和工作量，说明采取的措施。

5.2.2.5 水面线推算

(1) 分析代表性河段的设计水位—流量关系，确立尾闾设计水位。

(2) 分析拟定设计主槽与滩地糙率。

(3) 推算河道水面线和闸、桥、渡槽等拦河建筑物壅水高度，说明计算方法和成果；对入河口（湖口、海口）河段的堤防应分析水位顶托影响。

5.2.2.6 堤顶高程

根据推算的河道设计水面线、风浪爬高和安全超高，确定堤顶高程。

5.2.3 行、蓄洪区工程

5.2.3.1 工程任务

说明行、蓄洪区工程的任务，与河道的关系、在整个防洪工程体系中的作用以及行、蓄洪区工程的正常运用和非常运用洪水标准。

5.2.3.2 工程总体布置

确定行、蓄洪区、挡水、进水、退水建筑物及连接工程的总体布置和规模。

5.2.3.3 行、蓄洪区水利计算

(1) 提出行、蓄洪区调度运用的原则和方式。

(2) 确定垫底库容和起调水位，选定泄洪闸型式、孔数、宽度及闸底槛高程，确定各种频率的泄量、设计库容、校核库容及相应的水位，列出调洪计算成果，推算行、蓄洪区回水曲线，列出行、蓄洪区各控制断面回水水位。

5.2.3.4 行、蓄洪区安全建设规划

制定预警、转移、通信等保安措施，以及行、蓄洪区的安全建设和开发利用规划，提出防洪保险意见等。

5.3 灌溉工程

5.3.1 自然及社会经济状况与灌溉要求

概述灌溉区自然及社会经济概况、水利工程现状和自然灾害等；根据有关规划阐明灌溉及国民经济其他部门对供水的要求，论证灌区建设的必要性。

5.3.2 灌溉供水水源

(1) 论述灌区供水水源条件，核定不同水文年的径流过程及年内分配情况。

(2) 对多泥沙河流应论述河流泥沙冲淤条件及其对灌溉水源的影响。

5.3.3 灌区土地分类、农业生产结构和作物组成

论证土地分类评价和水土资源条件，确定灌区土地利用规划、农业生产结构、作物组成、轮作制度和复种指数等。

5.3.4 灌区范围及开发方式

根据水土资源平衡条件，复核灌区范围和灌溉面积，确定水源工程（水库、引水枢纽、泵站等）及灌区开发方式。

5.3.5 灌区水利土壤改良分区

根据灌区土壤和水文地质条件，确定灌区水利土壤改良分区，提出综合治理措施。

5.3.6 灌溉设计保证率和灌溉制度

根据灌区水土资源、作物组成、水文气象、水量调节、经济效益等因素，确定灌溉设计保证率和水平年，制定灌溉制度。

5.3.7　灌区供需水量平衡和总需水量

核定灌溉水利用系数，说明灌区供需水量平衡计算成果，确定灌溉总需水量及不同保证率典型年的年内分配。

5.3.8　排水设计标准

（1）确定灌区排涝标准、排渍标准、改良和预防盐碱化的排水标准及承泄区水位标准。

（2）根据灌区或邻近地区的实际观测资料，分析并确定排水模数。

5.3.9　灌区总体布置

根据灌区旱涝渍盐等综合治理及水资源综合利用的原则，对水源工程灌排渠系、建筑物、道路、林带、村庄、电力线路、通信线路等总体布置进行方案比较，确定灌区总体布置。

5.3.10　建筑物规模及主要参数

根据灌区总体布置，进一步对灌区水源工程（水库、引水枢纽、泵站等）和灌排渠系及其建筑物进行单项工程方案比较，确定建筑物规模及参数。

5.3.11　典型区设计

根据灌区的灌溉分区，选定典型地区对田间灌排渠系及平整土地进行布置设计，估算斗渠以下渠系及土地平整的工作量。

5.3.12　灌溉节水措施

提出改进灌水技术、科学用水、节水节能和防止土壤盐碱化的技术经济措施。

5.4　治涝工程

5.4.1　自然及社会经济概况和治涝要求

概述涝区的自然和社会经济概况，分析涝灾的情况和成因，说明治涝的要求。

5.4.2　治涝原则及标准

（1）结合地区规划和农业区划，综合分析提出治理原则。

（2）根据不同治涝标准的工程量、投资、涝灾损失等情况分析确定治涝标准。

5.4.3　治涝分区及措施

划分治涝分区。说明各治涝分区的自然特点及存在的问题，提出治理措施。

5.4.4　治涝方案

根据涝区特点、治涝任务和原则，确定治涝方案和工程总体布局。

5.4.5　工程布置

（1）根据涝区地形、地貌及其他条件，提出设计排涝流量及各排水控制点对河道排涝水位的要求，确定承泄区、滞涝区、排涝河道（渠系）、堤防线路等的布置方案和排涝水位等主要参数。

（2）如必须设置泵站及排水闸时，应说明工程的任务和规模、运用原则、设计标准和主要特征值。

5.4.6　典型区设计

选择对各治涝分区有综合代表性的典型区，进行治理工程设计，计算工程数量。

5.5 城镇和工业供水工程

5.5.1 城镇和工业供水的现状和预测

（1）分析供水地区水资源（地下水、地表水）总量及可利用的水资源量。

（2）说明城镇和工业的耗水量、水源工程布置、水资源开发利用现状。

根据城镇和工业的发展规划，确定供水范围和主要供水对象，预测当地水资源可能满足程度，阐明新建水源工程和引水工程的必要性。

5.5.2 水平年、供水量及保证率

根据供水地区规划要求，确定不同水平年各工业部门用水定额和城镇公共用水、生活用水的用水定额；选定各用水对象的供水保证率，确定不同水平年各部门的需水量和需水总量。

5.5.3 供水工程方案选择

（1）进行水源工程和输水工程的方案比较；论证水源可引水量、引水流量和引水时段。

（2）选定水源工程和输水工程的规模和主要参数。

5.5.4 供水工程运用原则

拟定供水工程综合调度运用原则和措施。

5.5.5 水源保护

拟定地下水和地表水源的水质监测以及水源地和输水线路的水质保护措施。

5.6 通航过木工程

5.6.1 自然及社会经济概况

概述本工程有关地区的自然条件、社会经济基本情况、各项资源条件以及经济发展规划等；重点说明本工程所处河道或河段的规划和航运规划，以及通航过木对本工程的要求。

5.6.2 过坝（闸）运量预测

调查客货和木（竹）运量的现状和发展趋势，确定设计过坝运量。

5.6.3 过坝（闸）工程

（1）根据过坝运量及船舶吨位，选定船木过坝方式及通航建筑物规模。

（2）确定上下游最高最低运用水位和通航流量等参数，拟定调度原则。

5.7 垦殖工程

5.7.1 自然及社会经济概况

概述垦殖地区自然和社会经济概况说明洪水、泥沙、潮汐、台风等特性以及地形、地质、河道、河口、滩涂等垦殖区淡水水源等条件。

5.7.2 工程任务和开发规模

根据河道、河口治理和滩涂开发规划以及水源条件，确定围垦区范围、农业生产和土地利用规划。

5.7.3 工程措施和总体布置

确定垦殖区防洪、挡潮、灌溉、供水、排水的设计标准，提出垦殖工程措施和总体

布置。

5.8 其他工程

其他工程根据需要参照以上各条进行编写。

5.9 工程任务和规模附图

5.9.1 附图

(1) 工程总体规划布置图。

(2) 灌排水区渠系布置图。

(3) 城镇和工业供水线路布置图。

(4) 电力系统地理接线图。

(5) 典型年用水过程线及水量平衡图。

(6) 各设计水平年最大日年供水量曲线图。

(7) 各设计水平年最大日、年电力负荷曲线图;电力和年电量平衡图(抽水蓄能电站应在图上示出抽水时间和抽水电能)。

(8) 水库水位面积、容积曲线图(淤积前、后)。

(9) 水库水位与泄水建筑物泄水能力关系曲线图。

(10) 水库调洪图(包括水库水位、进出库流量过程线)。

(11) 水库淤积纵横断面及回水曲线图。

(12) 不同正常蓄水位、不同死水位与水利、水能指标关系曲线图。

(13) 调节流量、水库水位与水头保证率曲线图。

(14) 供水保证率曲线图。

(15) 发电出力保证率曲线图。

(16) 代表年、日电力系统电力电量平衡图。

(17) 水库调度图。

(18) 建库前、后典型年、月(旬)下泄流量比较图。

(19) 水库多年运行特征图(包括供水、发电出力、水位、来水流量过程线)。

(20) 日调节不稳定流计算成果图。

根据《水利水电工程可行性研究报告编制规程》(DL 5020—93),水利水电工程建设项目的水文分析计算与水利计算主要工作应在可研阶段完成,初步设计阶段主要是复核与补充。需要说明的是,DL 5020—93 是以综合利用任务的水利水电枢纽工程为主体,并含有其他单一任务的水利水电工程。本规程适用大中型水利水电工程项目,工程的规模以《水利水电工程等级划分及洪水标准》(SL 252—2000) 划分的。对任务单一、技术条件简单的中型水利水电工程可适当地简化,对特别重要和技术条件非常复杂的水利水电工程,可由主管部门提出补充要求,如三峡工程的航运要求和小浪底工程的减淤要求,利用外资的水利水电工程要编制利用外资的工程投资估算,以便适应国际招标的需要,主管部门也要提出补充要求。

按照现行的规划设计阶段划分原则,可行性研究报告是在江河流域、区域综合规划或水利水电专业规划的基础上,遵循有关规程和规范的要求编写的。

可行性研究要做好调查研究获得可靠的资料进行方案比较,提出可行性研究的评价结论。

可行性研究报告的内容和工作深度分为选定（确定、查明）、基本选定和初步选定 3个档次，选定一般不允许变更，基本选定是允许有小幅度的或局部的变更，初选是有充分论据时可以变动。

根据《水利水电工程可行性研究报告编制规程》（DL 5020—93）和《水利水电工程初步设计报告编制规程》（DL 5021—93）制定的《水利水电工程水文计算规范》（SL 278—2002）、《水利工程水利计算规范》（SL 104—95）和《水利水电工程设计洪水计算规范》（SL 44—2006），主要就水利水电工程项目可研阶段和初设阶段的水文计算、设计洪水计算和水利计算做出了明确的规定。SL 278—2002 是对水文计算的内容和深度要求制定的，可行性研究阶段水文计算的主要参数和成果应确定，初步设计阶段是可行性研究阶段的补充和深化是对水文计算成果进行复核。

小型水利水电工程基本资料往往比较欠缺，不易达到规范的全部要求，在执行本规范时可适当降低要求。

SL 44—2006 对工程可研阶段和初设阶段的设计洪水计算提出了明确规定，要求在可研与初设阶段，设计洪水的主要参数应当确定，在工程初步设计以后的阶段，设计洪水不应有较大变动。

SL 104—95 对工程项目的水利计算做出了具体规定，提出了可研阶段和初设阶段各种水利工程水利计算的原则要求和方法，明确规定水利计算应遵照国家有关法规和关于水利的方针政策，根据工程项目所在江河自然条件、河流特点及社会经济发展的要求，按照保证工程安全及综合利用水资源使获得的经济、社会环境、总体效益最佳的原则，分析计算江河治理开发规划和工程设计方案的各项水利指标，为优选规划方案、确定工程规模、运用方式和特征值，阐明工程效益和评价其影响提供依据。

第2章 防洪与灌溉为主水库的水文水利计算

案例 2.1 具有长期实测资料时，防洪与灌溉水库的水文水利计算

【学习提示】 A 水库属于大（2）型工程，始建于 1958 年，后被列为病险水库，大坝安全类别评定为三类，需要进行除险加固设计。因此本案例主要介绍具有长期实测径流资料情况下，以防洪与灌溉为主水库除险加固设计的水文水利计算。

2.1.1 工程与流域概况

2.1.1.1 工程概况

1. 水库概况

A 水库位于大清河系漕河干流的 LM 村附近。水库控制流域面积 470km²，总库容 1.17 亿 m³，是一座以防洪为主，兼有灌溉、养殖等综合用途的大（2）型水利枢纽工程。该枢纽包括 1 座主坝，4 座副坝。水库设有溢流坝、非常溢洪口门、溢洪道和泄洪洞 4 座泄洪建筑物，主坝和李庄副坝各有一条输水洞，主坝输水洞设计流量为 55m³/s，李庄副坝输水洞设计流量为 53m³/s。一座溢洪道和一座溢流坝，另外在溢洪道和溢流坝之间还有一处非常溢洪口门。A 水库供水对象为 LM 灌区用水，灌区与水库位于同一气候区，设计灌溉面积 7666.67hm²（11.5 万亩）。现状情况下有关工程主要技术指标及设计数据见表 2.1。

表 2.1　水库现状情况下有关技术指标及工程特性表

项 目		尺寸或数据	项 目		尺寸或数据
死水位		113.0m		型式	无压拱洞
正常蓄水位		123.6m	泄洪洞	进口底高程	109.5m
兴利库容		4790 万 m³		孔数及尺寸	3 孔：3m×3m
防洪限制水位		120.0m		型式	混凝土实用堰
下游河道防洪标准 及允许泄量		10 年一遇 300m³/s	溢流坝	坝顶高程	123.6m
现状防洪标准		设计：100 年一遇 校核：1000 年一遇		坝长	75.0m
水库调节性能		年调节		型式	宽顶堰、无闸门
主坝	坝型	均质土坝	溢洪道	堰顶高程	125.0m
	坝顶高程	131.8m		堰宽	90.0m
	防浪墙顶高程	132.8m		型式	均质土坝
	最大坝高	40.5m		坝顶高程	128.65m
	坝顶宽度	6.0m	非常溢洪口门	口门宽	80.0m
	坝基防渗型式	混凝土截水槽		现状启用标准	128.65m

2. 水库除险加固设计任务的提出

A水库于1958年兴建，1960年6月基本建成并投入使用。由于历史原因，造成遗留问题较多，后虽经多次加固续建，但是至今仍存在一些严重问题，影响水库正常运行，被列为病险水库，大坝安全类别评定为三类。

该水库1990～2002年期间分三个时期进行了水库除险加固设计工作。本案例结合该水库的部分除险加固设计，介绍水库的水文水利计算方法。

现状运用过程中，A水库主要存在以下问题：

（1）水库防洪标准低。该水库为大（2）型水库，水库大坝和溢洪道等建筑物属2级建筑物。依据《水利水电工程等级划分及洪水标准》（SL 252—2000），水库大坝为2级建筑物时，防洪标准应为100年一遇洪水设计、2000年一遇洪水校核。但A水库现状为100年一遇洪水设计、1000年一遇洪水校核，防洪标准低。

（2）非常溢洪口门的启用标准低且危及溢流坝的安全。现状情况下，超过100年一遇洪水便启用非常溢洪口门，且由于该水库非常溢洪口门与溢流坝左侧连接，如启用非常溢洪口门，将危及溢流坝的安全。因此，该水库现状防洪标准实际上仅达100年一遇。

（3）工程一些坝段渗水严重。

（4）主坝输水洞裂缝、伸缩缝漏水。

（5）管理设施简陋陈旧，需要更新。

（6）水库下游京广铁路漕河大桥防洪标准为100年一遇，现状情况下，发生100年一遇洪水时，水库泄量不能满足铁路桥的防洪要求。

鉴于上述问题，水库所在省水利厅决定对该水库提高防洪标准及除险加固。由于京广铁路桥（漕河大桥）现状允许泄量与水库100年一遇洪水的最大泄流量相差甚远，建议对铁路桥进行扩建，本次水库防洪规划暂不考虑京广铁路桥行洪问题。

因此，本案例的水文水利计算便是水库除险加固设计的任务之一。

2.1.1.2 流域概况

1. 地形水系

A水库坐落于大清河系漕河干流LM村附近。漕河发源于保定市易县与涞源县交界处的红牛石岭和黄土岭，流经易县、满城，于徐水县漕河村穿京广铁路，到安新县东西马村注入白洋淀。河道全长110km，流域面积800km²，其中A水库以上河道长度52km，流域面积470km²。漕河流域狭长，大支流不多，除上游南、北两大支流外，长度大于5km的支流仅有7条。流域内地势西高东低，A水库以上为山丘区，地面高程多在100～500m；以下为平原区，地面高程多在50m左右。

2. 气象水文

漕河流域属大陆性半湿润季风气候，四季分明，日照充足，春季干燥多风，夏季炎热多雨，秋季晴朗气爽，冬季寒冷干燥。据统计，全流域多年平均气温12.3℃，极端最高气温为42.1℃，极端最低气温为−26.1℃，最大风速19.3m/s。

流域内多年平均降水量646mm，降水的地区分布不均匀，A水库上游在650mm以上，最大达700mm，水库以下在500～650mm。降水量年际变化大，例如A水库以上流域最大年（1963年）降水量为1402.8mm，而最小年（1972年）为302.3mm，两者相差

1101mm。降雨量年内分配不均匀,年降雨量的 80％集中在汛期(6～9 月)。水库上游暴雨中心最大三日雨量达 719mm,超过多年平均降雨量。

2.1.2　水文水利计算的任务

2.1.2.1　水库规划标准与原则

A 水库是防洪灌溉等综合利用水库,为充分发挥工程的综合效益,针对现状工程的条件、特点和存在的主要问题,对水库防洪兴利统筹考虑,分别进行兴利规划和防洪规划。

1. 规划标准

防洪标准:按规范《水利水电工程等级划分及洪水标准》(SL 252—2000)确定水库正常运用标准为 100 年一遇,非常运用标准为 2000 年一遇。

兴利标准:A 水库调节水量供 LM 灌区农业灌溉使用,规划水平年采用 2000 年,供水保证率为 50％。

2. 规划原则

(1) 兴利调节采用年调节运用方式。根据水库主管部门意见,调节水量不承担城市生活和工业用水,只供 LM 灌区农田灌溉使用,最大灌溉面积控制在原设计灌溉面积 7666.67hm^2 以内。

(2) 由于 A 水库工程地质条件较差和加高大坝提高防洪能力工程量较大的情况,本次防洪规划原则上以加大泄流建筑物泄水能力来提高防洪标准;并且由于该水库非常溢洪口门与溢流坝左侧连接,如启用非常溢洪口门,将危及溢流坝安全,故本次除险加固拟加高加固非常溢洪口门,使其不再参与泄洪。

(3) 水库防洪规划满足下游河道防洪要求,遇 10 年一遇洪水时限泄 300m^3/s,以保证下游河道防洪要求。本次防洪规划暂不考虑下游京广铁路桥行洪问题。

(4) 水库防洪规划中,安排的泄水建筑物规模在所有泄水建筑物参加泄洪时,其最大泄量不能大于入库洪峰流量。

3. 有关建议

为提高水库的调蓄能力,水库所在的市水利部门和水库管理处建议将水库现状正常蓄水位 123.6m,提高到 125m。

2.1.2.2　水文水利计算的任务

根据上述规划标准与规划原则以及有关建议,拟定兴利与防洪调节计算的任务如下:

(1) 采用长系列法兴利调节计算,求逐年的灌溉面积(不超过设计灌溉面积 7666.67hm^2)及相应库容、弃水量、用水保证率 $p=50$％时保证的灌溉面积。

根据上述计算结果,分析论证将现状正常蓄水位 123.6m 提高到 125m 的必要性。

(2) 拟定不同泄流设施方案,调洪计算,求不同频率洪水相应的最大下泄量、最大蓄洪量、最高洪水位。

依据核定的水库设计条件下允许最高水位、校核条件下允许最高水位,推荐满足防洪要求的可行方案,为进一步优选方案提供依据。

2.1.3　设计年径流与设计洪水

2.1.3.1　设计年径流

1. 水文观测资料情况

漕河流域最早的水文站是 1951 年建立的漕河水文站，位于水库下游。1959 年在 A 水库上游建立了易县裴庄水文站。随着 A 水库工程的建设，1960 年又建立了 A 水库水文站，该站具有建站以来较连续的水文观测资料，并已根据建库前漕河水文站、裴庄水文站资料，将 A 水库径流成果插补延长，起始年份至 1954 年。在该水库 2001 年的除险加固设计时，具有建库后 1954～2000 年的出库径流资料。

2. 水库天然年径流计算

水库建库后的出库径流资料，不具备一致性，在各个阶段的除险加固设计中，均已分别将其还原为天然径流资料。

还原计算采用分项调查法，采用的水量平衡方程式为

$$W_{天然} = W_{实测} + W_{农业} + W_{工业} + W_{生活} \pm W_{调蓄} + W_{蒸发} + W_{渗漏}$$
$$\pm W_{水保} \pm W_{引水} \pm W_{分洪} \pm W_{其他} \tag{2.1}$$

式中　　$W_{天然}$——还原后的天然年径流量；

　　　　$W_{实测}$——实测出库径流量；

　　　　$W_{农业}$——水库以上农业灌溉净耗水量；

　　　　$W_{工业}$——水库以上工业净耗水量；

　　　　$W_{生活}$——水库以上生活净耗水量；

　　　　$W_{调蓄}$——时段始末水库蓄水变量（增加为"＋"，减少为"－"）；

　　　　$W_{水保}$——水库以上水土保持措施对径流的影响水量；

　　　　$W_{蒸发}$——水库蒸发损失量；

　　　　$W_{引水}$——水库以上跨流域引水量（引出为"＋"，引入为"－"）；

　　　　$W_{分洪}$——水库以上河道分洪水量（分出为"＋"，分入为"－"）；

　　　　$W_{其他}$——包括城市化、地下水开发等对径流的影响水量。

根据调查资料表明，式（2.1）右端主要为 $W_{实测}$、$W_{农业}$、$W_{调蓄}$、$W_{蒸发}$、$W_{渗漏}$ 各项。以 1987 年为例，说明还原计算方法。

（1）确定水库逐月蒸发损失深度。水库蒸发损失为建库之后库区内原陆面面积变为水面面积所增加的额外蒸发量。记 $W_{蒸}$，其计算式为

$$W_{蒸} = 1000(E_{水} - E_{陆})(F - f) \tag{2.2}$$

式中　　$W_{蒸}$——计算时段内库区的蒸发损失量，m^3；

　　　　$E_{水}$——计算时段内库区水面蒸发深度，mm；

　　　　$E_{陆}$——计算时段内库区陆面蒸发深度，mm；

　　　　F——计算时段内库区水面面积，km^2；

　　　　f——库区原河道面积，km^2，当该面积相对库面面积较小时，可忽略不计。

$E_{水} - E_{陆}$ 通常称为蒸发损失深度或蒸发损失标准，计算时，需要知道各月的蒸发损失深度。由于缺乏陆面蒸发观测资料，且不能由以月为时段的水量平衡方程进行计算，因为

时段越短，水量平衡方程中蓄水变量一项的影响越加明显，不能忽略。因此，通常先求年蒸发损失深度，然后再将其分配到各月，得月蒸发损失深度。

年水面蒸发深度，可由年蒸发器观测资料求得。水面蒸发深度为

$$E_水 = KE_器$$

式中　$E_器$——蒸发器观测的水面蒸发值；

　　　K——蒸发器折算系数。

年陆面蒸发深度近似按年降水量与年径流深之差估算，于是可以得到

年蒸发损失深度 = 年水面蒸发深度 − 年陆面蒸发深度

再按当年器测蒸发的年内分配，将年蒸发损失深度分配到各月，即得各月的蒸发损失深度。

对于本案例，计算步骤如下：

1) 计算年水面蒸发深度。A 水库缺乏水面蒸发资料，采用位于同一气候区的邻近水库的水面蒸发资料见表 2.2 第（2）列，其中 4～10 月为 E601 型蒸发器资料，其余月份为 20cm 口径的蒸发皿观测资料，与其相应的水面蒸发折算系数见表 2.2 第（3）列；计算逐月水面蒸发量见表 2.2 第（4）列，因此，可得年水面蒸发深度为 704.7mm。

2) 计算年陆面蒸发深度。计算年陆面蒸发深度时，所需年径流深应为流域天然条件下的径流深，这正是还原计算待求的，故近似采用实测年径流深，由实测径流总量 935.06 万 m³、水库以上流域面积 470km² ，可求得该值为 19.9mm；该年降水量为 533.4mm；进而估算年陆面蒸发深度为 513.5mm。

3) 计算年蒸发损失深度。由年水面蒸发深度、年陆面蒸发深度，可求得年蒸发损失深度为 704.7−513.5＝191.2（mm）。

4) 确定逐月蒸发损失深度。由器测蒸发的逐月分配比，计算逐月蒸发损失深度见表 2.2 第（6）列。

表 2.2　　　　　　　　　　　　A 水库 1987 年水库蒸发损失计算表

月　份	器测水面蒸发量（mm）	水面蒸发折算系数 K	水面蒸发量 $E_水$（mm）	器测蒸发月分配比（％）	$E_水 - E_陆$（mm）
(1)	(2)	(3)	(4)	(5)	(6)
1	23.1	0.55	12.7	2.7	5.2
2	43.1	0.50	21.6	5.1	9.7
3	80.1	0.46	36.8	9.5	18.2
4	69.4	0.82	56.9	8.2	15.7
5	118.2	0.81	95.7	14.0	26.8
6	110.8	0.87	96.4	13.1	25.0
7	116.3	0.96	111.6	13.8	26.4
8	99.6	1.06	105.6	11.8	22.6
9	75.4	1.02	76.9	9.0	17.2
10	48.4	0.93	45.0	5.7	10.9
11	36.5	0.78	28.5	4.3	8.2
12	23.6	0.72	17.0	2.8	5.3
全年	844.5		704.7	100	191.2

（2）水库天然年径流计算。依据式（2.1），计算水库 1987 年逐月天然径流量见表 2.3。

表 2.3　　　　　　　　　　　　　　　　A 水库 1987 年天然年径流量计算表

月份	实测出库水量		水库蓄水变量		月平均水位 (m)	月平均面积 (km²)	蒸发损失深度 (mm)	蒸发损失水量 (万 m³)	月平均库容 (万 m³)	渗漏损失量 (万 m³)	上游耗水量 (万 m³)	天然径流量 (万 m³)
	流量 (m³/s)	总水量 (万 m³)	流量 (m³/s)	总水量 (万 m³)								
(1)	(2)	(3)	(4)	(5)	(6)	(7)	(8)	(9)	(10)	(11)	(12)	(13)
1	0	0	−0.23	−60.41	117.04	3.82	5.2	1.99	2021	50.53	8	0.11
2	0	0	−0.26	−68.29	116.86	3.75	9.7	3.64	1948	48.7	16.07	0.12
3	0	0	−0.41	−107.69	116.61	3.67	18.2	6.68	1860	46.5	66.93	12.42
4	1.26	330.95	−1.72	−451.77	115.64	3.28	15.7	5.15	1512	37.8	91.54	13.67
5	0.59	154.97	−1.14	−299.43	114.63	2.84	26.8	7.58	1208	30.2	124.21	17.53
6	0	0	−0.042	−11.03	113.84	2.46	25.0	6.17	1000	25	86.77	106.91
7	0	0	0.96	252.15	114.45	2.75	26.4	7.26	1165	29.13	35.05	323.59
8	0	0	0.87	228.51	115.19	3.05	22.6	6.89	1348	33.7	10.67	279.77
9	0	0	0.54	141.83	116.11	3.50	17.2	6.02	1670	41.75	31.83	221.43
10	1.71	449.14	−1.98	−520.06	114.69	2.86	10.9	3.12	1215	30.38	37.43	0.01
11	0	0	−0.096	−25.21	114.25	2.65	8.2	2.17	1102	27.55	16.13	20.64
12	0	0	−0.06	−15.76	114.16	2.61	5.3	1.38	1085	27.13	0.37	13.12
全年	3.56	935.06		−937.16			191.2	58.12		428.37	525	1009.32

表中第（2）、（4）、（6）列资料由水文年鉴得到；第（3）、（5）列分别为将月平均流量转化为逐月的总水量，为方便起见，每月按 365/12＝30.4d 计算；第（7）列根据水位—面积关系，由月平均水位查得；第（8）列来自表 2.2 第（6）列；第（9）列利用式（2.2）计算求得；第（10）列根据水位—容积关系，由月平均水位查得；由于水库一些坝段渗水严重，月渗漏水量按月平均蓄水量的 2.5％计，进而计算第（11）列；第（12）列上游耗水量主要为农业用水耗水量，根据调查资料确定；第（13）列由式（2.3）求得

$$W_{天然} = W_{实测} + W_{农业} + W_{调蓄} + W_{蒸发} + W_{渗漏} \tag{2.3}$$

其他年份将出库径流量还原为天然径流量，方法与上述类似，不一一列举。

3. 水库天然年径流系列的代表性审查

根据降雨与径流直接相关的特点，A 水库天然年径流系列代表性分析，选择与水库处于同一气候区的 BD 站的年降水量作为参证变量，采用长、短年降水量系列的统计参数进行分析，见表 2.4。

表 2.4　　　　　　　　　　　　　　BD 站降水量长、短系列参数比较表

系　列	年　数	均值 $\overline{X}$ (mm)	变差系数 C_v	$\overline{X}_短 / \overline{X}_长$	$C_{v短} / C_{v长}$
1914～2000 年	87	512.6	0.414		
1954～2000 年	47	555.8	0.436	1.08	1.05
1956～2000 年	45	538.0	0.406	1.05	0.98

可见，1956～2000 年系列代表性较好，故选用 A 水库 1956～2000 年共 45 年的系列作为代表系列，限于篇幅，其天然年径流量及其月分配不一一列出。

2.1.3.2　设计洪水

该水库设计洪水曾在其原设计、续建、扩建和加固等设计阶段进行了多次分析、计算；1985 年 A 水库所在省水利水电勘测设计院又提出了 A 水库设计洪水审查成果。本次规划将系列延长至 2000 年，年最大洪峰流量、年最大三日洪量和年最大七日洪量的频率计算成果与 1985 年审查成果完全相同，仅年最大 24h 洪量比 1985 年审查成果偏小 3%。为保持成果的稳定性，本次仍采用 1985 年设计洪水审查成果，其不同重现期洪峰、洪量见表 2.5。

A 水库设计洪水过程线采用同频率放大法计算，典型洪水过程线选用 1963 年 8 月 8 日实测洪水过程线。通过确定典型洪水的洪峰流量和各时段洪量以及各时段的放大倍比等环节，求得设计洪水过程线见表 2.6。

表 2.5　　　　　　　　　　　　A 水库设计洪水成果表

洪水项目		Q_m (m³/s)	W_{24h} (亿 m³)	W_{3d} (亿 m³)	W_{7d} (亿 m³)
特征值	均值	460	0.16	0.24	0.33
	C_v	1.8	1.8	1.8	1.7
	C_v/C_s	3.0	2.5	2.5	2.5
不同重现期设计值	2000 年一遇	9800	3.11	4.63	5.86
	100 年一遇	4290	1.45	2.17	2.81
	10 年一遇	1050	0.42	0.629	0.865

表 2.6　　　　　　　　　　　　水库设计洪水流量过程

时　间			不同重现期流量（m³/s）		
月	日	时	2000 年一遇	100 年一遇	10 年一遇
8	5	8	190	100	37
		11	90	47	18
		14	81	42	16
		17	85	45	16
		20	146	77	28
		23	291	153	56
	6	2	610	320	119
		5	708	372	137
		8	635	300	87
		11	579	274	80
		14	718	340	99
		17	833	394	115
		20	787	372	108
		23	696	329	96
	7	2	563	266	76
		5	636	301	88

续表

时间			不同重现期流量（m³/s）		
月	日	时	2000 年一遇	100 年一遇	10 年一遇
8		8	1268	600	175
		11	1555	735	214
		14	1279	605	176
		17	1002	474	138
		20	1418	846	244
		23	3076	1435	414
	8	2	4062	2183	787
		5	9800	4290	1050
		8	3127	1458	421
		11	2841	1325	383
		14	2266	1057	305
		17	1820	849	245
		20	1047	495	144
		23	867	410	119
	9	2	787	372	108
		5	746	353	103
		8	588	309	114
		11	584	307	113
		14	581	305	113
		17	577	303	112
		20	534	280	104
		23	505	265	98
	10	2	480	252	93
		5	453	238	88
		8	443	233	86
		11	434	228	84
		14	423	222	82
		17	393	207	76
		20	361	190	70
		23	484	254	94
	11	2	302	158	56
		5	284	149	55
		8	271	142	53
		11	260	137	50
		14	250	131	49
		17	238	125	46
		20	227	119	44
		23	217	114	42
	12	2	207	109	40
		5	197	104	38
		8	95	50	10

2.1.4　水库泥沙

　　根据某设计院的水文成果《海滦河流域地表水资源》中悬移质多年平均输沙模数分区图，A 水库流域分属Ⅵ区、Ⅶ区、Ⅷ区，且大部在Ⅷ区，年悬移质输沙模数为 100～500t/km²。本次规划为了安全，取多年平均悬移质输沙模数为 500t/km²，按其 15% 计入推移质输沙量，多年平均输沙模数为 575t/km²，由水库以上流域面积 470km²，得相应多年平均输沙量 27 万 t。

2.1.5　水利计算

2.1.5.1　水库特性曲线

　　A 水库最初提出的库容曲线系根据 1960 年测绘的 1/10000 地形图量算的。水库在近 30 年的运用中，曾于 1961 年、1962 年、1963 年、1965 年、1972 年、1981 年、1985 年进行了 7 次淤积测量，由于多是采用断面法测量，难以反映库区全貌，精度较差，其中只有 1962 年、1965 年、1972 年 3 次测淤成果被水库各运用阶段使用，1972 年测算的库容曲线一直沿用至 1990 年。

　　本次规划采用的是 A 水库所在省水利水电勘测设计院 1990 年 10 月量算的新水位—库容、水位—面积关系曲线。它是根据 1990 年 6～8 月测绘的等高距为 1m、比例尺为 1/5000 的 A 水库库区地形图量算的，已经该省水利厅批准，可在 A 水库规划、设计和管理运用中采用。该水库水位—库容、水位—面积关系见表 2.7。

表 2.7　　　　　　　　　　A 水库水位、库容、面积关系表

水位 (m)	库容 (万 m³)	水面面积 (km²)	水位 (m)	库容 (万 m³)	水面面积 (km²)
100.6	0	0	118	2406	4.30
102	1	0.02	119	2860	4.79
103	5	0.06	120	3365	5.33
104	13	0.12	121	3929	5.95
105	29	0.20	122	4546	6.39
106	56	0.36	123	5210	6.89
107	100	0.52	123.6	5598	7.15
108	161	0.71	124	5922	7.37
109	240	0.87	125	6696	8.10
110	340	1.15	126	7541	8.81
111	465	1.36	127	8458	9.54
112	618	1.71	128	9439	10.07
113	808	2.09	129	10472	10.58
114	1039	2.53	130	11566	11.30
115	1316	3.00	131	12720	11.80
116	1638	3.45	131.5	13200	
117	2001	3.80			

2.1.5.2 水库淤积量及死水位的确定

A 水库开始兴建为中型水库，1960 年扩建为大型水库，1972 年完成水库续建工程。水库在原建、扩建和续建设计中，其淤积年限均按 50 年考虑，本次规划水库淤积年限仍取用 50 年。按多年平均输沙量 27 万 t、泥沙密度为 $1.3t/m^3$，水库出库沙量按零计算，水库多年平均淤积量为 20.8 万 m^3。

A 水库 1960 年建成，到 2010 年淤积年限满 50 年。按 1972 年实测的泥沙淤积分布成果分析，到 2010 年坝前淤积高程为 107.45m。因此，本次规划的 A 水库死水位仍保持 113.0m。

2.1.5.3 水库兴利调节计算与正常蓄水位的分析论证

前已叙及，兴利调节计算的任务是，采用长系列法兴利调节计算，求 $p=50\%$ 水库保证的灌溉面积，并分析论证正常蓄水位 123.6m 提高到 125m 的必要性。方法与步骤如下。

1. 2000 年水平年上游耗用水量的确定

A 水库 2000 年水平年上游耗用水量包括农业灌溉、人畜饮用、果林灌溉等，分别按上游社会经济发展指标和相应用水定额分析计算。计算结果见表 2.8。

表 2.8　　　　　　　　　　　2000 年水平年上游耗用水量成果表

频率 (%)	各月用水量（万 m^3）						
	7 月	8 月	9 月	10 月	11 月	12 月	1 月
50	17.0	16.3	17.8	17.0	49.0	8.2	8.2
75	74.9	16.3	48.6	17.0	48.0	8.2	8.2

频率 (%)	各月用水量（万 m^3）					
	2 月	3 月	4 月	5 月	6 月	全年
50	8.2	96.5	135.6	143.7	102.7	620.2
75	8.2	102.2	140.4	196.9	132.8	801.7

2. 入库径流量的计算

A 水库历年各月入库径流量按其天然径流量减上游耗用水量计算。由于缺乏逐年上游耗用水量系列，对于天然径流量大于或接近 50% 的年份，按上游频率 50% 年份的耗用水量扣除；对于天然径流量小于或接近 75% 的年份，按上游频率 75% 年份的耗用水量扣除。限于篇幅，逐年各月入库径流量不一一列出。

3. LM 灌区用水定额的确定

A 水库调节水量只供 LM 灌区农业灌溉使用。灌区灌溉制度是在调查现状灌区的基础上，参照灌区作物缺水程度、灌水条件、灌区作物总体规划及水库所在省的主要农作物灌溉用水年内分配等资料制定的。作物种植比例为：冬小麦 60%，早秋 20%，经济作物 20%，晚秋 60%；复种指数为 1.60。该灌区总干及干渠多处于山丘区石灰岩地区，渠水渗漏较严重，渠系水有效利用系数按 0.5 计。确定不同保证率综合毛灌溉定额见表 2.9。

表 2.9　　　　　LM 灌区 2000 年水平年不同频率综合毛灌溉定额成果表　　　　单位：m³/hm²

频率 月份	25%	50%	75%	90%	频率 月份	25%	50%	75%	90%
3	810	810	864	864	8	0	720	810	1080
4	1410	1410	1476	1476	9	810	810	900	1080
5	810	810	1440	1920	10	0	0	0	0
6	600	600	1440	1320	11	720	720	720	720
7	0	1320	1800	1830	全年用水	5160	7200	9450	10290

4. 水库蒸发与渗漏损失

关于水库逐月蒸发损失深度的计算方法，在前述还原计算中已加以介绍。兴利调节计算时，在蒸发资料比较充分时，可根据逐年器测蒸发、降雨量、径流深资料，确定与来、用水系列对应的水库逐年逐月的蒸发损失系列。为简化计算，对于年调节安全起见，也可由历年最大的年水面蒸发量与多年平均年陆面蒸发量之差确定年蒸发损失深度，其年内分配采用蒸发器的多年平均的年内分配。本案例采用该方法，求得逐月蒸发损失深度见表 2.10，将其作为逐年调节计算的逐月蒸发损失深度。

表 2.10　　　　　　　A 水库年调节逐月蒸发损失深度　　　　　　单位：mm

月份	7	8	9	10	11	12	1	2	3	4	5	6	全年
$E_水 - E_陆$	80.7	68.4	67.2	51.9	50.6	38.1	36	51.6	85.6	80.1	111.1	109.1	830.4

该水库除险加固任务之一是采取防渗措施，届时渗漏损失将减少，按月蓄水量的 1.5% 计。

5. 兴利调节计算

采用长系列法兴利调节计算，按来水量充分利用和灌溉面积不超过原设计面积 7666.67hm² 作为控制条件求逐年的最大灌溉面积及相应兴利库容[1,2,5]，并与现状兴利库容比较，进而分析论证将现状正常蓄水位 123.6m 提高到 125m 的必要性。

（1）确定逐年入库径流量的经验频率。

（2）根据入库径流的丰、枯情况，确定相应频率的灌溉定额（水库与灌区处于同一气候区）。对于本案例，入库径流量频率不大于 30%，按频率 25% 的灌溉定额；入库径流量频率 30%～60%，按频率 50% 的灌溉定额；入库径流量频率 60%～80%，按频率 75% 的灌溉定额；入库径流量频率不小于 80%，按频率 90% 的灌溉定额。

（3）计入损失，逐年调节计算。调节计算原则为：起调水位为死水位 113.0m；汛期中 7 月、8 月按防洪限制水位 120m 控制蓄水。具体计算有以下两种情况：

情况 A：来水能够满足设计灌溉面积 7666.67hm² 的情况，属于已知来水、用水求兴利库容的计算。

情况 B：来水不能够满足灌区面积 7666.67hm² 的情况，则按来水充分利用的原则，求可灌溉的面积及兴利库容。

（4）将历年所求兴利库容、灌溉面积、年弃水量汇总，并将历年兴利库容与现状兴利库容比较，分析论证提高正常蓄水位是否必要。

（5）计算现状兴利库容时，灌区 7666.67hm² 灌溉面积的供水保证率以及灌溉用水设计保证率 50% 时保证的灌溉面积。

对于情况 A，以 1956～1957 水利年为例，说明调节计算方法。

1956～1957 水利年入库径流量 30776.2 万 m³，经验频率为 4.3%，属丰水年，灌溉用水采用频率 25% 的毛灌溉定额计算，由表 2.9 可知，全年毛灌溉用水定额为 5160m³/hm²，当灌溉面积等于灌区 7666.67hm² 时，全年灌溉用水量为 3956 万 m³，此用水量记符号 $W_{用区}$。可见，入库径流量 30776.2 万 m³ 显著大于 $W_{用区}$，属于已知来水、用水求兴利库容的调节计算。计算结果见表 2.11。

计算步骤如下：

1）不计损失调节计算。按灌溉面积 7666.67hm² 及对应频率的毛灌溉定额，计算灌溉用水过程，不计损失调节计算，可求得不计损失兴利库容为 2659.7 万 m³，并按早需方案确定水库蓄水过程，其中 7 月、8 月按防洪限制水位 120m 控制蓄水。见表 2.11 中第（1）～（7）栏。

2）计算逐月平均蓄水量及逐月损失水量。在不计损失的水库蓄水量过程 $V—t$ 基础上，计算月平均蓄水量 $\overline{V}$，据此计算月渗漏损失量；利用水位—容积、水位—面积关系线，由 $\overline{V}$ 确定月平均水面面积 $\overline{F}$，据此及逐月蒸发损失深度计算月蒸发损失量；进而可计算逐月损失水量。见表 2.11 中第（8）～（13）栏。

3）计入损失调节计算。将水库水量损失加在用水上，再调节计算。见表 2.11 中第（14）～（17）栏。可求得该年计入损失的兴利库容为 3206.9 万 m³，年弃水总量 25956.8 万 m³。

需要指出的是，若计入损失后，年入库水量小于计入损失的用水量 $W_{用区}+W_{损,年}$ 时，或由于 7 月、8 月防洪限制水位限制蓄水使供水期初水库蓄水量达不到死库容与计入损失兴利库容之和时，应改为情况 B 的调节计算。

对于情况 B，为便于叙述，设年来水量为 $W_{来,年}$，灌溉面积 F 相应的年灌溉用水量为 $W_{用,年}$，年损失水量为 $W_{损,年}$，汛期弃水量 $W_{弃,汛}$。该种情况要点是，来水充分利用（非汛期无弃水）作为控制条件，试算法求灌溉面积 F，使

$$W_{用,年}+W_{损,年}+W_{弃,汛}=W_{来,年} \tag{2.4}$$

以 1985～1986 水利年为例，说明调节计算方法。

由于 1985 年 7 月入库径流量为 0，不能满足 7 月用水，属亏水范围，即应属于上一水利年，故该水利年为 1985 年 8 月至 1986 年 6 月。该年的入库径流量 1227.5 万 m³，经验频率为 67.4%，属枯水年，灌溉用水采用频率 75% 的毛灌溉定额计算。计算步骤如下：

1）假定灌溉面积 $F=1040$ hm²。

2）根据频率 75% 的毛灌溉定额，计算逐月灌溉用水量。

3）不计损失调节计算，见表 2.12 中第（1）～（7）栏，具体方法同前。

4）计入损失调节计算。计算逐月蒸发、渗漏损失水量，并将其加在用水上，再调节计算，求得计入损失的兴利库容及水库蓄水过程，见表 2.12 中第（8）～（17）栏，由表中数据可判断满足式（2.4），则假定的灌溉面积 $F=1040$hm² 及兴利库容 856.5 万 m³ 为

表 2.11　A 水库 1956～1957 年计入损失年调节计算表

月份 (1)	入库水量 (万 m³) (2)	灌溉毛定额 (m³/hm²) (3)	灌溉面积 (hm²) (4)	用水量 (万 m³) (5)	余或亏水量 (万 m³) (6)	月末蓄水量 (万 m³) (7)	月平均蓄水量 (万 m³) (8)	月平均面积 (km²) (9)	蒸发损失深度 (mm) (10)	蒸发损失水量 (万 m³) (11)	渗漏损失水量 (万 m³) (12)	总损失水量 (万 m³) (13)	计入损失用水量 (万 m³) (14)	余或亏水量 (万 m³) (15)	月末蓄水量 (万 m³) (16)	弃水量 (万 m³) (17)
						808									808	
7	10939.0	0	7666.67	0	10939.0	3365	2086.5	3.83	36.0	13.8	31.3	45.1	45.1	10893.9	3365	8336.9
8	16122.7	0	7666.67	0	16122.7	3365	3365	5.33	51.6	27.5	50.5	78.0	78.0	16044.7	3365	16044.7
9	2247.2	810	7666.67	621.0	1626.2	3467.7	3416.35	5.40	85.6	46.2	51.2	97.4	718.4	1528.8	4014.9	878.9
10	792.0	0	7666.67	0	792.0	3467.7	3467.7	5.46	80.1	43.7	52.0	95.7	95.7	696.3	4014.9	696.3
11	138.0	720	7666.67	552.0	-414.0	3053.7	3260.7	5.26	111.1	58.4	48.9	107.3	659.3	-521.3	3493.6	
12	0	0	7666.67	0	0	3053.7	3053.7	5.01	109.1	54.7	45.8	100.5	100.5	-100.5	3393.1	
1	29.8	0	7666.67	0	29.8	3083.5	3068.6	5.02	80.7	40.5	46.0	86.5	86.5	-56.7	3336.4	
2	24.8	0	7666.67	0	24.8	3108.3	3095.9	5.06	68.4	34.6	46.4	81.0	81.0	-56.2	3280.2	
3	0	810	7666.67	621.0	-621.0	2487.3	2797.8	4.74	67.2	31.9	42.0	73.9	694.9	-694.9	2585.3	
4	26.4	1410	7666.67	1081.0	-1054.6	1432.7	1960.0	3.47	51.9	18.0	29.4	47.4	1128.4	-1102.0	1483.3	
5	0	810	7666.67	621.0	-621.0	811.7	1122.2	2.70	50.6	13.7	16.8	30.5	651.5	-651.5	831.8	
6	456.3	600	7666.67	460.0	-3.7	808	809.85	2.10	38.1	8.0	12.1	20.1	480.1	-23.8	808.0	
全年	30776.2	5160		3956.0					830.4	391.0	472.4	863.4	4819.4			25956.8

注　1. 第 (6) 列、第 (8) 列数据中数字前 "—" 代表亏水。
2. 校核：Σ(2) - Σ(5) - Σ(13) - Σ(17) = 30776.2 - 3956 - 863.4 - 25956.8 = 0。
3. 7月、8月按防洪限制水位控制蓄水，防洪限制水位 120m，相应库容为 3365 万 m³。
4. 该年可灌溉面积 7666.67hm²，所需兴利库容为 3206.9 万 m³。

表 2.12

A水库1985~1986年入损失年调节计算表

月份	入库水量(万 m³)	灌溉毛定额(m³/hm²)	灌溉面积(hm²)	用水量(万 m³)	余或亏水量(万 m³)	月末蓄水量(万 m³)	月平均蓄水量(万 m³)	月平均面积(km²)	蒸发损失深度(mm)	蒸发损失水量(万 m³)	渗漏损失水量(万 m³)	总损失水量(万 m³)	计入损失用水量(万 m³)	余或亏水量(万 m³)	月末蓄水量(万 m³)	弃水量(万 m³)
(1)	(2)	(3)	(4)	(5)	(6)	(7)	(8)	(9)	(10)	(11)	(12)	(13)	(14)	(15)	(16)	(17)
						808									808	
8	584.7	810	1040	84.2	500.5	1308.5	1058.3	2.56	51.6	13.2	15.9	29.1	113.3	471.4	1279.4	
9	428.4	900	1040	93.6	334.8	1352.5	1330.5	3.02	85.6	25.9	20.0	45.9	139.5	288.9	1568.3	
10	141.0	0	1040	0.0	141.0	1352.5	1352.5	3.06	80.1	24.5	20.3	44.8	44.8	96.2	1664.5	
11	0	720	1040	74.9	−74.9	1277.6	1315.1	3.01	111.1	33.4	19.7	53.1	128.0	−128.0	1536.5	
12	33.8	0	1040	0.0	33.8	1311.4	1294.5	2.97	109.1	32.4	19.4	51.8	51.8	−18.0	1518.5	
1	21.8	0	1040	0.0	21.8	1333.2	1322.3	3.01	80.7	24.3	19.8	44.1	44.1	−22.3	1496.2	
2	17.8	0	1040	0.0	17.8	1351.0	1342.1	3.05	68.4	20.9	20.1	41.0	41.0	−23.2	1473.0	
3	0	864	1040	89.9	−89.9	1261.1	1306.1	2.99	67.2	20.1	19.6	39.7	129.6	−129.6	1343.4	
4	0	1476	1040	153.5	−153.5	1107.6	1184.4	2.79	51.9	14.5	17.8	32.3	185.8	−185.8	1157.6	
5	0	1440	1040	149.8	−149.8	957.8	1032.7	2.52	50.6	12.8	15.5	28.3	178.1	−178.1	979.5	
6	0	1440	1040	149.8	−149.8	808	882.9	2.23	38.1	8.5	13.2	21.7	171.5	−171.5	808	
全年	1227.5	7650		795.7						230.5	201.3	431.8	1227.5	0		0

注　1. 第(6)列、第(8)列数据中数字前"—"代表亏水。

2. 校核：∑(2)－∑(5)－∑(13)－∑(17)=1227.5－795.7－431.8－0=0。

3. 该年可灌溉面积为1040 hm²，所需兴利库容为856.5万 m³。

所求。

若假定的灌溉面积 F，计入损失调节计算不能满足式（2.4），则重设灌溉面积，重复步骤 1）～步骤 4），直至满足式（2.4）为止。

采用上述方法，逐年调节计算，求得逐年灌溉面积与相应的兴利库容、弃水量等数据，见表 2.13。

表 2.13　　　　　　　　A 水库长系列法调节计算成果汇总表

年份	灌溉面积 （hm²）	年弃水量 （万 m³）	兴利库容 （万 m³）	最高蓄水位 （m）	相应库容 （万 m³）
1956	7666.67	25957	3207	121.2	4015
1957	1293.33	0	903	116.2	1711
1958	7666.67	4942	1592	118.1	2400
1959	7666.67	11030	3657	122.1	4465
1960	3293.33	0	1322	117.4	2130
1961	6480.00	0	2571	120.2	3379
1962	7666.67	0	2840	120.7	3648
1963	7666.67	37036	1978	119.0	2786
1964	7666.67	10043	2671	120.4	3479
1965	0				
1966	4506.67	0	1838	118.7	2646
1967	5700.00	0	2338	119.7	3146
1968	2786.67	0	1088	116.8	1896
1969	5273.33	0	2017	119.1	2825
1970	4840.00	0	1023	117.7	1831
1971	960.00	0	664	115.5	1472
1972	0				
1973	7666.67	6289	2821	120.7	3629
1974	7666.67	5375	3143	121.2	3951
1975	3080.00	0	1908	118.8	2716
1976	7666.67	3395	2429	119.9	3237
1977	7666.67	11157	2168	119.4	2976
1978	7666.67	5174	3181	121.3	3989
1979	7666.67	8649	2995	121.0	3803
1980	93.33	0	205	113.9	1013
1981	880.00	0	636	115.4	1444
1982	7666.67	0	3558	122.0	4366
1983	0				
1984	0				

年份	灌溉面积 （hm²）	年弃水量 （万 m³）	兴利库容 （万 m³）	最高蓄水位 （m）	相应库容 （万 m³）
1985	1040.00	0	857	116.0	1665
1986	1513.33	0	1175	117.0	1983
1987	166.67	0	337	114.4	1145
1988	7666.67	5780	3293	121.50	4101
1989	6746.67	1822	3108	120.98	3916
1990	7666.67	1345	3588	121.76	4396
1991	800.00	0	739	115.72	1547
1992	133.33	0	255	114.09	1063
1993	0				
1994	4670.00	93	2558	120.00	3366
1995	7666.67	7508	3692	121.93	4500
1996	7666.67	10960	3854	122.18	4662
1997	700.00	0	665	115.49	1473
1998	290.00	0	591	115.26	1399
1999	260.00	0	418	114.68	1226
2000	560.00	0	601	115.29	1409

A 水库正常蓄水位现状为 123.6m，有关部门建议将其提高到 125.0m。根据表 2.13 逐年调节计算结果，在 1956～2000 年 45 年中，水库年来水量只有 17 年能满足 LM 灌区原设计 7666.67hm²（11.5 万亩）灌溉用水要求，所需兴利库容均小于现状兴利库容 4790 万 m³，相应正常蓄水位最高者 122.18m，小于现状的正常蓄水位 123.6m。因此计算与分析表明，不必将正常蓄水位提高到 125.0m，水库正常蓄水位仍维持现状运用的 123.6m。

由于表 2.13 数据为来水量充分利用和灌溉面积不超过原设计面积的逐年调节计算结果，且现状兴利库容能满足逐年兴利蓄水要求，因此，对表 2.13 中灌溉面积从大到小排队、计算经验频率、点绘经验频率曲线，如图 2.1 所示，即可求得现状兴利库容情况下，频率 50% 时保证的灌溉面积为 4400hm²（6.60 万亩）。进一步计算 LM 灌区面积 7666.67hm² 的保证率为 17/（45+1）=37%。

可见，该水库不能满足灌区设计保证率 50% 的要求，要达到该设计保证率，必须开辟新水源。

2.1.5.4 水库防洪规划

由于该水库工程地质条件较差和加高大坝提高防洪能力工程量较大的原因，本次防洪规划拟定比较方案时，不考虑加高主、副坝方案，以增大水库泄流建筑物泄水能力提高水库防洪标准。

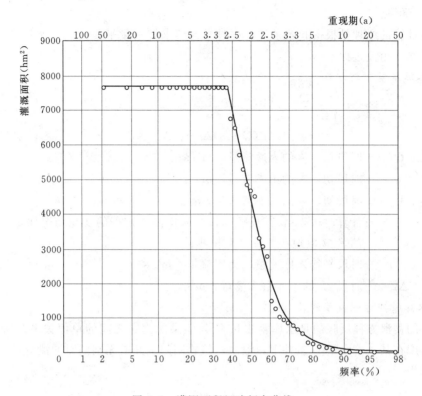

图 2.1　灌溉面积经验频率曲线

2.1.5.5　最高允许洪水位的确定

水库允许最高洪水位是水库遇正常运用洪水或非常运用洪水时，允许水库出现的最高洪水位，它取决于坝顶高程（及防渗体高程）、防浪墙高度及坝顶超高等，分为正常运用和非常运用两种情况。

A 水库现状坝顶高程 131.80m，防浪墙顶高程 132.50m。由于坝顶上游侧防浪墙稳定、坚固、不透水，且与坝的防渗体结合紧密，坝顶超高可计算至防浪墙顶高程。于是

水库允许最高洪水位 ＝ 防浪墙顶高程 － 坝顶超高

而坝顶超高为波浪爬高、风壅高度、安全加高三者之和，其中安全加高依据《水利水电工程等级划分及洪水标准》（SL 252—2000）及永久性建筑物等级确定；波浪爬高、风壅高度确定方法可参考水工建筑物书籍及有关规范确定。通过计算确定 A 水库设计条件下，允许最高洪水位为 129.13m；校核条件下，允许最高洪水位为 131.14m。

2.1.5.6　防洪规划比较方案的拟订

根据前述水库防洪规划标准与原则，设立泄流设施比较方案为：

方案一：泄洪洞、溢流坝泄流条件不变，溢洪道底高程由 125.0m 下降到 123.6m，宽度由原来的 90m 向西扩宽到 125m。

方案二：泄洪洞、溢流坝泄流条件不变，溢洪道维持其堰顶高程 125.0m，宽度由 90m 向右扩宽至 190m。

2.1.5.7 调洪计算

调洪计算的原理是根据起始条件，逐时段连续求解水量平衡方程和水库的蓄泄方程，从而求得水库出流过程 $q—t$。

1. 水库水量平衡方程

$$\frac{Q_1+Q_2}{2}\Delta t-\frac{q_1+q_2}{2}\Delta t=V_2-V_1 \tag{2.5}$$

即

$$(\overline{Q}-\overline{q})\Delta t=\Delta V$$

式中 Q_1、Q_2——时段初、末的入库流量，m^3/s；

     q_1、q_2——时段初、末的出库流量，m^3/s；

     V_1、V_2——时段初、末的水库蓄水量，m^3；

     Δt——计算时段，s，其长短选择视入库洪水过程的变化情况而定，陡涨陡落的，Δt 取短些，反之取长些；

     $\overline{Q}$、$\overline{q}$——时段平均入库流量、出库流量，m^3/s；

     ΔV——时段 Δt 的水库蓄水变量，m^3。

2. 水库蓄泄方程或蓄泄曲线

水库的蓄泄方程反映的是水库蓄水量 V 与泄洪能力 q 之间的单值关系。所谓泄洪能力是指水库在某一蓄水量 V 条件下，泄洪建筑物闸门全开或无闸门时的泄流量 q。蓄泄方程可表示为

$$q=f(V) \tag{2.6}$$

式（2.6）常以曲线形式表示，称为蓄泄曲线或泄洪能力曲线，记 $q—V$。

调洪计算方法常用列表试算法或半图解法。

列表试算法即是在时段初 q_1、V_1 已知情况下，依据式（2.5）和式（2.6），通过试算求得各时段末的 q_2、V_2。

半图解法调洪计算公式为

$$\frac{V_2}{\Delta t}+\frac{q_2}{2}=\frac{V_1}{\Delta t}+\frac{q_1}{2}+\overline{Q}-q_1 \tag{2.7}$$

$$q=f\left(\frac{V}{\Delta t}+\frac{q}{2}\right) \tag{2.8}$$

式中 q_1、q_2——时段 Δt 初、末的泄流能力；

其他符号意义同前。

$q=f\left(\dfrac{V}{\Delta t}+\dfrac{q}{2}\right)$ 由 $q-\dfrac{V}{\Delta t}+\dfrac{q}{2}$ 关系线表示，称为辅助曲线或工作曲线。

第一时段，起调水位已知，故时段初 q_1、$\dfrac{V_1}{\Delta t}+\dfrac{q_1}{2}$ 已知，由式（2.7）可计算 $\dfrac{V_2}{\Delta t}+\dfrac{q_2}{2}$，由此值查辅助曲线 $q-\dfrac{V}{\Delta t}+\dfrac{q}{2}$ 可得 q_2。q_2、$\dfrac{V_2}{\Delta t}+\dfrac{q_2}{2}$ 即为下一时段的初值，依时序逐时段连续计算，便可求得水库的出流过程 $q—t$。

对于本案例，以方案一为例，介绍调洪计算方法。其方法与步骤如下。

（1）调洪方式的拟定。

1）起调水位为防洪限制水位 120m。

2）水库遇 10 年一遇洪水，满足下游河道防洪要求，由泄洪洞控制，限泄 300m³/s，超 10 年一遇洪水，不限泄。

（2）泄流设施的泄流能力的确定。根据 A 水库泄洪洞、溢流坝布置型式、尺寸等确定其水位—泄量关系，见表 2.14。

表 2.14　　　　　　　　　水库泄洪洞、溢流坝水位—泄量关系表

水 位 （m）	泄洪洞 （m³/s）	溢流坝 （m³/s）	水 位 （m）	泄洪洞 （m³/s）	溢流坝 （m³/s）
115.0	23		124.0	344	30
115.5	119		124.5	351	101
116.0	214		125.04	359	230
116.5	225		125.5	363	322
117.0	235		126.0	369	460
117.5	244		126.5	375	615
118.0	253		127.0	380	793
118.5	262		127.5	386	991
119.0	270		128.0	392	1187
119.5	279		128.5	397	1615
120.0	287		129.0	403	1690
120.5	295		129.5	409	1943
121.0	303		130.0	414	2203
121.5	311		130.5	419	2469
122.0	318		131.0	424	2730
122.5	325		131.5	426	2983
123.0	331		131.85	428	3156
123.6	340	0			

溢洪道出流公式为

$$q = \sigma_s \sigma_c m B \sqrt{2g} h^{3/2}$$

根据溢洪道布置型式及有关规范，式中淹没系数 σ_s 取 1.0；侧收缩系数 σ_c 取 0.9；堰流流量系数 m 与堰顶水头有关，近似按常量 0.34。

（3）计算 $q - \dfrac{V'}{\Delta t} + \dfrac{q}{2}$ 关系。根据水位、容积关系以及各泄流设施的泄流能力，可计算方案一的工作曲线 $q - \dfrac{V'}{\Delta t} + \dfrac{q}{2}$，见表 2.15。为计算方便，采用防洪限制水位以上库容，并记 V'。

表 2.15 　　　　　 工作曲线 $q-\dfrac{V'}{\Delta t}+\dfrac{q}{2}$ 计算表（$\Delta t=3h$）

水位 （m）	库容 V （万 m^3）	V' （万 m^3）	泄洪洞 q_1 （m^3/s）	溢流坝 q_2 （m^3/s）	溢洪道 q_3 （m^3/s）	总泄量 q （m^3/s）	$\dfrac{V'}{\Delta t}$ （m^3/s）	$\dfrac{V'}{\Delta t}+\dfrac{q}{2}$ （m^3/s）
120.0	3365	0	287			287	0	144
120.5	3647	282	295			295	261	409
121.0	3929	564	303			303	522	674
121.5	4238	873	311			311	808	964
122.0	4546	1181	318			318	1094	1253
122.5	4878	1513	325			325	1401	1563
123.0	5210	1845	331			331	1708	1874
123.6	5637	2272	340	0	0	340	2104	2274
124.0	5922	2557	344	30	43	417	2368	2576
124.5	6309	2944	351	101	145	597	2726	3024
125.04	6696	3331	359	230	293	882	3084	3525
125.5	7118	3753	363	322	443	1128	3475	4039
126.0	7541	4176	369	460	630	1459	3867	4596
126.5	8000	4635	375	615	836	1826	4292	5205
127.0	8458	5093	380	793	1062	2235	4716	5833
127.5	8948	5583	386	991	1304	2681	5169	6510
128.0	9439	6074	392	1187	1563	3142	5624	7195
128.5	9950	6585	397	1615	1837	3849	6097	8022
129.0	10472	7107	403	1690	2125	4218	6581	8690
129.5	11293	7928	409	1943	2427	4779	7341	9730
130.0	11566	8201	414	2203	2742	5359	7594	10273
130.5	12143	8778	419	2469	3069	5957	8128	11106
131.0	12720	9355	424	2730	3409	6563	8662	11943
131.5	13200	9835	426	2983	3760	7169	9106	12691

根据表 2.15 中 q、$\dfrac{V'}{\Delta t}+\dfrac{q}{2}$ 两列数据，可绘制工作曲线 $q-\dfrac{V'}{\Delta t}+\dfrac{q}{2}$，限于篇幅，图略。

3．调洪计算

（1）对 10 年一遇洪水，调洪计算，结果见表 2.16。由表 12.15 可知，起调水位为防洪限制水位 120.0m 时，相应泄流能力 $q_{限}=287$ m^3/s。当入库流量 Q 小于或等于水库防洪限制水位的泄洪能力 $q_{限}$ 时，将闸门逐渐打开，水库控制泄量，使下泄流量等于入库流量，库水位维持在防洪限制水位，如表 2.16 中 7 日 20 时 22 分以前的泄流情况。7 日 20 时 22 分闸门已全开，水库进入自由泄流状态，7 日 23 时的泄流量 288.4m^3/s 为联解式

（2.5）、式（2.6），采用试算法求得，而对于 $\Delta t = 3\text{h}$ 的自由泄流时段，采用半图解法。当 8 日 2 时 23 分泄流量达到下游安全泄量 $300\text{m}^3/\text{s}$ 时，为了保证下游河道安全，控制泄流量 $300\text{m}^3/\text{s}$，至 8 日 14 时 01 分入流量等于泄流量 $300\text{m}^3/\text{s}$ 时，蓄洪量达最大，求得防洪库容 $V_{防} = 1693.2$ 万 m^3，防洪高水位 $Z_{防} = 122.77\text{m}$，相应总蓄水量 5058.2 万 m^3，这些数据是进行高标准洪水调洪计算的依据。

表 2.16　　　　　　　　　　A 水库 10 年一遇的洪水调洪计算表

时间		Q	$\overline{Q}$	$\dfrac{V'}{\Delta t}+\dfrac{q}{2}$	q	$\overline{q}$	ΔV	V	Z	说　明
日	时	(m^3/s)	(m^3/s)	(m^3/s)	(m^3/s)	(m^3/s)	（万 m^3）	（万 m^3）	(m)	
(1)	(2)	(3)	(4)	(5)	(6)	(7)	(8)	(9)	(10)	(11)
7	8	175			175				120	来量小于防洪限制水位的泄流能力，$q=Q$，$Z=Z_{限}$
	11	214			214				120	
	14	176			176				120	
	17	138			138				120	
	20	244			244				120	
	20：22	287			287			3365.000	120	
	23	414	350.5	190.4	288.4	287.7	59.534	3424.534	120.11	$q=q_{限}=287\text{m}^3/\text{s}$，闸门全开自由出流
8	2	787	600.5	502.5	298	293.2	331.884	3756.418	120.69	
	2：23	831	809		300	299	70.380	3826.798	120.82	
	5	1050	940.5		300	300	603.351	4430.149	121.81	闸门由全开转向逐渐关小，使泄量维持在 $300\text{m}^3/\text{s}$
	8	421	735.5		300	300	470.340	4900.489	122.53	
	11	383	402		300	300	110.160	5010.649	122.7	
	14	305	344		300	300	47.520	5058.169	122.77	
	14：01	300	302.5		300	300	0.015	5058.184	122.77	蓄量达到最大，库水位最高，以后逐渐下降
	17	245			300					
	⋮	⋮								

注　$V_{防} = 5058.2 - 3365 = 1693.2$（万 m^3），$Z_{防} = 122.77\text{m}$。

　　（2）对 100 年一遇洪水，调洪计算，结果见表 2.17。在无短期洪水预报的情况下，如何判别洪水是否超下游防洪标准？常用的方法是采用库水位来判别，当库水位低于防洪高水位时，则应以下游安全泄量控制泄洪；当库水位达到防洪高水位时，而水库来量仍大于泄量，则此时应转入更高一级的防洪，加大水库泄量。表 2.17 中，6 日 1 时 41 分以前，入库流量小于或等于 $q_{限}$，控制泄量 $q=Q$，库水位维持在防洪限制水位，此后闸门全开，自由泄流，至 7 日 7 时 30 分，泄流量达到下游河道安全泄量 $300\text{m}^3/\text{s}$，总蓄水量为 3828.773 万 m^3，小于防洪高水位 $Z_{防} = 122.77\text{m}$ 相应的总蓄水量 5058.2 万 m^3，应满足下游防洪要求，控制泄量 $300\text{m}^3/\text{s}$，至 7 日 18 时 21 分总蓄洪量等于防洪高水位

表 2.17　　　　　　　　　　　A 水库 100 年一遇的洪水调洪计算表

时间		Q	$\overline{Q}$	$\dfrac{V'}{\Delta t}+\dfrac{q}{2}$	q	$\overline{q}$	ΔV	V	Z	说　明
日	时	(m³/s)	(m³/s)	(m³/s)	(m³/s)	(m³/s)	(万 m³)	(万 m³)	(m)	
(1)	(2)	(3)	(4)	(5)	(6)	(7)	(8)	(9)	(10)	(11)
5	8	100			100					来量小于防洪限制水位的泄流能力，$q=Q$，$Z=Z_{限}$
	11	47			47					
	14	42			42					
	17	45			45					
	20	77			77					
	23	153			153					
6	1：41	287			287			3365.000	120.00	
	2	320	303.5	147.3	287.1	287.1	1.875	3366.875	120.00	
	5	372	346	206.2	288.9	288.0	62.640	3429.515	120.11	
	8	300	336	253.3	290.3	289.6	50.112	3479.627	120.20	
	11	274	287	250	290.2	290.3	−3.510	3476.117	120.20	$q=q_{限}=287\,\text{m}^3/$s，闸门全开自由出流
	14	340	307	266.8	290.7	290.3	17.874	3493.991	120.23	
	17	394	367	343.1	293	291.9	81.162	3575.153	120.37	
	20	372	383	433.1	295.7	294.4	95.742	3670.895	120.54	
	23	329	350.5	487.9	297.4	296.6	58.266	3729.161	120.65	
7	2	266	297.5	488	297.4	297.4	0.108	3729.269	120.65	
	5	301	283.5	474.1	297	297.2	−14.796	3714.473	120.62	
	7：30	550	425.5		300	298.5	114.300	3828.773	120.82	
	8	600	575		300	300.0	49.500	3878.273	120.91	闸门由全开转向逐渐关小，使泄量维持在 300 m³/s
	11	735	667.5		300	300.0	396.900	4275.173	121.56	
	14	605	670		300	300.0	399.600	4674.773	122.19	
	17	474	539.5		300	300.0	258.660	4933.433	122.58	
					300	300.0	125.145	5058.578	122.77	
	18：21	641	557.5		328.3			5058.578	122.77	
	20	846	743.5	1962.9	333	330.7	245.233	5303.811	123.13	蓄量等于防洪高水位相应的库容，来水仍较大，故闸门全开，全力泄洪
	23	1435	1140.5	2770.4	495.1	414.1	784.566	6088.377	124.22	
8	2	2183	1809	4084.3	1154.9	825.0	1062.720	7151.097	125.54	
	5	4290	3236.5	6165.9	2454.3	1804.6	1546.452	8697.549	127.24	
	6：24	2880	3585		2880.0	2667.2	462.596	9160.145	127.72	蓄量达到最大，库水位最高，以后逐渐下降
	8	1458	2169		2580	2730.0	−323.136	8837.009	127.39	
	11	1325								
	⋮									

注　最大下泄量 $q=2880\,\text{m}^3/\text{s}$，$V_{设}=9160.1-3365=5795.1$（万 m³），$Z_{设}=127.72\text{m}$。

$Z_{防}=122.77$m 相应的总蓄水量 5058.2 万 m³（表 2.17 中为 5058.578 万 m³，与 5058.2 万 m³ 很接近），来水流量仍然大于泄量，表明本次洪水的频率已超过 10 年一遇，为了大坝本身的安全，不再控制泄量，闸门全开，自由泄流量为 328.3 m³/s，该值由 $V=5058.2$ 万 m³，利用 $q-V$ 关系得到。此后一直自由泄流，至 8 日 6 时 24 分，泄流量等于入库流量，达到最大值 2880m³/s，水库蓄水量达最大值，库水位达最高，因此，水库设计洪水相应最大下泄流量为 2880m³/s，调洪库容为 $V_{设}=9160.1-3365=5795.1$（万 m³），设计洪水位为 $Z_{设}=127.72$m。

在对 100 年一遇洪水的调洪计算中，对于控制泄流的时段，泄流量已知，利用水量平衡方程即可得到第（8）栏时段蓄洪量 ΔV，进而计算第（9）栏总蓄水量 V；对于自由泄流的时段，凡是闸门全开或控制的转折时刻，若不正好在 $\Delta t=3$h 的时段分界处，则不能使用半图解法，如 7 日 7 时 30 分、7 日 20 时的自由泄流量均须试算得出，只有 $\Delta t=3$h 的自由泄流时段才能采用半图解法。

值得注意的是，出库流量的最大值应发生在出流与入流相等的时刻，该时刻一般不在 $\Delta t=3$h 的分界处，因而需试算推求出流量的最大值。例如本案例，采用半图解法，可求得 8 日 8 时的 $\dfrac{V_2'}{\Delta t}+\dfrac{q_2}{2}=\dfrac{V_1'}{\Delta t}+\dfrac{q_1}{2}+\overline{Q}-q_1=6165.9+2874-2454.3=6585.6$（m³/s），查 $q-\dfrac{V'}{\Delta t}+\dfrac{q}{2}$ 可得 $q_2=2731.9$m³/s，该值与相应时刻的入流 1458m³/s 不等，说明由 $\Delta t=3$h 的半图解法求得的最大值并不是真正的最大值。采用试算法推求出流量最大值的方法是：

1）假定 $q_m=2880$m³/s，即 $q_m=q_2=Q_2$，由该值在入流过程线 $Q-t$ 上确定 2880m³/s 相应的时刻为 8 日 6 时 42 分，进而得该时段长 $\Delta t'=84\times60=5040$（s）。

2）将 Q_1、Q_2、q_1、q_2、V_1、$\Delta t'$ 代入式（2.5），可求得 $V_2=9160.1$ 万 m³，然后由 V_2 查泄流能力曲线 $q-V$，可得 $q_2=2880$m³/s，与假设相符，故假设 $q_m=2880$m³/s 为所求。

若查得 q_2 与假设 q_m 不等，则重复步骤 1），重设 q_m，直至两者相等为止。

（3）对 2000 年一遇洪水，调洪计算，结果见表 2.18。求得 2000 年一遇洪水的最大下泄量 $q=6702$m³/s，校核洪水调洪库容为 9472.8 万 m³，校核洪水位为 $Z_{校}=131.12$m。调洪计算具体方法与 100 年一遇洪水类似，不再赘述。

上述过程利用 Excel 完成计算时，由 $\dfrac{V_2'}{\Delta t}+\dfrac{q_2}{2}$ 查辅助曲线 $q-\dfrac{V'}{\Delta t}+\dfrac{q}{2}$ 确定 q_2 的环节，可依据 $\left(\dfrac{V'}{\Delta t}+\dfrac{q}{2},q\right)$ 关系数据，由 $\dfrac{V_2'}{\Delta t}+\dfrac{q_2}{2}$ 内插 q_2。

强调指出，由于半图解法辅助曲线 $q-\dfrac{V}{\Delta t}+\dfrac{q}{2}$ 是在 Δt 取固定值时绘出的，并且其中出流量 q 是泄流能力，故此方法只适用于 Δt 固定和自由泄流（无闸门控制或闸门全开）的情况。

同理，采用与上述相同的方法步骤，对其他泄流设施方案调洪计算，可求得不同频率洪水相应的最大下泄量、最大蓄洪量、最高洪水位。

将两种泄流设施方案的调洪计算结果汇总，见表 2.19。

表 2.18　　　　　　　　　　**A 水库 2000 年一遇的洪水调洪计算表**

时间		Q	$\overline{Q}$	$\dfrac{V'}{\Delta t}+\dfrac{q}{2}$	q	$\overline{q}$	ΔV	V	Z	说　明
日	时	(m³/s)	(m³/s)	(m³/s)	(m³/s)	(m³/s)	(万 m³)	(万 m³)	(m)	
(1)	(2)	(3)	(4)	(5)	(6)	(7)	(8)	(9)	(10)	(11)
5	8	190			190					来量小于防洪限制水位的泄流能力，$q=Q$，$Z=Z_{限}$
	11	90			90					
	14	81			81					
	17	85			85					
	20	146			146					
	22：50	287			287			3365.000	120.00	$q=q_{限}=287\text{m}^3/\text{s}$，闸门全开自由出流
	23	291	289	144	287	287.0	0.120	3365.120	120.00	
6	2	610	450.5	307.5	291.9	289.5	173.934	3539.054	120.31	
	4：18	672	641		300	296.0	285.701	3824.755	120.82	
	5	708	690		300	300.0	98.280	3923.035	120.99	
	8	635	671.5		300	300.0	401.220	4324.255	121.64	闸门由全开转向逐渐关小，使泄量维持在 300m³/s
	11	579	607		300	300.0	331.560	4655.815	122.17	
	14	718	648.5		300	300.0	376.380	5032.195	122.73	
	14：10	745	731.5		300	300.0	25.890	5058.085	122.77	
	14：10	745			328.3			5058.085		蓄量等于防洪高水位相应的库容，来水仍较大，故闸门全开，全力泄洪
	17	833	789	2158.4	337.6	333.0	465.171	5523.256	123.44	
	20	787	810	2630.8	439	388.3	455.436	5978.692	124.07	
	23	696	741.5	2933.3	560.6	499.8	261.036	6239.728	124.41	
7	2	563	629.5	3002.5	588.2	574.4	59.508	6299.236	124.49	
	5	636	599.5	3013.5	592.8	590.5	9.720	6308.956	124.50	
	8	1268	952	3372.7	795.7	694.1	278.532	6587.488	124.89	
	11	1555	1411.5	3988.8	1104	949.7	498.744	7086.232	125.47	
	14	1279	1417	4301.8	1284.2	1194.1	240.732	7326.964	125.75	
	17	1002	1140.5	4158.1	1198.8	1241.5	−109.080	7217.884	125.62	
	20	1418	1210	4169.3	1205.4	1202.1	8.532	7226.416	125.63	
	23	3076	2247	5210.9	1829.8	1517.6	787.752	8014.168	126.51	
8	2	4062	3569	6950.1	2977.2	2403.5	1258.740	9272.908	127.83	
	5	9800	6931	10903.9	5811.9	4394.6	2739.366	12012.274	130.39	
	6：09	6702	8251		6702	6257.0	825.537	12837.811	131.12	蓄量达到最大，库水位最高，以后逐渐下降
	8	3127	4914.5		5760	6231.0	−876.789	11961.022	130.34	
	⋮	⋮								

注　最大下泄量 $q=6702\text{m}^3/\text{s}$，$V_{校}=12837.8-3365=9472.8$（万 m³），$Z_{校}=131.12\text{m}$。

54

表 2.19　　　　　　　　不同泄流设施方案的调洪计算成果汇总表

方案	10 年一遇			100 年一遇			2000 年一遇		
	最大泄量 (m³/s)	库容 (万 m³)	水位 (m)	最大泄量 (m³/s)	库容 (万 m³)	水位 (m)	最大泄量 (m³/s)	库容 (万 m³)	水位 (m)
一	300	5058.2	122.77	2880	9160.1	127.72	6702	12837.8	131.12
二	300	5058.2	122.77	3110	9404.7	127.97	6720	12845.2	131.13

分别将表 2.19 中各方案的 100 年一遇设计洪水位、2000 年一遇校核洪水位与相应频率的允许最高洪水位比较，可见该两方案均为可行方案，须进一步进行工程量计算，确定较优的泄流设施方案。

案例 2.2　缺乏实测资料时，防洪与灌溉为主水库的水文水利计算

【学习提示】　本案例是一座小（1）型水库的水文水利计算。属于缺乏实测径流资料的情况，水文计算常采用区域水文分析成果推求设计的水文特征值及水文过程；而水利计算中的兴利调节计算则采用代表年法。

2.2.1　工程与流域概况

2.2.1.1　工程概况

B 水库是一座以防洪为主，结合灌溉、发电和水产养殖的小（1）型水利枢纽工程。坝址以上控制流域面积 30.5km²，总库容 118.8 万 m³。水库现状防洪标准为 50 年一遇洪水设计，500 年一遇洪水校核。

该水库于 1970 年 10 月动工，1974 年 10 月大坝主体工程基本完工，1976 年，完成防洪加固工程，主要是加高大坝 1m，增建防浪墙，坝顶长度由设计的 127m 增加到 131m，侧堰宽度由原来的 55m 增加到 72m。水库枢纽主要建筑物包括大坝、溢洪道和放水洞。

大坝坝型为直墙堆石坝，高程基准面为假设基面，坝顶高程 71.058m，最大坝高 20m，防浪墙高 1.0m，坝顶宽 4m，坝顶长 131m；迎水坡坡比 1∶0.04；背水坡分两级，自上而下坡比分别为 1∶1.02 和 1∶1.4，未设马道。

溢洪道布置在大坝左侧，型式为侧槽式溢洪道，进口高程 67.558m，侧堰设计宽度 55m，现状宽度为 72m，后接陡槽段，陡槽长 160m，宽 19m。

原放水洞为城门洞式，宽 1.0m，净高 0.9m，拱高 0.5m，为无压洞，因淤积堵塞废置不用。故将原来的发电洞改装为放水洞。进口型式为分级卧管，涵卧管进口底高程 59.4m，洞径 0.6m，为钢筋混凝土压力管，全长 160m。最大泄流能力为 1.0m³/s。

该水库灌溉下游 86.67hm²（1300 亩）耕地，并担负下游两个镇的防汛任务。水库现状（加固前）工程技术指标见表 2.20。

表 2.20　　　　　　　　　加固前 B 水库主要工程技术指标

	流域面积（km²）	30.5
水文特征	多年平均流量（m³/s）	0.097
	多年平均径流量（万 m³）	30.5
	50 年一遇设计洪水流量（m³/s）	223.44
	50 年一遇年设计洪水总量（万 m³）	147.19
	500 年一遇年校核洪水流量（m³/s）	410.57
	500 年一遇校核洪水总量（万 m³）	260
水库特性	设计洪水位（m）	69.10
	校核洪水位（m）	69.868
	正常蓄水位（m）	67.558
	死水位（m）	59.40
	总库容（万 m³）	118.8
	兴利库容（万 m³）	66.5
	死库容（万 m³）	19.3
	调洪库容（万 m³）	33.0
	有效灌溉面积（hm²）	80（1200 亩）
	开工日期	1970 年 10 月
	竣工日期	1974 年 10 月
主坝	坝型	直墙堆石坝
	最大坝高（m）	20
	坝顶长度（m）	131
	坝顶高程（m）	71.058
	坝址地质	花岗岩
输水洞（已废弃）	型式	无压拱涵管
	洞径（m×m）	1.0×1.4
	最大泄量（m³/s）	1.0
发电洞	型式	钢筋混凝土压力管
	断面尺寸（m）	$D=0.6$
	最大输水量（m³/s）	1.0
溢洪道	型式	侧槽式实用堰
	最大泄量（m³/s）	436
	堰顶高程（m）	67.558
	溢流堰顶净宽（m）	72

　　水库枢纽运行多年，存在诸多问题，经大坝安全鉴定工作组对水库鉴定，确定大坝安全等级为三类，鉴定结论如下：

　　（1）B 水库现状防洪标准达到规范要求。

（2）大坝坝基应力满足规范要求，抗滑稳定不满足规范要求，未设位移、测压等观测设施。

（3）坝基及坝肩不存在绕坝渗漏问题。

（4）溢洪道无尾水渠，大坝运行存在严重安全隐患。

（5）原放水洞已废弃，现放水洞盖板需更换为铸铁盖板。

（6）按照《大坝安全评价导则》（SL 258—2000），不进行抗震复核。

（7）水库没有管理和观测设施。

因此，本次除险加固主要项目为：大坝坝体下游充填灌浆；增设消力池、拆除重建溢洪道尾水渠边墙；维修放水洞进口；硬化右岸上坝道路；重建管理房屋；增设大坝观测设施等。

除险加固后，工程任务由原来以防洪为主，结合灌溉、发电水产养殖，调整为以防洪为主，结合灌溉和水产养殖。

2.2.1.2　流域概况

B 水库位于潮河支流安纯沟上，安纯沟是潮白河的二级支流，水库上游称高条沟，发源于毛龙脑沟，由数条小支流汇入，干流经安家营、头道窝铺、郝家窝铺、上沟门、莫家沟，在高营子西入 B 水库，出水库后经凌营、南台、东、西台，在河北村入潮白河的一级支流哈汤河。根据地形图勾绘流域分水线，并确定水库以上流域面积 30.5km²，主河道长度 10.1km，主河道坡度 29.5‰。B 水库流域示意图如图 2.2 所示。

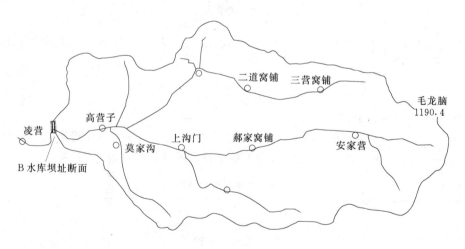

图 2.2　B 水库流域示意图

潮河流域地处温带大陆性季风气候区，冬春两季受西北季风控制，多风少雨，气候干燥寒冷；6～9 月由于海陆间气团活动剧烈，常影响本区形成降雨。多年平均降雨量约 600mm。受气候和地形的影响，降雨量的地区分布存在着明显的地区性差异，总趋势是由多雨的燕山迎风区向东南平原区逐渐减少；降雨量在年内分配上很不均匀，6～9 月降雨约占全年降水量的 80％；降水量在年际上变化亦很悬殊，且存在着连丰、连枯现象。

B水库坝址附近无气象观测站，根据县级气象站资料分析，多年平均气温为6.4℃，7月气温最高，各月平均最高28.1℃，1月气温最低，各月平均最低−18.2℃。极端最高气温为37.8℃，极端最低气温为−28.5℃；多年平均风速2.1m/s，最大风速可达18m/s；最大冻土深度大于1.5m，多年平均蒸发量为1607mm（ϕ20蒸发皿）。

2.2.2　水文水利计算的任务

本次除险加固设计，水文水利计算的主要任务是，现状兴利库容条件下，推求不同频率25%、50%和75%代表年水库的灌溉面积，本案例以频率50%的代表年为例介绍兴利调节计算方法；水库在现状防洪标准50年一遇设计、500年一遇校核以及现状泄流设施条件下，复核水库的防洪特征水位。

2.2.3　设计年径流与设计洪水

2.2.3.1　设计年径流

1. 设计保证率

水库下游用水户主要是农业用水，设计保证率为50%。

2. 设计天然年径流量

B水库坝址附近没有实测径流资料，采用水库所在省的水资源二次评价多年平均年径流深等值线图和市多年平均年径流深等值线图，确定流域多年平均年径流深均为80mm。查水库所在市的水文图集，年径流量变差系数C_v值0.71，C_s/C_v为3.0。故水库天然多年平均年径流量

$$\overline{W} = 0.1\overline{R}F = 0.1 \times 80 \times 30.5 = 244（万\ m^3）$$

利用皮尔逊Ⅲ型模比系数表查得$p=50\%$的$k_p=0.775$，故频率$p=50\%$的设计年径流量

$$W_{50\%} = k_p\overline{W} = 0.775 \times 244 = 189（万\ m^3）$$

3. 天然年径流的月分配

由于附近区域没有中小面积径流测站，天然年径流的月分配按水库建库时采用的参证站的月分配比进行计算，频率50%的水库天然年径流的月分配见表2.21。

表2.21　　　　　　　　　　　**B水库天然年径流月分配**

月　　份	7	8	9	10	11	12	1	2	3	4	5	6	全年
参证站月分配百分比（%）	12	20	12	6	7	5	5	3	8	8	6	10	100
50%径流量（万 m^3）	22.7	37.8	22.7	11.3	13.2	9.5	9.5	5.7	11.3	15.1	11.3	18.9	189

2.2.3.2　设计洪水

1. 历次设计洪水变更情况

B水库设计洪水有两个阶段的成果：一是建库时水库初步设计成果；二是1980年工程验收时对设计洪水进行了复核，复核成果列入竣工报告，该成果一直应用至今。该水库

不同阶段设计洪水成果见表 2.22。

表 2.22　　　　　　　　　　　历次设计洪水对比表

阶　　段	项　　目	20 年一遇	50 年一遇	100 年一遇	500 年一遇
水库原初设 (1973 年)	洪峰（m^3/s）		168	210	
	洪量（万 m^3）		70	106	
竣工报告 (1980 年复核)	洪峰（m^3/s）	156	224	284	411
	洪量（万 m^3）	112	147	176	199

2. 本次设计洪水复核

（1）设计标准。B 水库总库容 118.8 万 m^3，根据《水利水电工程等级划分及洪水标准》（SL 252—2000），B 水库为小（1）型水利枢纽工程，工程等别为 Ⅳ 等，其主要建筑物为 4 级，设计洪水标准为 30～50 年，校核标准为 300～1000 年。本次设计水库防洪标准按 50 年一遇设计、500 年一遇校核。对 500 年一遇、50 年一遇设计洪水进行复核。

（2）计算途径和方法。B 水库坝址附近没有实测流量资料，设计洪水通过暴雨途径推求。水库所在流域为山丘区小流域，设计洪峰流量适宜采用推理公式法。公式形式如下

$$Q_{mp} = 0.278 \frac{h}{\tau} F \tag{2.9}$$

$$\tau = 0.278 \frac{L}{mJ^{1/3}Q_{mp}^{1/4}} \tag{2.10}$$

式中　　Q_{mp}——洪峰流量，m^3/s；

　　　　h——造峰净雨量，即在全面汇流（$t_c \geq \tau$）时代表相应于 τ 历时的最大净雨量，在部分汇流（$t_c < \tau$）时代表单一洪峰的总净雨量 h_R，mm；

　　　　τ——流域汇流时间，h；

　　　　F——流域面积，km^2；

　　　　L——沿主河从出口断面至分水岭的最长距离，可采用主河道长度，km；

　　　　J——沿流程 L 的平均比降，以小数计；

　　　　m——汇流参数；

　　　　0.278——Q_{mp} 以 m^3/s、F 以 km^2、τ 以 h 为单位时的单位换算系数。

利用式（2.9）、式（2.10）推求设计洪峰流量，常见以下两种基本方法，可根据设计流域具备的资料情况合理选用。

方法一：利用水利部门的短历时暴雨强度经验公式推求任一短历时的设计点暴雨量。该公式为

$$\bar{i}_{tp} = \frac{S_p}{t^n} \quad 或 \quad H_{tp} = S_p t^{1-n} \tag{2.11}$$

式中　　$\bar{i}_{tp}$——历时为 t（h），频率为 p 的暴雨平均强度，mm/h；

　　　　S_p——习惯上称为频率为 p 的"雨力"，它表示最大 1h 暴雨的平均强度，mm/h；

　　　　n——暴雨递减指数，$0 < n < 1$；

　　　　H_{tp}——历时为 t 的设计雨量，mm。

产流计算时，引入净雨历时 t_c 内的平均损失强度 μ（mm/h），并分析全面汇流、部分

汇流两种情况下相应的造峰净雨量 h 的计算式，分别代入式（2.9），整理后得到如下公式

当 $t_c \geqslant \tau$ 时
$$Q_{mp} = 0.278 \left(\frac{S_p}{\tau^n} - \mu \right) F \tag{2.12}$$

当 $t_c < \tau$ 时
$$Q_{mp} = 0.278 \frac{n S_p t_c^{1-n}}{\tau} F \tag{2.13}$$

$$t_c = \left[(1-n) \frac{S_p}{\mu} \right]^{\frac{1}{n}} \tag{2.14}$$

推求设计洪峰流量时，一般假定 $t_c \geqslant \tau$，联解式（2.10）与式（2.12），求出 τ、Q_{mp} 值，若 $t_c \geqslant \tau$，则 τ、Q_{mp} 为所求；否则改用 $t_c < \tau$ 的情况，联解式（2.10）与式（2.13）。

上述方法推求设计洪峰流量需要 7 个参数：流域特征参数 F、L、J；暴雨参数 n、S_p；产、汇流参数 μ、m。

方法二：首先利用等值线图法或短历时暴雨经验公式求不同历时的设计暴雨量，其次利用概化雨型求设计暴雨过程，再次利用设计流域所在地区的产流方案推求设计净雨过程，然后联解式（2.9）、式（2.10），推求设计洪峰流量。

方法二避免了综合分析产流参数 μ 所带来的误差，条件具备时，应首选该方法。本次设计采用方法二。

（3）设计洪峰流量的推求。

1）流域特征值的确定。流域特征值在比例尺 1/50000 的流域图上量算，确定流域面积 30.5km²，主河道长度 10.1km，主河道平均比降 29.5‰。

2）不同历时的设计点雨量的计算。水库所在流域为背风区，且流域面积较小，设计暴雨历时采用 24h。1h、6h、24h 暴雨量的均值、变差系数 C_v，利用水库所在省的最新成果 2004 年《设计暴雨图集》查算，见表 2.23 所示，该区域 $C_s = 3.5C_v$，进而计算不同频率的点雨量，成果见表 2.23。

表 2.23　　　　　　　　　　　B 水库点雨量成果表

时　段 (h)	点雨量统计参数与设计值			
	均　值 (mm)	C_v 值	500 年一遇 (mm)	50 年一遇 (mm)
1	27	0.53	99.6	67.9
6	47	0.55	180.0	121.3
24	64	0.55	245.1	165.1

推求设计暴雨过程时，需要在上述标准历时的设计点雨量基础上，计算其他历时的设计点雨量，可采用图解法或公式法。

（a）图解法：由标准历时的设计点雨量，在双对数纸上绘制雨量—历时曲线 $\lg H_t$—$\lg t$，从中内插所需历时的设计点雨量。

（b）公式法：根据相邻两个标准历时 t_a 和 t_b 的设计雨量 H_a 和 H_b，以及该区间的暴雨递减指数 n_{ab}，计算所需历时 t 相应的雨量 H_t（为表达简捷，省略脚标 p）

$$H_t = H_a (t/t_a)^{1-n_{ab}} \tag{2.15}$$

或 $$H_t = H_b (t/t_b)^{1-n_{ab}} \tag{2.16}$$

其中 $$n_{ab} = 1 - \lg (H_a/H_b)/\lg (t_a/t_b) \tag{2.17}$$

式中　t——某一设计历时，h；

　　　H_t——历时 t 的点雨量，mm；

　t_a、t_b——两个相邻的标准历时，h；

H_a、H_b——标准历时 t_a、t_b 的点雨量，mm；

　　　n_{ab}——历时 t_a 与 t_b 范围的暴雨递减指数。

设 $t=1\sim6$h、$6\sim24$h 暴雨递减指数分别为 $n_{1,6}$、$n_{6,24}$，由式（2.17）可得：

$$n_{1,6} = 1 + 1.285\lg (H_1/H_6) \tag{2.18}$$

$$n_{6,24} = 1 + 1.661\lg (H_6/H_{24}) \tag{2.19}$$

本案例采用公式法，以 50 年一遇暴雨为例，说明计算过程。根据表 2.23 数据可算得暴雨递减指数 $n_{1,6}=0.6762$，$n_{6,24}=0.7776$。则两个标准历时之间，任一历时 t 的设计点雨量，可按式（2.20）、式（2.21）求得，计算结果见表 2.24 第（2）列。

$$1\sim6{\rm h} \qquad H_t = H_6 (t/6)^{1-0.6762} \tag{2.20}$$

$$6\sim24{\rm h} \qquad H_t = H_{24} (t/24)^{1-0.7776} \tag{2.21}$$

3）不同历时的设计面雨量的计算。由设计点雨量求设计面雨量的计算式

$$H_{F,t} = \alpha_t H_{0,t} \tag{2.22}$$

式中　$H_{F,t}$——历时 t 的设计面雨量，mm；

　　　α_t——历时 t 的点面换算系数（折算系数）；

　　$H_{0,t}$——历时 t 的设计点雨量，mm。

需要指出的是，点面换算系数不但与流域面积、历时有关，而且与频率有关。

本案例根据水库所在地区不同流域面积、不同频率的 $1\sim3$h、6h、24h 的点面换算系数的分析成果，确定设计流域面积 30.5km²、频率 50 年一遇不同历时的点面换算系数见表 2.24 第（3）列（其中 $1\sim3$h、6h、24h 以外历时的点面换算系数内插求得），进而计算不同历时的设计面雨量，见表 2.24 第（4）列。

4）设计面雨量过程的计算。由于缺乏资料，设计暴雨过程采用该地区的概化雨型见表 2.24 第（6）、（7）列，据此推求设计面暴雨过程的方法是，历时 1h 的最大雨量发生在第 17h，即第 17h 的雨量为 57.6mm；历时 2h 的最大雨量发生在第 17h 和第 18h，故第 18h 雨量为 $H_2 - H_1 = 72.1 - 57.6 = 14.5$（mm），其余类推，计算结果见表 2.24 第（8）列。

表 2.24　　　　　　　　　　50 年一遇设计暴雨过程计算表

历时 (h)	点雨量 (mm)	点面换算 系数	面雨量 (mm)	相邻历时 雨量差值 (mm)	时程 (h)	雨量分配	面雨量 过程 (mm)
(1)	(2)	(3)	(4)	(5)	(6)	(7)	(8)
1	67.9	0.848	57.6		1	$H_{23}-H_{22}$	2.4
2	85.0	0.848	72.1	14.5	2	$H_{22}-H_{21}$	2.2

历时 (h)	点雨量 (mm)	点面换算 系数	面雨量 (mm)	相邻历时 雨量差值 (mm)	时程 (h)	雨量分配	面雨量 过程 (mm)
(1)	(2)	(3)	(4)	(5)	(6)	(7)	(8)
3	96.9	0.848	82.2	10.1	3	$H_{21}-H_{20}$	2.5
4	106.4	0.861	91.6	9.4	4	$H_{20}-H_{19}$	2.3
5	114.3	0.873	99.8	8.2	5	$H_{19}-H_{18}$	2.4
6	121.3	0.886	107.5	7.7	6	$H_{18}-H_{17}$	2.6
7	125.5	0.890	111.7	4.2	7	$H_{17}-H_{16}$	2.5
8	129.3	0.895	115.7	4.0	8	$H_{16}-H_{15}$	2.6
9	132.7	0.899	119.3	3.6	9	$H_{15}-H_{14}$	2.8
10	135.9	0.904	122.8	3.5	10	$H_{14}-H_{13}$	2.8
11	138.8	0.908	126.0	3.2	11	$H_{13}-H_{12}$	3.0
12	141.5	0.912	129.1	3.1	12	$H_{12}-H_{11}$	3.1
13	144.1	0.917	132.1	3.0	13	H_9-H_8	3.6
14	146.4	0.921	134.9	2.8	14	H_8-H_7	4.0
15	148.7	0.926	137.7	2.8	15	H_7-H_6	4.2
16	150.9	0.930	140.3	2.6	16	H_3-H_2	10.1
17	152.9	0.934	142.8	2.5	17	H_1	57.6
18	154.9	0.939	145.4	2.6	18	H_2-H_1	14.5
19	156.7	0.943	147.8	2.4	19	H_4-H_3	9.4
20	158.5	0.947	150.1	2.3	20	H_5-H_4	8.2
21	160.3	0.952	152.6	2.5	21	H_6-H_5	7.7
22	161.9	0.956	154.8	2.2	22	$H_{10}-H_9$	3.5
23	163.5	0.961	157.2	2.4	23	$H_{11}-H_{10}$	3.2
24	165.1	0.965	159.3	2.1	24	$H_{24}-H_{23}$	2.1
合计							159.3

同理，可求得 500 年一遇的设计面暴雨过程。限于篇幅不一一列出。

5）设计洪峰流量的推求（流域产、汇流计算）。联解式（2.9）、式（2.10）推求设计洪峰流量的过程，也是产、汇流计算的过程，计算内容与方法如下。

（a）由设计暴雨总量推求设计净雨总量。本案例根据设计流域所在地区《中小流域设计暴雨洪水图集》中的降雨径流关系，由 50 年一遇的设计暴雨总量 159.3mm 查得净雨总量 $h_R=56.2$mm。

（b）求时段净雨过程。可结合设计流域的产流方案采用降雨径流相关法、初损后损法、平均损失率法等。本案例采用平均损失率法。其计算式为

$$\mu=\frac{H-h_R-H_{t-t_c}}{t_c} \tag{2.23}$$

式中 μ——净雨历时内的平均损失率，mm/h；

H——设计降雨总量，mm；

h_R——设计净雨总量，mm；

H_{t-t_c}——非产流期内的降雨量，mm；

t_c——净雨历时，也称产流历时，h。

由于 μ 未知，净雨历时 t_c 也未知，故利用式（2.23）求 μ 需采用试算法或图解法。

试算法：对本案例，假定产流历时 $t_c=5\text{h}$，然后从降雨过程中强度最大的雨峰部位向前后相邻时段取对应时间等于净雨历时的时段长，见表 2.25，相应时段 16～20h，并统计该时段的降雨量为 99.8mm，进而计算净雨历时内平均损失率

$$\mu = \frac{99.8-56.2}{5} = 8.72(\text{mm/h})$$

与 t_c 时段的降雨强度比较，发现第 20h 的雨强 8.2mm/h＜μ，未产流，说明假设不正确，故重设 $t_c=4\text{h}$，相应于时段 16～19h，重复上述步骤，可得

$$\mu = \frac{91.6-56.2}{4} = 8.85(\text{mm/h})$$

与 t_c 范围内各时段的降雨强度比较，均有雨强大于 μ；与 t_c 范围以外各时段的降雨强度比较，均有雨强小于 μ，说明假设正确，则 $t_c=4\text{h}$、$\mu=8.85\text{mm/h}$ 为所求。

求得 t_c、μ 后，则可计算时段净雨量见表 2.25 第（4）列。

图解法：①绘制不同历时的最大降雨量与历时的关系线 H_t-t。根据降雨过程，自强度最大的雨峰开始，向前后相邻时段对雨量连续累加，求得不同历时的最大降雨量 H_t，为便于计算，可先将时段降雨量降序排列，见表 2.26 第（3）列。然后再依次累加得第（5）列 H_t；由第（4）、（5）列相应数据便可点绘关系线 H_t-t，如图 2.3 所示。②在图 2.3 的 H_t 轴上，由原点起截取总净雨深 h_R，而得到 A 点。自 A 点向曲线 H_t-t 作切线得 B 点。B 点的横坐标即为净雨历时 t_c，切线的斜率即为净雨历时内的平均损失率 μ，于是由 B 点纵坐标 $H_4=91.6\text{mm}$，可得

$$\mu = \frac{H_4-h_R}{t_c} = \frac{91.6-56.2}{4} = 8.85(\text{mm/h})$$

表 2.25　　　　　　　　　50 年一遇设计净雨计算表

时程 （h）	雨量 （mm）	损失量 （mm）	净雨量 （mm）	时程 （h）	雨量 （mm）	损失量 （mm）	净雨量 （mm）
(1)	(2)	(3)	(4)	(1)	(2)	(3)	(4)
1	2.4	2.4	0	14	4	4	0
2	2.2	2.2	0	15	4.2	4.2	0
3	2.5	2.5	0	16	10.1	8.85	1.2
4	2.3	2.3	0	17	57.6	8.85	48.8
5	2.4	2.4	0	18	14.5	8.85	5.7
6	2.6	2.6	0	19	9.4	8.85	0.5
7	2.5	2.5	0	20	8.2	2.4	0
8	2.6	2.6	0	21	7.7	2.4	0
9	2.8	2.8	0	22	3.5	2.3	0
10	2.8	2.8	0	23	3.2	2.2	0
11	3	3	0	24	2.1	2.1	0
12	3.1	3.1	0	合计	159.3		56.2
13	3.6	3.6	0				

表 2.26　　　　　　　　　　　50 年一遇不同历时最大雨量—历时关系计算表

时程 (h)	雨量 (mm)	降序排列雨量 (mm)	历时 t (h)	不同历时最大雨量 H_t (mm)	时程 (h)	雨量 (mm)	降序排列雨量 (mm)	历时 t (h)	不同历时最大雨量 H_t (mm)
(1)	(2)	(3)	(4)	(5)	(1)	(2)	(3)	(4)	(5)
			0	0	13	3.6	3	13	132.1
1	2.4	57.6	1	57.6	14	4	2.8	14	134.9
2	2.2	14.5	2	72.1	15	4.2	2.8	15	137.7
3	2.5	10.1	3	82.2	16	10.1	2.6	16	140.3
4	2.3	9.4	4	91.6	17	57.6	2.6	17	142.9
5	2.4	8.2	5	99.8	18	14.5	2.5	18	145.4
6	2.6	7.7	6	107.5	19	9.4	2.5	19	147.9
7	2.5	4.2	7	111.7	20	8.2	2.4	20	150.3
8	2.6	4	8	115.7	21	7.7	2.4	21	152.7
9	2.8	3.6	9	119.3	22	3.5	2.3	22	155
10	2.8	3.5	10	122.8	23	3.5	2.2	23	157.2
11	3	3.2	11	126	24	2.1	2.1	24	159.3
12	3.1	3.1	12	129.1					

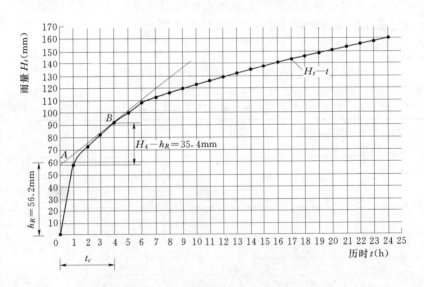

图 2.3　利用 H_t—t 曲线确定产流参数 μ

（c）绘制不同历时最大平均净雨强度—历时曲线。在表 2.25 中的时段净雨过程基础上，自最大净雨强度时段的净雨量开始向前后相邻时段连续累加求不同历时 t 的最大净雨量 h_t，并除以相应历时 t，即得不同历时最大平均净雨强度 h_t/t，见表 2.27。于是，由表 2.27 中第（3）、（5）列相应数据可绘 h_t/t—t 关系线，如图 2.4 所示。

表 2.27　　h_t/t—t 关系计算表

时段 ($\Delta t=1h$)	净雨量 (mm)	历时 t (h)	最大净 雨量 h_t (mm)	h_t/t (mm/h)
(1)	(2)	(3)	(4)	(5)
1	1.2	1	48.8	48.8
2	48.8	2	54.5	27.3
3	5.7	3	55.7	18.6
4	0.5	4	56.2	14.1
56.2	56.2			

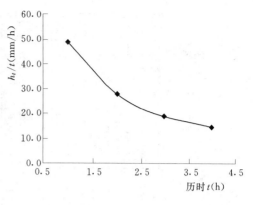

图 2.4　h_t/t—t 关系线

（d）推求设计洪峰流量。将流域面积代入式（2.9），并化简得

$$Q_{mp} = 8.479 \frac{h_\tau}{\tau} \tag{2.24}$$

将流域特征参数 F、L、J 代入式（2.10），并化简得

$$\tau = \frac{8.1135}{Q_{mp}^{1/4}} \tag{2.25}$$

假定汇流历时 τ'，利用 h_t/t—t 线可查得 h_τ/τ，代入式（2.24）计算 Q_{mp}，将 Q_{mp} 代入式（2.25），可计算 τ，若 $\tau'=\tau$，则 τ、Q_{mp} 为所求，否则，重新假设汇流历时 τ'，直至 $\tau'=\tau$ 为止。当计算 3 组以上数据后，也可绘 τ'—Q_{mp} 与 Q_{mp}—τ 关系线，两线交点坐标即为所求 τ、Q_{mp}。

本案例计算结果 $Q_{mp}=228.1\text{m}^3/\text{s}$，$\tau=2.09\text{h}$，属 $\tau<t_c$ 的情况。计算过程见表 2.28。

需要说明的是，h_t/t—t 关系线中 $t\leqslant t_c$，当遇到汇流历时 $\tau>t_c$ 的情况时，$h_\tau=h_R$，试算过程中 $h_\tau/\tau=h_R/\tau$。

表 2.28　　50 年一遇设计洪峰流量计算表

τ' (h)	h_τ/τ (mm/h)	Q_{mp} (m^3/s)	τ (h)
1.00	48.8	413.775	1.799
1.80	30.3	256.914	2.027
2.03	27.3	231.477	2.080
2.08	27.0	228.933	2.086
2.09	26.9	228.085	2.088

（4）设计洪水总量的推求。洪水总量根据流域面积和径流深求得，其公式为

$$W_p = 0.1 h_R F$$

式中　W_p——设计洪水总量，万 m^3；

h_R——设计净雨总量，mm；

F——流域面积，km^2。

本案例，由设计净雨总量 $h_R=56.2\text{mm}$，得设计洪水总量 $W_p=171.41$ 万 m^3。

同上方法，可求得 500 年一遇的设计洪峰流量为 $412.1\text{m}^3/\text{s}$，设计洪水总量 308.05 万 m^3。

（5）设计成果的合理性分析。将上述求得的设计洪峰流量、设计洪量与水库历次成果进行对比，见表 2.29，计算结果与水库原复核成果相近，并且将本次 500 年一遇的成果点到附近区域实测站和中型水库洪水成果模数图中，如图 2.5 所示，符合地区上洪峰模数与流域面积的规律，故本次设计的成果合理，可作为设计采用成果。

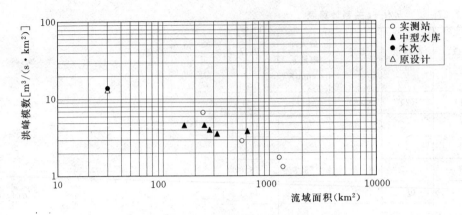

图 2.5　500 年一遇洪峰模数图

表 2.29　　　　　　　　　　　　　设计洪水对比分析及采用成果

阶　段	项　目	500 年一遇	100 年一遇	50 年一遇	20 年一遇
水库原初设 （1973 年）	洪峰（m^3/s）		210	168	
	洪量（万 m^3）		106	70	
竣工报告 （1980 年复核）	洪峰（m^3/s）	411	284	224	156
	洪量（万 m^3）	199	176	147	112
本次复核（采用）	洪峰（m^3/s）	412.1		228.1	
	洪量（万 m^3）	308.05		171.41	

注　本案例仅复核了重现期 500 年、50 年的洪水。

（6）设计洪水过程线。设计洪水过程线采用经有关部门批准使用的南水北调中线工程水文计算综合分析的小流域概化过程线，见表 2.30。它是根据设计流域所在地区有流量资料的中小流域的洪水过程线，以 Q_i/Q_m 为纵坐标、以 t_i/T 为横坐标，进行地区综合，然后将综合后所得的 Q_i/Q_m 与 t_i/T 关系线及其与横轴包围的面积数 η 作为概化洪水过程线的要素，这种概化过程线也称为无因次洪水过程线。本案例中面积数 η 为 0.233。

表 2.30　　　　　　　　　　　概　化　过　程　线　表

横坐标 t_i/T	0.116	0.153	0.209	0.250	0.300
纵坐标 Q_i/Q	0.023	0.035	0.066	0.360	0.735
横坐标 T_i/T	0.335	0.400	0.500	0.628	1.00
纵坐标 Q_i/Q	1.00	0.700	0.230	0.139	0.074

在设计洪峰流量 Q_{mp}、设计洪量 W_p 已知的情况下，若确定了设计洪水过程线的总历时 T，由设计洪峰流量 Q_{mp} 和设计洪水过程线的总历时 T 分别乘以无因次过程线的纵、横坐标值 Q_i/Q_m 和 t_i/T，即得到设计洪水过程线。显然应有 $W_p = \eta Q_{mp} T \times 3600$。因此，$T$ 的计算式为

$$T = \frac{W_p}{3600 \eta Q_{mp}} \qquad (2.26)$$

式中　3600——Q_{mp} 以 m³/s、W_p 以 m³、T 以 h 为单位时的单位换算系数，若 W_p 以万 m³ 计，则单位换算系数为 0.36。

根据 50 年一遇的设计洪流量 228.1m³/s、设计洪量 171.41 万 m³，代入式（2.26），得 T＝9h。因此，将 T＝9h、Q_{mp}＝228.1m³/s 分别乘以表 2.30 中 t_i/T 和 Q_i/Q_m，即得到 50 年一遇的设计洪水过程线。为便于调洪计算，将上述求得的设计洪水过程线，按每隔 0.5h 取一值（保留整数），见表 2.31。注意：不要漏掉洪峰、对每隔 0.5h 取一个值的设计洪水过程线相应的洪水总量要进行校核，原则上，应等于设计洪水总量。本例为 171.45 万 m³，误差（171.45－171.41）/171.41＝0.2%。

同理，可求得 500 年一遇的设计洪水过程线，见表 2.31。

表 2.31　　　　　　　　　　　B 水库设计与校核洪水过程线

时间 （h）	50 年一遇 Q （m³/s）	500 年一遇 Q （m³/s）	时间 （h）	50 年一遇 Q （m³/s）	500 年一遇 Q （m³/s）
0.5	4	5	5	40	69
1	5	10	5.5	32	59
1.5	10	19	6	28	52
2	43	101	6.5	24	42
2.5	138	275	7	23	39
3	228	412	7.5	20	36
3.5	166	289	8	19	33
4	96	150	8.5	17	29
4.5	53	86	9	17	25

2.2.3.3　施工期设计洪水

1. 施工时段及标准

根据施工组织设计，涉及导流的施工时段为 3 月 15 日至 5 月 31 日和 9 月 1 日至 10 月 31 日。该水库永久性建筑物为 4 级，由《水利水电工程等级划分及洪水标准》（SL 252—2000）确定施工期建筑物洪水重现期为 5 年一遇。

2. 计算方法

由于流域内没有实测流量资料，采用暴雨途径推求施工期设计洪水。根据流域内石人沟雨量站 3 月 15 日至 5 月 31 日和 9 月 1 日至 10 月 31 日实测雨量资料，分析推求不同施工时段 5 年一遇设计暴雨，然后采用推理公式法求得不同施工时段 5 年一遇设计洪峰流量，成果见表 2.32。

2.2.4　泥沙分析

B 水库所在流域内植被较好，入库泥沙量不太大。由于没有实测泥沙资料、淤积测量资料，故按水库所在省的多年平均悬移质侵蚀模数图计算水库来沙量。查悬移质侵蚀

表 2.32　施工期设计洪水成果表

施工期	洪峰流量 （m³/s）	24h 洪量 （万 m³）
3 月 15 日至 5 月 31 日	4.7	9.15
9 月 1 日至 10 月 31 日	6.3	11.28

模数图，确定水库所在流域多年平均侵蚀模数为 150t/（a·km²），推移质按悬移质的 20%计，得该水库多年平均总输沙量 0.549 万 t/a。

2.2.5　水利计算

2.2.5.1　水库淤积估算与水库特性曲线

泥沙密度取 1.3t/m³，沉积率取 90%，由水库多年平均总输沙量 0.549 万 t/a，估算年预积量为 0.38 万 m³/a。水库建库至 2008 年共 34 年，总淤积量为 12.92 万 m³。水库加固后使用年限按 15 年，预测总淤积量为 5.7 万 m³。

在水库 1974 年建成时的水位—容积关系线基础上，结合上述淤积量数据，并通过对水库泥沙淤积分析，求得现状和预测的水位—库容关系，如图 2.6 所示。

水库现状水位—面积关系线如图 2.7 所示。

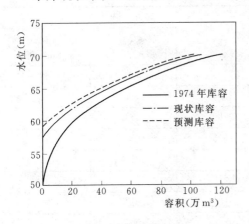

图 2.6　水位—库容关系线

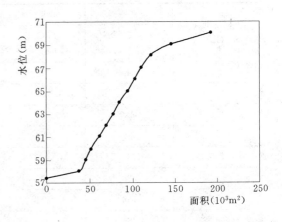

图 2.7　水位—面积关系线

2.2.5.2　水库死水位的确定

水库运行已 34 年，现状死水位 59.4m，根据实测资料及淤积预测分析，水库运行 15 年后平均淤积高程为 59.0m，水库现状死水位满足淤积要求，维持现状死水位 59.4m。

2.2.5.3　水库兴利调节计算与正常蓄水位的复核

1. 水库设计入库年径流量及其年内分配

水库设计入库年径流为天然年径流扣除水库上游流域用水，据调查，水库以上流域内无引、提、蓄水工程，基本没有用水，因此水库设计入库年径流直接采用天然年径流成果，频率 50%代表年设计入库年径流见表 2.33。

表 2.33　　　　　　　B 水库 50%代表年设计入库年径流量及其年内分配

月　份	7	8	9	10	11	12	1	2	3	4	5	6	全年
50%径流量（万 m³）	22.7	37.8	22.7	11.3	13.2	9.5	9.5	5.7	11.3	15.1	11.3	18.9	189

2. 水库下游用水定额

水库有效灌溉面积 1200 亩，实灌最大面积 1300 亩。经调查分析，现状渠系水有效利用系数约为 0.4。本次设计按现状和规划配套后两种情况进行计算，复核灌溉面积。配套后渠系水有效利用系数取 0.6。

结合灌区作物组成等实际情况，综合分析年净灌溉定额 2100m³/hm²（140m³/亩），并根据水库所在省的《主要农作物灌溉用水年内分配》，确定灌溉定额见表 2.34。

表 2.34　　　　　　　　　　　　灌区灌溉定额　　　　　　　　　　单位：m³/hm²

月份	7	8	9	10	11	12	1	2	3	4	5	6	全年
净灌溉定额	160.5	198.0	277.5	0	160.5	0	0	0	160.5	648.0	160.5	334.5	2100.0
现状毛定额	402.0	495.0	691.5	0	402.0	0	0	0	402.0	1620.0	402.0	835.5	5250.0
配套后毛定额	267.0	330.0	462.0	0	267.0	0	0	0	267.0	1081.5	267.0	558.0	3499.5

3. 水库蒸发与渗漏损失

关于水库逐月蒸发损失深度的计算方法，已在案例一中介绍过，对于本案例，计算方法与步骤如下。

（1）确定年水面蒸发深度。对于本案例频率 50% 的代表年，宜采用 50% 代表年的器测水面蒸发量，由于缺乏资料，由口径 20cm 蒸发皿测得的多年平均蒸发量近似，见表 2.35 第（2）列，并搜集当地水文部门提供的口径 20cm 蒸发皿逐月折算系数见表 2.35 第（3）列，进而计算逐月及年水面蒸发量见表 2.35 第（4）列。

表 2.35　　　　　　　　　　　　B 水库蒸发损失计算表

月份	器测蒸发量（20cm 蒸发皿）（mm）	折算系数	水面蒸发量（mm）	器测月分配（%）	损失深度（mm）
（1）	（2）	（3）	（4）	（5）	（6）
7	191.0	0.64	122.2	11.9	72.1
8	159.3	0.69	109.9	9.9	59.9
9	134.1	0.72	96.6	8.3	50.3
10	109.1	0.72	78.6	6.8	41.2
11	55.7	0.70	39.0	3.5	21.2
12	35.1	0.64	22.5	2.2	13.3
1	34.5	0.65	22.4	2.1	12.7
2	48.5	0.55	26.8	3.0	18.2
3	110.0	0.54	59.4	6.8	41.2
4	204.9	0.60	122.9	12.8	77.5
5	281.4	0.62	174.5	17.5	106.0
6	243.4	0.63	153.3	15.2	92.0
全年	1607.3		1028.1	100	605.6

（2）确定年陆面蒸发量。由水库所在流域内石人沟雨量站 1952～2004 年降水量资料，计算多年平均年降水量 $\overline{H}=502.5$mm，因流域面积较小，可由该点雨量近似流域多年平

均年降水量，并由前述已求得流域多年平均年径流深 $\overline{R}=80\mathrm{mm}$，计算多年平均年陆面蒸发量 $\overline{E}=\overline{H}-\overline{R}=422.5\mathrm{mm}$。

（3）确定年蒸发损失深度。由年水面蒸发深度与年陆面蒸发深度之差，可得年蒸发损失深度为 $1028.1-422.5=605.6$（mm）。

（4）确定逐月蒸发损失深度。采用蒸发器的年内分配比，见表 2.35 第（5）列，将年蒸发损失深度分配到各月，计算结果见表 2.35 第（6）列。

该水库水文地质条件较好，渗漏损失按月蓄水量 1%计。

4. 兴利调节计算与正常蓄水位的复核

水库兴利调节计算调度运用原则为：

（1）起调水位为死水位 59.4m，相应库容 7.0 万 m^3。

（2）防洪限制水位等于正常蓄水位 67.558m，汛期无水位控制。

本案例在水库的兴利库容 66.5 万 m^3 条件下，以频率 50%的代表年为例，介绍推求水库保证灌溉面积的方法。由于灌溉面积未知时，用水量未知，故此类计算任务，须试算完成，具体方法[1,2,5]如下。

1）拟定灌溉面积 F_1，计算频率 50%的灌溉用水，进而计入损失调节计算求所需兴利库容 $V_{兴1}$。

2）拟定灌溉面积 F_2，计算频率 50%的灌溉用水，进而计入损失调节计算求所需兴利库容 $V_{兴2}$。

3）依次类推，推求完全年调节时灌溉面积 $F_{完}$ 相应的兴利库容 $V_{完}$。

若水库的兴利库容 $V_{兴} \geqslant V_{完}$，则上述 $F_{完}$ 即为频率 50%代表年的保证灌溉面积，说明水库能进行完全年调节，水库的来水量是决定保证灌溉面积的限制条件；否则，说明现状兴利库容是保证灌溉面积的限制条件，则点绘兴利库容与灌溉面积的关系线，利用该线由水库现状兴利库容查得灌溉面积，即为 50%代表年的保证灌溉面积。

对于本案例，在现状渠系水有效利用系数 0.4 情况下，分别假定灌溉面积 300hm²、340hm²、342.4hm²，分别求得计入损失兴利库容 44.306 万 m^3、57.799 万 m^3、58.607 万 m^3，其中 342.4hm² 为完全年调节的灌溉面积，所需兴利库容 58.607 万 m^3 小于水库兴利库容 66.5 万 m^3。计算过程见表 2.36。

同上方法，在配套后渠系水有效利用系数 0.6 情况下，可求得完全年调节时保证的灌溉面积为 513.66hm²，计算过程见表 2.37。所需库容为 58.649 万 m^3，小于水库的兴利库容 66.5 万 m^3。

综上所述，现状兴利库容，现状和配套渠系水有效利用系数两种情况下，水库均能进行完全年调节，且保证的灌溉面积均大于灌区有效灌溉面积 80hm²，因此，现状正常蓄水位 67.558m 满足水库兴利要求，并且可适当扩大灌区面积。

2.2.5.4　水库洪水调节计算与防洪特征水位的复核

前已叙及，本案例防洪计算的任务是，在水库现状防洪标准 50 年一遇设计、500 年一遇校核以及现状泄流设施条件下，复核水库的防洪特征水位。

1. 水库水位—泄量关系

根据 B 水库溢洪道的布置形式，确定水库水位—泄量关系见表 2.38。

表 2.36　现状渠系水有效利用系数时 B 水库 p=50%代表年计入损失年调节计算表

月份	入库水量(万 m³)	灌溉毛定额(m³/hm²)	灌溉面积(hm²)	用水量(万 m³)	余或亏水量(万 m³)	月末蓄水量(万 m³)	月平均蓄水量(万 m³)	月平均面积(10³ m²)	蒸发损失深度(mm)	蒸发损失水量(万 m³)	渗漏损失水量(万 m³)	总损失水量(万 m³)	计入损失用水量(万 m³)	余或亏水量(万 m³)	月末蓄水量(万 m³)	弃水量(万 m³)
(1)	(2)	(3)	(4)	(5)	(6)	(7)	(8)	(9)	(10)	(11)	(12)	(13)	(14)	(15)	(16)	(17)
						7.000									7.000	
7	22.7	402.0	342.4	13.764	8.936	15.936	11.468	54.368	72.1	0.392	0.115	0.507	14.271	8.429	15.429	
8	37.8	495.0	342.4	16.949	20.851	36.787	26.362	74.714	59.9	0.448	0.264	0.712	17.661	20.139	35.568	
9	22.7	691.5	342.4	23.677	−0.977	35.810	36.299	84.071	50.3	0.423	0.363	0.786	24.463	−1.763	33.805	
10	11.3	0	342.4	0.000	11.300	47.110	41.460	88.929	41.2	0.366	0.415	0.781	0.781	10.519	44.324	
11	13.2	402.0	342.4	13.764	−0.564	46.546	46.828	94.131	21.2	0.200	0.468	0.668	14.432	−1.232	43.092	
12	9.5	0	342.4	0.000	9.500	56.046	51.296	98.700	13.3	0.131	0.513	0.644	0.644	8.856	51.948	
1	9.5	0	342.4	0.000	9.500	62.005	59.026	105.432	12.7	0.134	0.590	0.724	0.724	8.776	60.724	
2	5.7	0	342.4	0.000	5.700	62.005	62.005	107.486	18.2	0.196	0.620	0.816	0.816	4.884	65.608	
3	11.3	402.0	342.4	13.764	−2.464	59.541	60.773	106.637	41.2	0.439	0.608	1.047	14.811	−3.511	62.097	
4	15.1	1620.0	342.4	55.469	−40.369	19.172	39.357	86.894	77.5	0.673	0.394	1.067	56.536	−41.436	20.661	
5	11.3	402.0	342.4	13.764	−2.464	16.708	17.940	64.482	106.0	0.684	0.179	0.863	14.627	−3.327	17.334	
6	18.9	835.5	342.4	28.608	−9.708	7.000	11.854	55.064	92.0	0.507	0.119	0.626	29.234	−10.334	7.000	
全年	189.0	5250.0		179.759					605.6	4.593	4.648	9.241	189.000			0

注　1. 第 (6) 列、第 (8) 列数据中数字前 "−" 代表亏水。
　　2. 校核：∑ (2) −∑ (5) −∑ (13) −∑ (17) =189.0−179.759−9.241−0=0。
　　3. 采用现状库容曲线。

表 2.37　配套渠系水有效利用系数时 B 水库 $p=50\%$ 代表年计入损失年调节计算表

月份	入库水量（万 m³）	配套后灌溉毛定额（m³/hm²）	灌溉面积（hm²）	用水量（万 m³）	余或亏水量（万 m³）	月末蓄水量（万 m³）	月平均蓄水量（万 m³）	月平均面积（10³ m²）	蒸发损失深度（mm）	蒸发损失水量（万 m³）	渗漏损失水量（万 m³）	总损失水量（万 m³）	计入损失用水量（万 m³）	余或亏水量（万 m³）	月末蓄水量（万 m³）	弃水量（万 m³）
(1)	(2)	(3)	(4)	(5)	(6)	(7)	(8)	(9)	(10)	(11)	(12)	(13)	(14)	(15)	(16)	(17)
						7.0									7.0	
7	22.7	267.0	513.66	13.715	8.985	15.985	11.493	54.413	72.1	0.392	0.115	0.507	14.222	8.478	15.478	
8	37.8	330.0	513.66	16.951	20.849	36.834	26.410	74.772	59.9	0.448	0.264	0.712	17.663	20.137	35.615	
9	22.7	462.0	513.66	23.731	−1.031	35.803	36.319	84.088	50.3	0.423	0.363	0.786	24.517	−1.817	33.798	
10	11.3	0	513.66	0.000	11.300	47.103	41.453	88.922	41.2	0.366	0.415	0.781	0.781	10.519	44.317	
11	13.2	267.0	513.66	13.715	−0.515	46.588	46.846	94.149	21.2	0.200	0.468	0.668	14.383	−1.183	43.134	
12	9.5	0	513.66	0.000	9.500	56.088	51.338	98.743	13.3	0.131	0.513	0.644	0.644	8.856	51.990	
1	9.5	0	513.66	0.000	9.500	62.044	59.066	105.459	12.7	0.134	0.591	0.725	0.725	8.775	60.765	
2	5.7	0	513.66	0.000	5.700	62.044	62.044	107.513	18.2	0.196	0.620	0.816	0.816	4.884	65.649	
3	11.3	267.0	513.66	13.715	−2.415	59.629	60.837	106.681	41.2	0.439	0.608	1.047	14.762	−3.462	62.187	
4	15.1	1081.5	513.66	55.552	−40.452	19.177	39.403	86.938	77.5	0.674	0.394	1.068	56.620	−41.520	20.667	
5	11.3	267.0	513.66	13.715	−2.415	16.762	17.970	64.519	106.0	0.684	0.180	0.864	14.579	−3.279	17.388	
6	18.9	558.0	513.66	28.662	−9.762	7.0	11.881	55.113	92.0	0.507	0.119	0.626	29.288	−10.388	7.0	
全年	189.0	3499.5		179.756					605.6	4.594	4.650	9.244	189.000			0

注　1. 第 (6) 列、第 (8) 列 列数据中数字前 "—" 代表亏水；

　　2. 校核：∑ (2) − ∑ (5) − ∑ (13) − ∑ (17) =189.0−179.756−9.244−0=0。

　　3. 采用现状库容曲线。

表 2.38　　　　　　　　　　　　　　　　**B 水库水位—泄量关系**

水位 Z (m)	泄量 q (m³/s)	水位 Z (m)	泄量 q (m³/s)
67.56	0	69.36	257.69
67.86	16.23	69.66	330.5
68.16	45.82	69.96	415.66
68.46	85.79	70.26	507.54
68.76	135.33	70.56	636.85
69.06	193.58		

2. 水库调度运用方式

本案例为无闸门溢洪道，防洪限制水位等于正常蓄水位，调度运用方式为：①调洪的起调水位为防洪限制水位 67.56m；②自由出流，水库不限泄。

3. 半图解法调洪计算

半图解法调洪计算见式 (2.7)、式 (2.8)。为计算方便，本案例采用堰顶以上库容，记 V'。调洪计算步骤如下：

(1) 确定计算时段 Δt，绘制辅助曲线 $q—\dfrac{V'}{\Delta t}+\dfrac{q}{2}$。该案例入库洪水过程陡涨陡落，取 $\Delta t=0.5$h，然后从防洪限制水位开始，根据不同库水位对应的 V' 和 q，计算对应的 $\dfrac{V'}{\Delta t}+\dfrac{q}{2}$，进而可得关系数据 $\left(\dfrac{V'}{\Delta t}+\dfrac{q}{2}，q\right)$，见表 2.39，并可据其绘制辅助曲线 $q—\dfrac{V'}{\Delta t}+\dfrac{q}{2}$。

(2) 推求水库的出流过程 $q—t$。第一时段，起调水位已知，故时段初 q_1，$\dfrac{V'}{\Delta t}+\dfrac{q_1}{2}$ 已知，由式 (2.7) 可计算 $\dfrac{V'_2}{\Delta t}+\dfrac{q_2}{2}$，由此值查辅助曲线 $q—\dfrac{V'}{\Delta t}+\dfrac{q}{2}$ 可得 q_2。q_2、$\dfrac{V'_2}{\Delta t}+\dfrac{q_2}{2}$ 即为下一时段的初值，依时序逐时段连续计算，便可求得水库的出流过程 $q—t$。50 年一遇设计洪水调洪计算结果见表 2.40。

(3) 确定最大下泄流量、最大蓄洪量及最高洪水位。

表 2.40 中 $\Delta t=0.5$h 的出流过程，$t=3.5$h 的流量 197m³/s 最大，但不等于该时刻相应的入库流量 166m³/s，并不是真正的最大值。由表 2.40 中第 (2)、(5) 列数据分析可知，最大值发生在 3～3.5h 之间，对此范围缩小时段，取 $\Delta t=0.17$h，并采用试算法，求得 $t=3.17$h 的泄流量为 207m³/s，等于该时刻的入库流量，故该值为所求最大下泄流量，即 $q_m=207$m³/s。

由最大下泄流量 $q_m=207$m³/s，根据水位—泄量关系线，可得相应水位为 69.123m，进一步由水位—容积关系线可得相应的总库容为 90.81 万 m³。

上述过程利用 Excel 完成计算时，由 $\dfrac{V'_2}{\Delta t}+\dfrac{q_2}{2}$ 查辅助曲线 $q—\dfrac{V'}{\Delta t}+\dfrac{q}{2}$ 确定 q_2 的环节，也可以依据 $\left(\dfrac{V'}{\Delta t}+\dfrac{q}{2}，q\right)$ 关系数据，由 $\dfrac{V'_2}{\Delta t}+\dfrac{q_2}{2}$ 内插 q_2。

表 2.39　　　　　　　　　　半图解法辅助曲线计算表（$\Delta t = 0.5h$）

水位 （m）	V （万 m³）	V' （万 m³）	$\dfrac{V'}{\Delta t}$ （m³/s）	q （m³/s）	$\dfrac{V'}{\Delta t}+\dfrac{q}{2}$ （m³/s）
(1)	(2)	(3)	(4)	(5)	(6)
67.56	72.32	0	0.00	0	0.00
67.86	75.44	3.12	17.33	16.23	25.45
68.16	78.73	6.41	35.61	45.82	58.52
68.46	82.36	10.04	55.78	85.79	98.67
68.76	85.99	13.67	75.94	135.33	143.61
69.06	89.60	17.28	96.00	193.58	192.79
69.36	95.49	23.17	128.72	257.69	257.57
69.66	101.34	29.02	161.22	330.50	326.47
69.96	107.19	34.87	193.72	415.66	401.55
70.06	109.10	36.78	204.33	446.29	427.48

表 2.40　　　　　　　　　　半图解法调洪计算表（$\Delta t = 0.5h$）

时间 t （h）	Q （m³/s）	$\overline{Q}$ （m³/s）	$\dfrac{V'}{\Delta t}+\dfrac{q}{2}$ （m³/s）	q （m³/s）	Z （m）
(1)	(2)	(3)	(4)	(5)	(6)
0.5	4		0.0	0.0	67.56
1	5	4.5	4.5	2.9	67.61
1.5	10	7.5	9.1	5.8	67.67
2	43	26.5	29.8	20.1	67.90
2.5	138	90.5	100.2	87.5	68.47
3	228	183	195.7	196.5	69.07
3.5	166	197	196.2	197.0	69.08
4	96	131	130.2	120.5	68.67
4.5	53	74.5	84.2	71.4	68.35
5	40	46.5	59.3	46.6	68.17
5.5	32	36	48.7	37.0	68.07
6	28	30	41.7	30.8	68.01
6.5	24	26	36.9	26.5	67.96
7	23	23.5	33.9	23.8	67.94
7.5	20	21.5	31.6	21.7	67.92
8	19	19.5	29.4	19.8	67.9
8.5	17	18	27.6	18.0	67.88
9	17	17	26.4	17.1	67.87

同理，对 500 年一遇洪水调洪计算，求得最大下泄流量 $q_m = 374\text{m}^3/\text{s}$，根据水位—泄量关系线，可得相应水位为 69.813m，进一步由水位—容积关系线可得相应的总库容为 104.36 万 m^3，减去防洪限制水位以下库容，得调洪库容为 32.04 万 m^3（限于篇幅，计算过程略）。

将上述调洪计算成果汇总，见表 2.41。

表 2.41　　　　　　　　　　B 水库调洪计算成果表

重现期	最高库水位（m）	入库洪峰（m^3/s）	最大泄量（m^3/s）
500 年	69.813	412	374
50 年	69.123	228	207

4. 防洪特征水位的复核

将上述调洪计算所得防洪特征水位与现状设计洪水位 69.100m、校核洪水位 69.868m 比较，本次成果设计洪水位比现状值略大 0.03%、校核洪水位比现状值略小 0.08%，因此现状防洪特征水位满足水库防洪要求，建议保持不变。

第3章　城市供水为主水库的水文水利计算

案例　有实测资料的城市供水为主
水库的水文水利计算

【学习提示】　本案例主要介绍具有长期实测径流资料时，以城市供水为主水库的水文水利计算。C 水库 1958 年动工，1959 年建为中型水库，1960 年投入使用，1970 年水库开始扩建，1974 年水库扩建成大（2）型水库，达到大型水库标准；1993 年开始除险加固，1999 年完成大坝加固。

3.1　工程与流域概况

3.1.1　工程概况

华北地区某水库（以下简称 C 水库）位于北纬 $36°20'\sim36°34'$，东经 $114°02'\sim114°19'$ 之间，控制流域面积 $340km^2$，总库容 1.61 亿 m^3。该水库是一座以防洪和城市供水为主，并兼顾灌溉、发电等综合利用的大型水利枢纽工程。流域及水利工程位置如图 3.1 所示。

C 水库于 1958 年动工兴建，1959 年建为中型水库，1960 年投入使用，1970 年水库

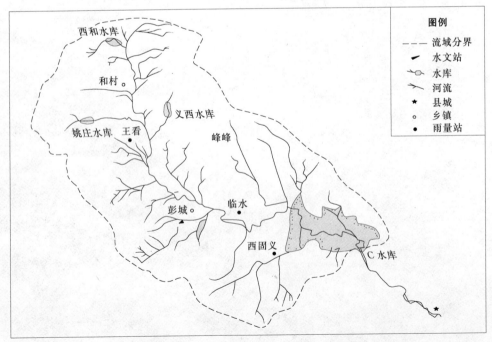

图 3.1　C 水库流域及水利工程位置示意图

开始扩建，对大坝进行加高，1974 年水库扩建成大（2）型水库，达到大型水库标准；经实际运用后发现仍存在防洪标准低、坝基渗漏等问题，于 1975～1976 年进行加固处理。1993 年开始除险加固，1999 年完成大坝加固后，设计防洪标准为 100 年一遇，校核防洪标准为 2000 年一遇，总库容达到 1.615 亿 m³。水库汛限水位 102.8m，正常蓄水位 109.68m，兴利库容 1.539 亿 m³，死水位 94.5m，死库容 0.094 亿 m³。水库工程主要技术指标见表 3.1。

表 3.1　　　　　　　　　　C 水库水库工程主要技术指标表

控制面积：340km²			高程系统：黄海		设计抗震烈度：Ⅶ度	
标准	设计	100 年一遇	非常溢洪道	型式	开敞式明渠
	校核	2000 年一遇		堰顶高程	105m
	现状	2000 年一遇		堰顶净宽	150m
	加固设计	2000 年一遇		闸门型式	土埝
水库特性	调节性能	年调节		最大泄量	2535m³/s
	校核洪水位	110.7m	泄洪洞	型式	拱式无压涵洞
	设计洪水位	106.18m		进口底高程	84.5m
	正常蓄水位	109.68m		断面尺寸	3 孔　4m×4m
	汛限水位	102.8m		闸门型式	弧形钢闸门
	死水位	94.5m		最大泄量	825m³/s
	总库容	1.615 亿 m³	输水洞	型式	压力涵管
	调洪库容	1.095 亿 m³		进口底高程	90.13m
	兴利库容	1.539 亿 m³		断面尺寸	2 孔　直径2.1m
	死库容	0.094 亿 m³		闸门型式	平板钢闸门
主坝	坝型	均质土坝		最大泄量	25.2m³/s
	坝顶高程	112m	下游情况	保下游河道	20 年一遇
	最大坝高	34.1m		保铁路	100 年一遇
	坝顶长度	2874m		河道安全泄量	50m³/s
	坝顶宽度	6m		铁路桥安全泄量	450m³/s
	防浪墙顶高程	113.2m		距京广铁路桥距离	7km
副坝	座数	2 座		保护城镇	3 个
	总长度	212.2m		保护人口	150 万人
	最大坝高	6.7m		保护耕地	14.6 万 hm²
溢洪道	型式		移民征地	移民高程	112.0m
	堰顶高程			征地高程	110.0m
	堰顶净宽			最高水位	108.37m
	闸门型式			发生时间	1985 年 1 月 13 日
	闸门尺寸		备注	上述数据均为除险加固设计指标	
	最大泄量				

水库枢纽工程由主坝、副坝、灌溉发电洞、泄洪洞和非常溢洪道等组成。主坝为均质土坝，全长2874m，坝顶高程112m，最大坝高34.1m，坝顶宽6m。副坝1座，坝长212.2m，最大坝高6.7m。灌溉发电洞为2孔圆形压力洞，最大引水流量$25.2m^3/s$。泄洪洞为3扇弧形钢闸门，最大泄量$825m^3/s$。非常溢洪道为开敞式明渠，底宽150m，进口底高程105m，最大溢洪流量$2535m^3/s$。

3.1.2 流域自然地理概况

水库地处岩溶山丘区。地形总趋势是西高东低，北高南低。界内地形破碎，多丘陵山地。鼓山在流域中部突起，贯穿南北，山峰海拔805.6m。鼓山以西为彭城盆地，地面海拔250～150m，鼓山东部为丘陵，地面海拔100～200m，地势由西向东逐渐降低。

流域上游为浅山区，山区林木稀疏，植被较差，大部分属奥陶纪灰岩，石灰系煤层地层，岩石裸露，裂隙发育，具有喀斯特构造。丘陵区地形起伏不平，海拔100～200m。地貌为剥蚀残丘，坡积洪积扇和侵蚀堆积类地形。平原位于京广铁路两侧，山前冲积洪积平原沿太行山麓呈条带形分布，东部与冲积平原衔接，有两处洼地。本区地层系松散层所覆盖，地势平坦，土壤肥沃。

流域属暖温带大陆性季风气候区，四季分明。春季干燥少雨，多南风，蒸发量大；夏季受海洋性气候及太行山地形影响，炎热多雨，多东南风；秋季天高气爽，冷暖适中；冬季多西北风，寒冷少雨雪。

3.1.3 水文气象

水库以上流域属暖温带、半干旱半湿润大陆性季风气候区，四季变化明显，雨热同期。多年平均气温13.9℃，月平均最低气温-20.2℃（1月），最高气温26.2℃（7月），极端最高、最低气温分别为49.9℃和-15.7℃。年日照时间较充足，无霜期时间较长，多年平均无霜期为202d，初霜期一般在10月下旬，终霜期一般在4月上旬，年平均日照时数2550h，最大冻土深22.43cm。流域多年平均水面蒸发量在1045.3mm。陆面蒸发541.6mm，多年平均相对湿度为60.3%。

根据1956～2000年实测水文资料统计，流域多年平均年降水量542.0mm，多年平均天然年径流量3.0559亿m^3。降水年际变化大，年内分配不均匀是流域的主要特点。1963年降水量最大，为1250.3mm，1986年降水量最小，为219.6mm，最大年降水量是最小年降水量的5.69倍。降水主要集中在汛期的6～9月，汛期降水量占年降水量的75.0%左右。

流域的径流主要由大气降水和泉水补给，年际变化与降水相比基本相似，1963年径流量最大，为7.1198亿m^3，1987年径流量最小，为0.7003亿m^3，最大径流量是最小径流量的11.2倍。而径流的年内分配由于受泉水的影响却相对均匀，多年平均1～3月的径流量占年径流量的23.0%，4～6月的径流量占年径流量的20.5%，7～9月的径流量占年径流量的28.7%，10～12月的径流量占年径流量的27.8%。

3.1.4 河流水系

该河发源于上游的和村镇，由多数泉水汇集而成，自发源地于北郭村汇入C水库然后向东南方向穿京广铁路、京广公路（107国道）后向北流汇入下游，该河全长517km。

水库以上河长 32km，流域面积小，源短流急，一遇暴雨，洪峰形成的快，暴涨暴落，历时短，一般只有 2～3h。

受水文地质的影响地下水汇水面积大于地表水的集水面积，地下水来自上游黑龙洞泉为主的泉群，此泉群的汇水范围，地质部门称为"黑龙洞单元"，这个单元北起洛河地下水分水岭，南抵安阳李珍铁矿，西依长亭涉县大断层，东部延续到朴子村井田东部边界。整个单元控制面积 2500km² （如延伸到水库的南北一线，面积 3000～3500km²），其中总厚 800～1100m 的寒武和奥陶纪碳酸盐类岩石的裸露地段约 1700km²，有溶沟、漏斗落水洞、斯特泉等多种形态的岩溶发育。因此河川径流中地下水的比重特别大，使本流域多年平均年径流深高达 1039mm，为年降水量的近两倍。

流域内自 1959 年以来先后建成小（2）型水库 3 座，总控制流域面积 11.5km²，总库容 38.0 万 m³。小型水库基本情况见表 3.2。

表 3.2　　　　　　　　　　　　流域内小型水库基本情况统计表

水库名称	所在河流	建设地点	建成年份	总库容（万 m³）	流域面积（km²）	防洪标准（a）	主坝（m）	
							坝高	坝长
义西	滏阳河	义西村	1972	14.0	5.0	200	11	70
姚庄	滏阳河	姚庄村	1971	13.0	3.5	200	8	46
西和	滏阳河	和　村	1973	11.0	3.0	300	7	60

3.2　水文水利计算的任务

本章主要介绍承担城市供水及灌溉任务水库的水文水利计算，即水库在管理运用阶段，工程在安全度汛的前提下，承担城市和农业供水任务，在用水量一定的情况下，确定水库供水的保证程度。

3.3　水库兴利计算

3.3.1　水库兴利计算所需基本资料及水平年

本案例为有实测资料的水库兴利计算。所需的基本资料包括水库径流资料、水库上游工、农业用水资料、下游用水部门用水量、水库蓄水资料以及水库的特性资料等。

根据搜集的资料情况及流域的近期规划，本案例兴利计算的现状水平年为 2002 年，近期规划水平年为 2010 年。

3.3.2　水库天然年径流量计算

C 水文站设立于 1951 年，观测资料有降雨、径流、泥沙、水面蒸发等资料。1958 年开始修建水库、1959 年 9 月建成并蓄水，水文站移至水库坝下为 C 水库水文站。坝下主要观测项目有水位、流量、降水和泥沙，坝上库内主要观测项目有水位、冰情、水温、水质等。除此，本流域内还设有配套雨量站 4 处。至 2002 年已有 53 年连续径流系列，其中 1950～1959 年为河道实测系列，1960～2002 年为水库出库系列。

该水库在国家"六五"和"七五"规划期间曾对 1960～1979 年径流系列进行了还原，本次对 1980～2002 年水库上游工、农业用水、外流域调水、跨流域引水进行了调查，并考虑水库的蒸发损失量，由于水库渗漏量较小，并且为了与 1979 年的天然系列保持一致，本次忽略水库的渗漏量。由此,对水库的入库水量进行天然还原计算,在原有成果基础上将还原系列延长至2001年(水利年)。

还原计算采用分项调查法,项目内容包括:水库实测径流量,水库上游人畜饮水量及工农业用水量,水库蒸发损失量,蓄水工程的蓄水变量及跨流域引出(或引入)水量等。年径流还原计算依据的水量平衡方程见式(2.1),具体方法见案例2.1,本案例计算水库逐年天然径流量,其成果见表3.3。

表3.3　　　　　　　　　　　C水库天然年径流量成果表　　　　　　　　　　单位:亿 m³

年份	年径流量	年份	年径流量	年份	年径流量
1956	7.283	1972	3.4185	1988	3.4893
1957	4.268	1973	5.2726	1989	3.3069
1958	4.3471	1974	3.526	1990	3.2159
1959	3.9944	1975	4.1189	1991	2.6192
1960	3.3001	1976	4.7504	1992	2.0600
1961	3.7727	1977	4.1295	1993	3.0567
1962	3.4726	1978	3.3309	1994	3.5917
1963	8.6880	1979	2.1538	1995	2.6915
1964	6.0516	1980	1.7277	1996	4.4219
1965	3.9336	1981	1.5031	1997	2.6892
1966	4.0268	1982	4.7239	1998	2.2410
1967	3.8607	1983	2.6812	1999	1.7915
1968	3.7154	1984	2.8759	2000	2.9646
1969	3.522	1985	2.9748	2001	3.2657
1970	3.1567	1986	1.7581		
1971	3.5463	1987	1.8689		

注　年径流为水利年(7月至次年6月)。

C水库虽具有较长系列的径流资料,但为保证入库径流计算成果的合理性,对径流系列的代表性进行分析。代表性分析依据该地区降水与径流具有直接相关的特点,选用了邻近流域有长系列降水观测资料的武安站进行长短系列降水量统计参数对比分析,据此确定代表性较好的径流系列,分析成果见表3.4。

表3.4　　　　　　　　　　武安站降水量长、短系列参数对比表

系列	年数	$\overline{x}$	C_v	$\overline{X}_短 / \overline{X}_长$	$C_{v短} / C_{v长}$
1921~2002 年	71	513.6	0.36		
1950~2002 年	53	536.9	0.34	1.05	0.94
1956~2002 年	47	539.2	0.36	1.05	1
1960~2002 年	43	533.2	0.36	1.04	1
1961~2002 年	42	535.7	0.36	1.04	1
1956~1996 年	41	551.4	0.36	1.07	1

通过对武安站降水量长短系列代表性分析，1956～2002 年（日历年）系列与长系列统计参数较接近，代表性较好。另一方面，海河流域水资源评价时也采用了 1956 年以后的系列。因此，根据表 3.4 长短系列统计参数对比结果，并且为与水资源评价采用的系列保持一致，故采用 1956～2001 水利年的天然径流系列进行分析计算。方法采用频率法，线型为皮尔逊Ⅲ型曲线。通过分析计算，C 水库天然年径流量的统计参数及不同频率径流量见表 3.5。适线结果如图 3.2 所示。

表 3.5 不同频率的天然径流量成果表

统 计 参 数			不同频率的设计值（亿 m³）			
均值	C_v	C_s/C_v	50%	75%	95%	97%
3.55	0.43	3.0	3.23	2.42	1.70	1.58

根据频率分析结果，依照接近设计值、在现状下垫面条件下、供水偏不利的原则选择频率 50%、75%、95%、97% 的典型年，分别为 2001～2002 年、1997～1998 年和 1999～2000 年水利年（95%、97% 为同一典型年），计算 C 水库天然径流量的月分配，成果见表 3.6。

表 3.6 C 水库天然年径流量的月分配成果表

频率（%）	天然径流量												合计
	7 月	8 月	9 月	10 月	11 月	12 月	1 月	2 月	3 月	4 月	5 月	6 月	
50	0.1610	0.1644	0.3092	0.1713	0.1871	0.1835	0.2479	0.1315	0.1622	1.1521	0.2250	0.1349	3.23
75	0.2370	0.2336	0.2023	0.2761	0.2002	0.1992	0.2027	0.1549	0.1873	0.1825	0.1864	0.1578	2.42
95	0.2150	0.1385	0.1150	0.1388	0.1511	0.1144	0.1272	0.1197	0.1194	0.1576	0.1735	0.1296	1.70
97	0.1999	0.1288	0.1069	0.1290	0.1405	0.1064	0.1183	0.1113	0.1110	0.1465	0.1612	0.1204	1.58

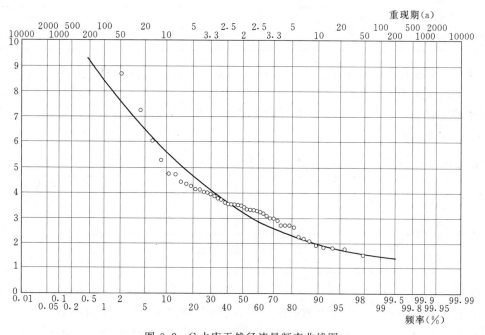

图 3.2 C 水库天然径流量频率曲线图

3.3.3 入库水量计算

3.3.3.1 水库上游现状用水量

上游用水量按工业、生活及农业（含牲畜）以及向外流域调水 3 部分进行统计计算。由于农业用水与降水频率有关，因此农业用水按 50％、75％两个标准计算，90％以上年份的农业用水近似按 75％年份考虑；水库上游工业主要是电厂和矿区用水，因工业用水与降雨频率无关，不同频率的工业用水量均按定值考虑；外流域调水量按现状调水能力考虑。

水库上游生活及农业用水：现状水平年为 2002 年，依据水库以上流域最近十余年来实际用水资料（表 3.7），通过统计分析，水库自 1997 年以来至今上游生活及农业用水量基本处于平稳发展阶段，虽受丰、枯水的影响各年有所不同，但总的用水趋势增加不大，基本可以代表现状水平年的用水情况。根据水库上游年降水量系列，进行频率分析，50％年降水量为 510mm，2001～2002 年（水利年）降水量为 480mm，因此，50％代表年水库以上生活及农业用水量采用 2001～2002 年（水利年）的实测值，即 0.251 亿 m³；75％年降水量为 390mm，1997～1998 年（水利年）降水量为 382mm，75％代表年水库以上生活及农业用水量采用 1997～1998 年（水利年）的实测值，即 0.262 亿 m³，95％和 97％代表年农业用水量近似按 75％年份考虑，即采用 0.262 亿 m³。

表 3.7　　　　　　　　　　水库上游近年农业用水量（日历年）　　　　　　单位：亿 m³

年　份	用　水　量	年　份	用　水　量
1993	0.746	1998	0.241
1994	0.542	1999	0.247
1995	0.673	2000	0.176
1996	0.543	2001	0.251
1997	0.251	2002	0.251

水库上游工业用水：根据水库上游最近十余年来实际用水资料（表 3.8）的统计分析，如上游无大的工业发展，其用水量一般比较稳定，由表 3.8 可以看到，近几年上游工业用水稳定在 0.3 亿～0.48 亿 m³。现状水平年上游工业用水量按 1997～2002 年平均值来确定，工业用水量为 0.3490 亿 m³。

表 3.8　　　　　　　　　　水库上游近年工业用水量　　　　　　单位：亿 m³

年　份	用　水　量	年　份	用　水　量
1993	0.4608	1998	0.3072
1994	0.4692	1999	0.3072
1995	0.4776	2000	0.3910
1996	0.4877	2001	0.3910
1997	0.3068	2002	0.3910

水库上游调出水量：水库上游矿区羊角铺水源地供水主管道从羊角铺至市水厂，直接供城市部分地区用水，该水源地 1982 年建成投产，目前有供水井 19 眼，供水量 1.96m³/

s。1989 年以来，羊角铺水源地一直稳定开采地下水，1991～1997 年平均地下水开采量基本稳定为 2.30m³/s，1998 年以后略有下降，年平均地下水开采量为 1.86m³/s。在 1983～2002 年间，累计调出水量 12.9 亿 m³，多年平均年调水量 0.645 亿 m³，最大年调出量为 1994 年 0.9430 亿 m³，最小年调出量为 1983 年 0.3657 亿 m³。1999 年后市区开始从漳河调水，由羊角铺水源地引水有所减少，近年上游外调水量见表 3.9。本次分析根据实际情况，现状不同频率的向外流域调水量取 1999～2002 年平均值 0.5043 亿 m³ 作为现状不同频率的水库调出水量。

表 3.9　　　　　　　　　水库上游羊角铺近年引水量　　　　　　　单位：亿 m³

年　份	引水量	年　份	引水量
1993	0.6488	1998	0.7616
1994	0.9430	1999	0.5800
1995	0.8984	2000	0.5571
1996	0.8390	2001	0.4500
1997	0.8199	2002	0.4300

3.3.3.2　水库上游近期水平年预测用水量

近期规划水平年（2010 年）上游年用水量预测，在现状上游用水调查分析的基础上，结合流域规划及社会、经济、人口等发展预测和上游流域河北、河南两省工程规划进行分析预测，同时考虑水利工程引水能力等因素分析预测规划水平年上游用水量。

上游工业除原有工业外，将拟建电厂二期新增装机 2×660MW，年需水量为 0.1744 亿 m³，因此近期 2010 年水库上游工业用水量为 0.5234 亿 m³。生活及农业用水近期与现状保持一致不变，近期 2010 年 50%、75%、95% 和 97% 代表年水库以上生活及生活及农业用水量分别为 0.251 亿 m³、0.262 亿 m³、0.262 亿 m³ 和 0.262 亿 m³。因近几年水资源短缺及工业用水增加，近期 2010 年羊角铺外调水量按现状不变，仍维持年调水量 0.5043 亿 m³。不同水平年不同频率上游用水量详见表 3.10。

表 3.10　　　　　　　不同水平年上游用水量成果表　　　　　　单位：亿 m³

水　平　年	频　率		
	50%	75%	95%、97%
现　状	1.1043	1.1153	1.1153
近期（2010 年）	1.2787	1.2897	1.2897

3.3.3.3　大、小跃峰渠现状及预测引水量

大跃峰渠位于河北省邯郸市西南部，西起涉县浊漳河天桥断，东至京广铁路，南自漳河，北至洺河，横跨漳河和滏阳河，面积 1009km²。是一个跨流域省际大型引水灌溉工程，现有工程控制灌溉涉县、磁县、武安市、峰峰矿区、邯郸 4.293 万 hm²（64.4 万亩）。灌渠主体工程包括引渠、总干渠、主干渠和 5 条分干渠，全长 244.98km，总干渠设计引水能力 30m³/s。1977 年建成通水，进入 80 年代以后，灌区供水向城市和工业转移，成为工业及部分城区居民生活用水的"生命线"。同时，利用地理、区位等优势，相继建

成了老刁沟、飞跃、海乐山三座水电站，总装机容量 9385kW，发电的退水进入滏阳河上游，流入 C 水库。

小跃峰渠引水口在合漳以下磁县海乐山，是一条源于漳河的人工渠，沟通了滏阳河和漳河，该渠建于 1957 年，前后两期，历时 9 年，设计引水流量 25m³/s。小跃峰渠引水直接进入 C 水库。

将大、小跃峰渠的引水合并在一起计算，统称跃峰渠引水。关于两省（河南、河北）对漳河的引水量，以国务院发〔1989〕42 号文《国务院批转水利部关于漳河水量分配请示的通知》所制定的河南、河北分水原则为标准。根据 1980～1991 年实测资料，大、小跃峰渠灌区毛用水量和入水库水量约占渠首引水量的 80%。

由水文局调查的并按水利年（7 月至次年 6 月）统计的大、小跃峰渠引入水库的水量，见表 3.11。根据前述水库天然年径流量频率分析结果，频率 50%、75%、95%、97% 的典型年，分别为 2001～2002 年、1997～1998 年和 1999～2000 年水利年（95%、97% 为同一典型年），因此，大、小跃峰渠引入水库的不同频率的水量仍分别采用上述典型年，则可得频率 50%、75% 代表年的引水量分别为 0.6658 亿 m³、0.8236 亿 m³；频率 95%、97% 代表年的引水量为 0.7424 亿 m³。

表 3.11　　　　　　　　大、小跃峰渠引入 C 水库的水量　　　　　　单位：亿 m³

水 利 年	大、小跃峰渠引水量	水 利 年	大、小跃峰渠引水量
1983～1984 年	1.0868	1993～1994 年	1.645
1984～1985 年	0.6986	1994～1995 年	1.1205
1985～1986 年	1.5111	1995～1996 年	1.6396
1986～1987 年	0.857	1996～1997 年	1.1158
1987～1988 年	0.7867	1997～1998 年	0.8236
1988～1989 年	0.9822	1998～1999 年	1.1493
1989～1990 年	0.811	1999～2000 年	0.7424
1990～1991 年	1.0103	2000～2001 年	0.4310
1991～1992 年	1.5116	2001～2002 年	0.6658
1992～1993 年	1.724	2002～2003 年	0.8575

3.3.3.4　入库水量

C 水库为年调节水库，入库水量采用典型年法。根据水库天然径流量及上游现状和近期的工业、生活及农业用水量及引水量和调水量，采用公式

$$W_入 = W_天然 + W_引 - W_工 - W_农 - W_调$$

计算出不同水平年、不同频率的逐月入库径流量，成果见表 3.12。C 水库现状水平年 50%、75%、95%、97% 的入库水量分别为 3.02 亿 m³、2.31 亿 m³、1.45 亿 m³ 和 1.31 亿 m³；近期 2010 年 50%、75%、95%、97% 的入库水量分别为 2.86 亿 m³、2.13 亿 m³、1.27 亿 m³ 和 1.13 亿 m³。

表 3.12　　　　　　　　　　C 水库不同水平年不同频率的入库水量成果表

频率（%）	水平年	入库水量（亿 m³）												合计
		7月	8月	9月	10月	11月	12月	1月	2月	3月	4月	5月	6月	
50	现状	0.1098	0.2331	0.3148	0.26451	0.1512	0.1877	0.2131	0.1059	0.0911	1.1337	0.1383	0.0784	3.0215
	2010	0.1075	0.2182	0.3005	0.2497	0.1369	0.1729	0.1982	0.0925	0.0763	1.1194	0.1235	0.0641	2.8596
75	现状	0.1933	0.1582	0.3124	0.2903	0.1746	0.1978	0.1821	0.1739	0.2038	0.1757	0.1621	0.0844	2.3086
	2010	0.1785	0.1433	0.2980	0.27553	0.1603	0.1830	0.1672	0.1605	0.189	0.1614	0.14733	0.0701	2.1342
95	现状	0.1406	0.1264	0.1269	0.1589	0.1536	0.1180	0.1662	0.1946	0.0840	0.0584	0.0731	0.0464	1.4473
	2010	0.1258	0.1115	0.1126	0.1441	0.1393	0.1032	0.1513	0.1812	0.0692	0.0441	0.0583	0.0321	1.2729
97	现状	0.1229	0.1150	0.1175	0.1475	0.1412	0.1086	0.1558	0.1848	0.0742	0.0455	0.0587	0.0357	1.3073
	2010	0.1081	0.1001	0.1032	0.1327	0.1269	0.0938	0.1409	0.1713	0.0594	0.0312	0.0440	0.0214	1.1329

3.3.4　水库兴利调节计算

3.3.4.1　水库下游用水现状及预测

水库自 1959 年建库以来，已正常运行 40 余年。1962～2002 年累计向下游供水 113.72 亿 m³，其中工业供水 49.15 亿 m³，农业供水 64.57 亿 m³，发挥了巨大的经济和社会效益。

据 1989～2002 年 14 年水库实际供水量资料分析，总供水量为 26.93 亿 m³，其中工业供水 18.92 亿 mm，农业供水 8.01 亿 m³；多年平均供水量为 1.92 亿 m³，其中工业平均供水 1.35 亿 m³，农业平均供水 0.57 亿 m³；最大供水年份为 1989 年，供水量为 2.58 亿 m³；最小年份为 1999 年，供水量为 1.42 亿 m³。

1. 农业用水

水库下游流经磁县、邯郸、永年、曲周、鸡泽，出境入邢台。滏阳河灌区设计灌溉面积 4.3 万 hm²（64.5 万亩），有效灌溉面积 3.0 万 hm²（45.0 万亩），三查三定为 2.53 万 hm²（38.0 万亩），现状实灌面积在 2 万 hm²（30.0 万亩）左右。随着水资源短缺及下游工业用水增加，下游现状及近期的有效灌溉面积按 2 万 hm² 统计。

滏阳河灌区主要种植的作物有冬小麦、夏季稻、夏玉米、棉花、蔬菜及其他作物。复种指数为 1.55，其中冬小麦 0.59，夏玉米 0.38，棉花 0.09，蔬菜 0.26，其他作物 0.23。

灌区现状渠系水有效利用系数 0.55，近期灌区进行了续建配套与节水工程规划，工程建成后灌区的渠系水有效利用系数将由 0.55 提高至 0.65。

灌区农业灌溉用水量的确定根据灌区内历年不同水平年的降水量和各种植物生长需水规律，求得各种作物的净灌溉定额，然后按灌区作物组成和复种指数求得灌区历年单位面积净综合灌溉定额。计算农作物灌溉定额参照水库所在省的主要农作物灌溉用水年内分配成果和灌区规划成果分析确定，50% 年净灌溉定额为 3541.50m³/hm²，75% 年为 4617.15m³/hm²，灌溉用水年内分配见表 3.13。

表 3.13   水库下游灌区用水年内分配

月 份	50%代表年		75%代表年	
	月分配 (%)	净灌水量 (m^3/hm^2)	月分配 (%)	净灌水量 (m^3/hm^2)
3	13.3	471.02	8.8	406.31
4	20.7	733.09	16.9	780.30
5	12.7	449.77	9.7	447.86
6	8.6	304.57	20.7	955.75
7	20.5	726.01	16.6	766.45
8	12.7	449.77	8.8	406.31
9	11.5	407.27	8.8	406.31
11	0.00	0.00	9.7	447.86
全年	100	3541.50	100	4617.15

由此按灌溉面积 2 万 hm^2，计算现状水库下游农业用水量 50%代表年为 1.2880 亿 m^3，75%代表年为 1.6789 亿 m^3，95%和 97%代表年农业用水量与 75%代表年相同。近期（2010 年）水库下游农业用水量 50%代表年为 1.0897 亿 m^3，75%代表年为 1.4206 亿 m^3，95%和 97%代表年农业用水量与 75%代表年相同。

2. 工业用水

滏阳河供水系统包括工业供水和农业供水两部分，由于水资源的日趋紧缺，可供农业的水量已经很少，20 世纪 80 年代以后滏阳河供水系统主要为工业供水。主要工业用水户为马电、马选、邯钢、邯电、邯电股份、化肥厂、纺织厂、自来水公司、铁路水电段等 9 大工业用户，90 年代中后期自来水公司和铁路水电段停止用滏阳河水，供水用户由 9 个减少到了目前的 7 个。据 1989~2002 年滏阳河供水系统工业用水户用水资料分析，工业用水量呈下降趋势，平均用水量为 1.75 亿 m^3，最大年份 1994 年为 2.26 亿 m^3。由于资源短缺及水价上调，用水户逐步采取节水措施，邯郸热电厂由于改用中水，2001 年起从滏阳河的取水量大为减少，其他主要工业用水户近几年的用水量变化不大。2001 年、2002 年年实际用水量已减少到每年 0.88 亿 m^3，减少了 61%。1989~2002 年滏阳河主要工业用户供水量见表 3.14。

表 3.14   滏阳河主要工业用户供水量统计表   单位：亿 m^3

年份	马电	马选	邯钢	邯电	邯电股份	化肥厂	纺织厂	合计
1989								1.82
1990								2.06
1991								2.02
1992								1.91
1993								2.08
1994								2.26
1995								2.24

续表

年份	马电	马选	邯钢	邯电	邯电股份	化肥厂	纺织厂	合计
1996	0.7695	0.0138	0.399	0.7897		0.0212	0.0144	2.01
1997	0.385	0.0144	0.4012	0.7897		0.0221	0.0145	1.63
1998	0.3817	0.0119	0.412	0.7897		0.0214	0.0145	1.63
1999	0.3361	0.0134	0.4297	0.7897	0.0927	0.0186	0.0144	1.69
2000	0.2917	0.0127	0.4115	0.4755	0.11	0.0221	0.0144	1.34
2001	0.2705	0.0126	0.3644	0.085	0.109	0.02	0.015	0.88
2002	0.2619	0.0126	0.3933	0.0745	0.1043	0.0216	0.0216	0.88

根据以上情况，滏阳河现状 7 大用户年用水量以近期年份 2001 年的 0.88 亿 m³ 为基准。按照各用户近几年逐月用水量，进行分析计算，得出 7 大用户年内用水过程，见表 3.15。

表 3.15　　　　　　　　　　　水库下游现状工业用水量统计表

月份	月分配（%）	下游工业用水量（亿 m³）	月份	月分配（%）	下游工业用水量（亿 m³）
1	7.639	0.0672	8	9.643	0.0849
2	7.755	0.0682	9	9.348	0.0823
3	7.555	0.0665	10	7.534	0.0663
4	8.145	0.0717	11	7.718	0.0679
5	8.484	0.0747	12	7.556	0.0665
6	8.888	0.0782	全年	100	0.88
7	9.735	0.0857			

近期（2010 年）水库下游用水户新增装机容量为 2×300MW"热电联产"工程项目，该项目采用先进的节水措施，利用城市污水，并采用经济合理的水处理方式。经初步估算，项目年最大用水量约为 2×975.89 万 m³/a，年平均用水量约为 894.36 万 m³/a，其中滏阳河水最大用水量为 305 万 m³/h，年平均用水量为 2×114.0 万 m³，目前该电厂在筹建之中。另外马头二期热电正在筹建，拟从滏阳河取水 1000 万 m³/a 的方案作为备用水源。近期 2010 年"热电联产"项目及马头二期用水过程与现状下游工业用水量之和，即为近期下游工业用水量，见表 3.16。

表 3.16　　　　　　　　近期（2010 年）下游工业各月用水量分配表　　　　　单位：亿 m³

月　份	热电联产项目	马头二期	近期下游工业用水量
1	0.0016	0.0069	0.0757
2	0.0016	0.0073	0.0771
3	0.0019	0.0082	0.0766
4	0.0022	0.0096	0.0835
5	0.0020	0.0088	0.0855

月 份	热电联产项目	马头二期	近期下游工业用水量
6	0.0023	0.0100	0.0905
7	0.0021	0.0093	0.0971
8	0.0021	0.0094	0.0964
9	0.0020	0.0087	0.0930
10	0.0019	0.0081	0.0763
11	0.0017	0.0073	0.0769
12	0.0014	0.0064	0.0743
全年	0.0228	0.1	1.0028

3.3.4.2 水库特性曲线

水库水位、库容、面积关系，见表 3.17。

表 3.17　　　　　　　　　水库水位、库容、面积关系表

水位（m）	库容（亿 m³）	面积（km²）	水位（m）	库容（亿 m³）	面积（km²）
86	0	0.00	100	0.3606	7.064
87	0.0002	0.044	101	0.4356	7.937
88	0.0022	0.358	102	0.5205	9.041
89	0.007	0.598	103	0.6156	9.979
90	0.0147	0.951	104	0.7199	10.881
91	0.0256	1.225	105	0.8332	11.781
92	0.0393	1.509	106	0.958	13.164
93	0.0566	1.953	107	1.0969	14.619
94	0.0793	2.598	108	1.2502	16.039
95	0.1091	3.348	109	1.4167	17.266
96	0.1455	3.929	110	1.5964	18.666
97	0.1877	4.525	111	1.7875	19.567
98	0.2371	5.345	112	1.9873	20.384
99	0.2946	6.15			

3.3.4.3 调节计算原则

水库调节计算是在水库兴利库容范围内进行，应满足水库汛期限制水位的要求。C 水库兴利调节计算原则为：起调水位为死水位 94.5m，7 月 10 日至 8 月 10 日控制水位为主汛限水位 102.8m，8 月 21～31 日控制水位为后汛限水位 106.0m，汛后最高蓄水位为 109.68m。水库调节计算特征水位详见表 3.18。

水库调节计算按现状和近期（2010 年）两个水平年进行计算。C 水库的现状供水对象为水库下游 7 大工业用户和灌区用水，水

表 3.18　　　　C 水库特征水位

特征值	水位（m）	库容（亿 m³）
死水位	94.5	0.0942
汛限水位（主）	102.8	0.5966
汛限水位（后）	106.0	0.958
正常蓄水位	109.68	1.539

库供水顺序为：优先保证邯郸市 7 大工业用户用水，余水供水库下游灌区农业用水。近期
（2010 年）水库的供水对象为邯郸市 7 大工业用户、新增"热电联产"项目用水及马头二
期用水量和下游灌区用水，水库供水顺序为：优先保证邯郸市 7 大工业用户用水，其次保
证"热电联产"项目用水，再次保证马头二期用水，余水供水库下游灌区农业用水。

C 水库为年调节水库，按典型年法根据水库不同频率的来水、水库下游用水等进行调
节计算，调节时段以月为单位。

3.3.4.4　调节计算方法及成果

调节计算根据典型年入库水量、水库水位—面积—库容关系，考虑水库蒸发损失，按
水库调度运用原则和水库下游供水对象优先顺序，依据水量平衡原理逐月进行调节计算，
水量平衡方程如下

$$V_2 = V_1 + W_{入库} - W_工 - W_{农业} - W_{损失} - W_{弃水} \qquad (3.1)$$

式中　V_2——水库时段末库容，亿 m^3；

V_1——水库时段初库容，亿 m^3；

$W_{入库}$——入库水量，亿 m^3；

$W_工$——工业供水量，亿 m^3；

$W_{农业}$——农业供水量，亿 m^3；

$W_{损失}$——水库蒸发、渗漏损失量，亿 m^3；

$W_{弃水}$——水库弃水量，亿 m^3。

其中农业用水量根据净灌溉定额、灌水月分配以及渠系水有效利用系数计算。

应用式（3.1）计算，需说明两点：①由于逐月损失水量与月蓄水量有关，而月蓄水
量又与损失水量有关所以精确计入损失，往往要试算，为避免试算，采用近似法计入损
失；②由式（3.1）求得的各时刻蓄水量，作为初算蓄水量，若大于表 3.18 相应阶段的控
制水位时，应按控制水位蓄水，超过控制水位的水量则为弃水量。

以现状水平年频率 50% 的代表年为例，说明计算方法。

（1）水利年初，即 7 月初水库蓄水量为死库容 0.0942 亿 m^3，7 月水库上游来水
0.1098 亿 m^3，来水先考虑供下游工业 0.0672 亿 m^3 用水，剩余水量 0.0426 亿 m^3。而农
业需水 0.264 亿 m^3，由于 7 月蒸发、渗漏损失之和约为 0，因此将剩余的 0.0426 亿 m^3
全部用于农业；7 月末蓄水仍维持死库容 0.0942 亿 m^3。

（2）8 月水库上游来水 0.2331 亿 m^3，来水优先供下游工业用水 0.0682 亿 m^3；剩余
水量 0.1649 亿 m^3；而本月农业需水 0.1636 亿 m^3，余水可以满足农业用水需求，因此供
农业 0.1636 亿 m^3 后余水 0.0013 亿 m^3 蓄入水库；求得 8 月底不计损失的水库蓄水量
0.0955 亿 m^3。采用近似法计入损失，即由 7 月底计入损失的蓄水量与 8 月底不计损失的
蓄水量求平均蓄水量为 0.0949 亿 m^3；由平均蓄水查水位—库容—面积关系曲线，求得平
均水面面积 2.99 km^2；将水面面积乘以蒸发损失深度，求出蒸发损失量 0.0003 亿 m^3；再
根据水库月平均水位—月渗漏量关系，由平均蓄水量查库容—渗漏量关系曲线求得水库月
渗漏水量 0.00002 亿 m^3；由式（3.1）可求得 8 月末计入损失的蓄水量 0.0952 亿 m^3，小
于后汛期汛限水位相应蓄水量 0.958 亿 m^3，故该值为所求。依此类推，计算过程见
表 3.19。

同理，对 C 水库不同水平年、不同频率的代表年调节计算，计算成果见表 3.19～表 3.26。

表 3.19　　　　　　　　　　　C 水库现状 50% 代表年调节计算表

月份	入库水量（亿 m³）	农业需水（亿 m³）	工业需水（亿 m³）	实供工业（亿 m³）	实供农业（亿 m³）	不计损失月末蓄水量（亿 m³）	平均蓄水量（亿 m³）	水面面积（km²）	蒸发损失深度（mm）	蒸发损失水量（亿 m³）	渗漏损失水量（亿 m³）	初算计入损失月末蓄水量（亿 m³）	计入损失月末蓄水量（亿 m³）	弃水量（亿 m³）
(1)	(1)	(2)	(3)	(4)	(5)	(6)	(7)	(8)	(9)	(10)	(11)	(12)	(13)	(14)
						0.0942							0.0942	
7	0.1098	0.2640	0.0672	0.0672	0.0426	0.0942	0.094	2.973	0	0	0.00001	0.0942	0.0942	0
8	0.2331	0.1636	0.0682	0.0682	0.1636	0.0955	0.0949	2.989	8.7	0.0003	0.00002	0.0952	0.0952	0
9	0.3148	0.1481	0.0665	0.0665	0.1481	0.1954	0.145	3.927	49.5	0.0019	0.00005	0.1935	0.1935	0
10	0.2645	0	0.0717	0.0717	0	0.3863	0.290	6.084	10.9	0.0007	0.00005	0.3856	0.3856	0
11	0.1512	0	0.0747	0.0747	0	0.4620	0.424	7.799	59.5	0.0046	0.00006	0.4573	0.4573	0
12	0.1877	0	0.0782	0.0782	0	0.5668	0.512	8.931	26.5	0.0024	0.00007	0.5644	0.5644	0
1	0.2131	0	0.0856	0.0856	0	0.6919	0.628	10.087	37.7	0.0038	0.00010	0.6880	0.6880	0
2	0.1059	0	0.0849	0.0849	0	0.7090	0.698	10.696	53.2	0.0057	0.00013	0.7032	0.7032	0
3	0.0911	0.1713	0.0823	0.0823	0.1713	0.5406	0.622	10.034	77	0.0077	0.00009	0.5328	0.5328	0
4	1.1337	0.2666	0.0663	0.0663	0.2666	1.3337	0.933	12.890	75.8	0.0098	0.00028	1.3236	1.3236	0
5	0.1383	0.1636	0.0679	0.0679	0.1636	1.2305	1.277	16.237	31	0.0050	0.00057	1.2249	1.2249	0
6	0.0784	0.1108	0.0665	0.0665	0.1108	0.0942	0.660	10.091	23.4	0.0024	0.00010	1.1235	0.0942	1.0293
全年	3.0215	1.2880	0.88	0.88	1.0663				453.2	0.0455	0.0019			1.0293

表 3.20　　　　　　　　　C 水库现状水平年 $p=75\%$ 调节计算成果表　　　　　　单位：亿 m³

月份	入库水量	农业需水量	工业用水量	农业供水量	平均蓄水量	蒸发损失	渗漏损失	月末蓄水	弃水量
7	0.1933	0.2787	0.0672	0.1222	0.0961	0.0039	0.00002	0.0942	0
8	0.1582	0.1477	0.0682	0.0849	0.0967	0.0051	0.00002	0.0942	0
9	0.3124	0.1477	0.0665	0.1477	0.1432	0.0031	0.00005	0.1891	0
10	0.2903	0	0.0717	0	0.2984	0.0073	0.00005	0.4004	0
11	0.1746	0.1629	0.0747	0.1629	0.3689	0.0026	0.00005	0.3348	0
12	0.1978	0	0.0782	0	0.3946	0.0020	0.00005	0.4524	0
1	0.1821	0	0.0856	0	0.5006	0.0019	0.00007	0.547	0
2	0.1739	0	0.0849	0	0.5915	0.0037	0.00008	0.6322	0
3	0.2038	0.1477	0.0823	0.1477	0.6191	0.0050	0.00009	0.6009	0
4	0.1757	0.2837	0.0663	0.2837	0.5137	0.0033	0.00007	0.4232	0
5	0.1621	0.1629	0.0679	0.1629	0.3889	0.0037	0.00005	0.3508	0
6	0.0844	0.3475	0.0665	0.2707	0.2243	0.0037	0.00005	0.0942	0
全年	2.3086	1.6789	0.88	1.3827		0.0452	0.00066		0

表 3.21　　　　　　　　C 水库现状水平年 $p=95\%$ 调节计算成果表　　　　　　单位：亿 m^3

月份	入库水量	农业需水量	工业用水量	农业供水量	平均蓄水量	蒸发损失	渗漏损失	月末蓄水	弃水量
7	0.1406	0.2787	0.0672	0.0733	0.0943	0.0001	0.00002	0.0942	0
8	0.1264	0.1477	0.0682	0.0549	0.0959	0.0033	0.00002	0.0942	0
9	0.1269	0.1477	0.0665	0.0583	0.0952	0.0021	0.00002	0.0942	0
10	0.1589	0	0.0717	0	0.1378	0.0020	0.00005	0.1794	0
11	0.1536	0.1629	0.0747	0.1629	0.1374	0.0020	0.00005	0.0934	0
12	0.1180	0	0.0782	0	0.1133	0.0016	0.00003	0.1316	0
1	0.1662	0	0.0856	0	0.1719	0.0006	0.00005	0.2116	0
2	0.1946	0	0.0849	0	0.2664	0.0016	0.00005	0.3196	0
3	0.0840	0.1477	0.0823	0.1477	0.2466	0.0046	0.00005	0.1689	0
4	0.0584	0.2837	0.0663	0.0400	0.1450	0.0044	0.00005	0.1166	0
5	0.0731	0.1629	0.0679	0	0.1192	0.0040	0.00004	0.1178	0
6	0.0464	0.3475	0.0665	0	0.1077	0.0034	0.00003	0.0942	0
全年	1.4473	1.6789	0.88	0.5371		0.0298	0.00044		0

表 3.22　　　　　　　　C 水库现状水平年 $p=97\%$ 调节计算成果表　　　　　　单位：亿 m^3

月份	入库水量	农业需水量	工业用水量	农业供水量	平均蓄水量	蒸发损失	渗漏损失	月末蓄水	弃水量
7	0.1229	0.2787	0.0672	0.0556	0.0942	0.0001	0.00002	0.0942	0
8	0.1150	0.1477	0.0682	0.0434	0.0959	0.0033	0.00002	0.0942	0
9	0.1175	0.1477	0.0665	0.0489	0.0953	0.0021	0.00002	0.0942	0
10	0.1475	0	0.0717	0	0.1321	0.0019	0.00004	0.168	0
11	0.1412	0.1629	0.0747	0.1384	0.1321	0.0020	0.00004	0.0941	0
12	0.1086	0	0.0782	0	0.1093	0.0016	0.00003	0.1229	0
1	0.1558	0	0.0856	0	0.1579	0.0003	0.00005	0.1927	0
2	0.1848	0	0.0849	0	0.2426	0.0015	0.00005	0.291	0
3	0.0742	0.1477	0.0823	0.1109	0.2315	0.0044	0.00005	0.1675	0
4	0.0455	0.2837	0.0663	0	0.1571	0.0046	0.00005	0.142	0
5	0.0588	0.1629	0.0679	0	0.1375	0.0043	0.00005	0.1285	0
6	0.0357	0.3475	0.0665	0	0.1131	0.0035	0.00003	0.0942	0
全年	1.3073	1.6789	0.88	0.3972		0.0297	0.00044		0

表 3.23　　　　　　　C 水库近期（2010 年）水平年 $p=50\%$ 调节计算成果表　　　　　单位：亿 m^3

月份	入库水量	农业需水量	工业用水量	农业供水量	平均蓄水量	蒸发损失	渗漏损失	月末蓄水	弃水量
7	0.1075	0.2234	0.097	0.0104	0.0943	0.0001	0.00002	0.0942	0
8	0.2182	0.1384	0.0964	0.1215	0.0943	0.0003	0.00002	0.09421	0
9	0.3005	0.1253	0.093	0.1253	0.1353	0.0019	0.00004	0.1745	0
10	0.2497	0	0.0763	0	0.2612	0.0006	0.00005	0.34723	0

续表

月份	入库水量	农业需水量	工业用水量	农业供水量	平均蓄水量	蒸发损失	渗漏损失	月末蓄水	弃水量
11	0.1369	0	0.0769	0	0.3772	0.0043	0.00005	0.40286	0
12	0.1729	0	0.0743	0	0.4522	0.0022	0.00006	0.49924	0
1	0.1982	0	0.0757	0	0.5605	0.0036	0.00008	0.6181	0
2	0.0925	0	0.0771	0	0.6258	0.0054	0.00009	0.62806	0
3	0.0763	0.1449	0.0766	0.1449	0.5555	0.0072	0.00008	0.47556	0
4	1.1194	0.2256	0.0835	0.2256	0.8807	0.0093	0.00024	1.27629	0
5	0.1235	0.1384	0.0855	0.1384	1.2261	0.0049	0.00052	1.17047	0
6	0.0641	0.0937	0.0905	0.0937	1.1104	0.0035	0.00038	0.0942	0.9523
全年	2.8596	1.0897	1.0028	0.8598		0.0431	0.0016		0.9523

表 3.24　　　　C 水库近期（2010 年）水平年 $p=75\%$ 调节计算成果表　　　　单位：亿 m^3

月份	入库水量	农业需水量	工业用水量	农业供水量	平均蓄水量	蒸发损失	渗漏损失	月末蓄水	弃水量
7	0.1785	0.2358	0.097	0.0776	0.0962	0.0039	0.00002	0.0942	0
8	0.1433	0.1250	0.0964	0.0418	0.0967	0.0051	0.00002	0.0942	0
9	0.2981	0.1250	0.093	0.125	0.1342	0.0030	0.00004	0.1712	0
10	0.2755	0	0.0763	0	0.2708	0.0068	0.00005	0.3636	0
11	0.1603	0.1378	0.0769	0.1378	0.3364	0.0024	0.00005	0.3067	0
12	0.1830	0	0.0743	0	0.3610	0.0019	0.00005	0.4135	0
1	0.1672	0	0.0757	0	0.4592	0.0018	0.00006	0.5031	0
2	0.1605	0	0.0771	0	0.5448	0.0035	0.00008	0.5829	0
3	0.1890	0.1250	0.0766	0.125	0.5766	0.0048	0.00008	0.5655	0
4	0.1614	0.2401	0.0835	0.2401	0.4844	0.0032	0.00007	0.4001	0
5	0.1473	0.1378	0.0855	0.1378	0.3621	0.0036	0.00005	0.3204	0
6	0.0701	0.2941	0.0905	0.2023	0.2091	0.0035	0.00005	0.0942	0
全年	2.1342	1.4206	1.0028	1.0874		0.0434	0.00061		0

表 3.25　　　　C 水库近期（2010 年）水平年 $p=95\%$ 调节计算成果表　　　　单位：亿 m^3

月份	入库水量	农业需水量	工业用水量	农业供水量	平均蓄水量	蒸发损失	渗漏损失	月末蓄水	弃水量
7	0.1258	0.2358	0.097	0.0287	0.0943	0.0001	0.00002	0.0942	0
8	0.1115	0.1250	0.0964	0.0117	0.0959	0.0033	0.00002	0.0942	0
9	0.1126	0.1250	0.093	0.0175	0.0953	0.0021	0.00002	0.0942	0
10	0.1441	0	0.0763	0	0.1281	0.0019	0.00004	0.1601	0
11	0.1393	0.1378	0.0769	0.1264	0.1281	0.0019	0.00004	0.0941	0
12	0.1032	0	0.0743	0	0.1085	0.0016	0.00003	0.1214	0

续表

月份	入库水量	农业需水量	工业用水量	农业供水量	平均蓄水量	蒸发损失	渗漏损失	月末蓄水	弃水量
1	0.1513	0	0.0757	0	0.1592	0.0006	0.00005	0.1964	0
2	0.1812	0	0.0771	0	0.2484	0.0015	0.00005	0.2989	0
3	0.0692	0.1250	0.0766	0.0529	0.2687	0.0049	0.00005	0.2337	0
4	0.0441	0.2401	0.0835	0	0.2140	0.0056	0.00005	0.1886	0
5	0.0583	0.1378	0.0855	0	0.1750	0.0050	0.00005	0.1564	0
6	0.0321	0.2941	0.0905	0	0.1272	0.0038	0.00004	0.0942	0
全年	1.2729	1.4206	1.0028	0.2372		0.0323	0.00045		0

表 3.26　　　　　**C 水库近期（2010 年）水平年 $p=97\%$ 调节计算成果表**　　　　单位：亿 m³

月份	入库水量	农业需水量	工业用水量	农业供水量	平均蓄水量	蒸发损失	渗漏损失	月末蓄水	弃水量
7	0.1081	0.2358	0.097	0.011	0.0943	0.0001	0.00002	0.0942	0
8	0.1001	0.1250	0.0964	0.0003	0.0959	0.0033	0.00002	0.0942	0
9	0.1032	0.1250	0.093	0.0081	0.0953	0.0021	0.00002	0.0942	0
10	0.1327	0	0.0763	0	0.1224	0.0018	0.00004	0.1487	0
11	0.1269	0.1378	0.0769	0.077	0.1352	0.0020	0.00004	0.1197	0
12	0.0938	0	0.0743	0	0.1294	0.0017	0.00004	0.1374	0
1	0.1409	0	0.0757	0	0.1700	0.0003	0.00005	0.2023	0
2	0.1713	0	0.0771	0	0.2494	0.0015	0.00005	0.2949	0
3	0.0594	0.1250	0.0766	0	0.2863	0.0051	0.00005	0.2726	0
4	0.0312	0.2401	0.0835	0	0.2464	0.0062	0.00005	0.214	0
5	0.0440	0.1378	0.0855	0	0.1933	0.0053	0.00005	0.1672	0
6	0.0214	0.2941	0.0905	0	0.1327	0.0039	0.00004	0.0942	0
全年	1.1329	1.4206	1.0028	0.0964		0.0333	0.00046		0

3.3.5 供水保证程度分析

3.3.5.1 工业供水保证程度分析

根据水库特征指标以及不同水平年、不同频率的入库水量，采用代表年法进行水库调节计算，由上述计算成果可以看出，现状和近期（2010 年）水平年频率 50%、75%、95%、97%代表年均能满足工业用水，工业供水保证率可达 97%。

3.3.5.2 农业供水保证程度分析

目前水库下游实灌面积为 2 万 hm²（30 万亩），因此现状和近期水平年农业灌溉面积按 2 万 hm² 考虑。将不同频率各代表年的农业需水量及农业供水量汇总，见表 3.27。可见，在现状和近期水平年水库优先满足工业用水后，不同代表年情况下均不能满足农业需水。

表 3.27　　　　　　　　　　水库下游农业需、供水情况统计表　　　　　　　单位：亿 m³

频率 (%)	现　状			近期（2010年）		
	农业需水	农业供水	弃水量	农业需水	农业供水	弃水量
50	1.2878	1.0664	1.0293	1.0897	0.8598	0.9523
75	1.6789	1.3834	0	1.4206	1.0880	0
95	1.6789	0.5375	0	1.4206	0.2365	0
97	1.6789	0.3976	0	1.4206	0.0953	0

由表 3.19～表 3.26 可知，现状情况下频率 50％的代表年，仅 7 月不能满足农业用水；近期情况下频率 50％的代表年，7 月、8 月不能满足农业用水；75％代表年时，现状和近期 6 月、7 月、8 月 3 个月均不能满足农业用水；95％、97％代表年时，现状和近期农业供水量均较小，而这些年份是枯水年份，农业需水量比较大，因此建议南水北调工程通水后，工业改用南水北调水，农业利用水库供水，以减少农业损失。

第4章 堤防工程水文计算

案例 城市堤防工程设计洪水位计算

【学习提示】 本案例是城市堤防工程设计的水文分析计算，主要依据设计站的历年实测最高洪水水位进行计算，最终确定设计站的设计洪水位。

4.1 引言

堤防的主要功能是使某一保护范围能抵御一定防洪标准的洪水的侵害，城市市区的江河沿岸常常是人口集中和经济比较发达的地带。因此，城市堤防工程对城市的生存和发展起着至关重要的作用。同时，城市堤防工程是城市总体建设的重要组成部分，设计中应根据各堤防的实际情况，采用合理的设计方案，并结合适宜的景观设计，满足城市多功能高品位的建设目标和可持续发展的总体要求，使城市堤防工程不但具有防洪功能，还要具有景观环境功能，进一步美化城市环境，必要时具有交通、商业等多种功能。

改革开放30年来，我国城市堤防建设取得了迅猛的发展，完成了一大批直接影响国民经济和人民生活水平的城市堤防设施建设，使人们的工作、生活环境得到较大改善。但也应看到城市发展越快，洪涝灾害给城市带来的损失也越大。因此，对城市堤防工程防洪的要求也越来越高，特别是我国遭遇1998年的特大洪水后，各级部门对防洪工作的重要性有了更加明确的认识。近几年来，通过新建堤防、对原有堤防除险加固等措施，大大提高了城市防洪抗灾的能力。

本章结合长沙市社会经济、自然地理、水文情势状况，实例介绍城市堤防工程建设及堤防工程设计洪水位计算确定。

4.2 长沙市经济规模

长沙市总面积11832km²，市区面积556km²，建成区面积170km²。全市2004年末总人口601.76万人，其中农村人口395.94万人，城镇人口205.82万人，全市人口平均密度为508.6人/km²。

改革开放以来，经济实力明显增强，城乡建设日新月异，人民生活不断改善。2004年全市实现国内生产总值（GDP）突破1000亿元，达到1108.85亿元，是1994年以来增长最快的一年。按户籍人口计算，人均GDP达18296元，按常住人口计算，人均GDP达17638元。

长沙市教育科技发达，现有普通高等院校37所，在校学生27万人，科研开发机构97个，各类科技人员27万多人，特别是在系统工程、信息工程、生物工程、材料工程等方面拥有一批高尖人才，杂交水稻、银河巨型计算机、磁悬浮列车等技术均达国际领先水平。

长沙市交通通信便利，基本形成了水陆空现代化交通体系，长沙市黄花机场是国际空港，已开通 39 条航线，可直飞北京、上海、广州、香港、曼谷等特大城市和地区。以长沙市为中心的全市高速公路网已经形成，"107"、"319"、京珠高速等公路均汇于市区，长沙已被列为全国 45 个公路主枢纽城市之一。同时，长沙市又是全国铁路交通枢纽，京广复线贯穿南北，湘黔、浙赣、石长线连接东西；长沙港口主枢纽霞凝港区一期工程已建成投入使用，具备千吨级生产能力。通信方面长沙综合通信能力居全国第三位，可与全国各地和世界 180 多个国家及地区进行通信联系。

4.3 长沙市流域水系简介

长沙市位于湖南省东部偏北，地处湘江下游，地理位置处于北纬 27°51′～28°40′，东经 111°53′～114°15′之间，东西长约 233km，南北宽约 90km，长沙市溪河纵横，水系发育。境内河流水系大多属湘江流域，少数外流河属南洞庭湖水系，支流河长 5km 以上的有 302 条，其中湘江流域有 289 条，南洞庭湖水系 13 条，较大的一级支流有浏阳河、捞刀河、沩水河，为市境内三大河流，总流域面积为 8922.13km²，占全市总面积的 75.6%，其他一级支流有靳江、龙王港、八曲河、沙河等。

湘江又称湘水，是长江七大支流之一。地处北纬 24°31′～29°00′，东经 110°30′～114°00′之间，在长沙境内，先后纳入靳江、龙王港、浏阳河、捞刀河、沩水至湘阴濠河口分两支汇入洞庭湖。全长 856km（湖南境内 670km），流域面积 94660km²（湖南境内约占 90%），河流坡降 1.34‰。

浏阳河为湘江的一级支流，位于湖南省东北部，湘江下游右岸，河流自东向西，流经浏阳市、长沙县，于长沙市北郊陈家屋场注入湘江。干流全长 219km，流域面积 4237km²，占湘江流域面积的 4.5‰。

捞刀河系湘江右岸一级支流。在长沙县城境内纳入水渡河，经捞刀河镇于长沙市油洋池汇入湘江。流域面积 2543km²，河流长度 141km，河流坡降 0.78‰。

沩水是湘江左岸的一级支流，流域面积 2430km²，河流长 144m，横跨宁乡、望城两县，河流比降 1.16‰，整个地势由西向东，按山、丘、岗、平四级倾斜，西高东低，南陡北缓，上游陡峻，下游平缓，构成上游冲刷，下游淤积。

4.4 长沙市气象概况

长沙市属亚热带季风湿润气候区，气候温和湿润，季节变化明显，冬寒夏热，四季分明，春秋短促，冬夏绵长，充分体现了亚热带大陆性季风气候的特点。长沙距海较远，又位于冲积盆地，边缘地势高峻，向北倾斜，北方冷空气可深入聚集，冬季比同纬度地区稍冷，而夏季比同纬度地区更热，是江南"四大火炉"之一。多年平均气温 17.1℃，极端最高气温 40.6℃（1953 年 8 月 13 日），极端最低气温 −12.0℃（1972 年 2 月 9 日），多年平均风速 2.6m/s，主导风向为西北风，汛期最大风速多年平均值为 14.0m/s，实测最大风速 20.7m/s（1980 年 4 月 13 日，风向 NNW），无霜期 275d，日照时数为 1636h，多年平均蒸发量 1316mm。多年平均降水量 1200～1700mm，年际变幅大，最大、最小年降水量比值一般在 2～3 倍；年内分配也不均匀，每年 4～6 月为多雨季节，降水量约占全年的 51%，由于雨水集中，易引发山洪，江河陡涨。

长沙市降雨分布不均匀，全市有两个暴雨中心：一为湘东暴雨区，位于东西部山区，浏阳河上游与捞刀河上游均发源于湘东暴雨区；另一为安化梅城暴雨中心沩水源头，接近该暴雨区。两个强降雨中心即长沙、浏阳河交界处，宁乡坝塘至望城白若、天顶一带，其他大片为少降雨区。最大月雨量一般出现在 5 月，3～6 月占全年水量的 55% 以上。历年最大 24h 暴雨 236.2mm，最大 3d 暴雨 307.4mm。

长沙市降雨特征统计参数，可由长序列长沙、榔梨两站时段最大暴雨资料排序并经频率计算，求得两站各时段统计参数，成果见表 4.1。

表 4.1　　　　　　　　　　长沙站、榔梨站设计暴雨（全年）成果表

站名	时段	系　列	N (a)	统计参数			H_p (mm) $p=10\%$
				$\overline{H}$ (mm)	C_v	C_s/C_v	
长沙	12h	1950～1998 年	49	87.2	0.49	3.5	143.7
	24h	1950～1998 年	49	100.7	0.47	3.5	163.1
	1d	1950～1998 年	49	85.0	0.47	3.5	137.7
榔梨	12h	1958～1998 年	41	95.3	0.45	3.5	152.5
	24h	1958～1998 年	41	110.6	0.45	3.8	189.2
	1d	1958～1998 年	41	92.2	0.45	3.5	147.5

由长沙站降雨资料统计分析，长沙市降雨可总结如下特性：

（1）降雨量变率大。长沙市降雨年际变化很大，最大年降雨量 1984.4mm（1969 年），比正常年偏多 628.9mm，是最少年 898.9mm（1969 年）的 2.2 倍。年内分配也极不均匀，在多年平均雨量中，1～3 月占 20.6%，4～6 月占 44.7%，5 月最多 230.8mm（占 16.7%），是 12 月 45.3mm（占 3.28%）的 5.1 倍。

（2）雨日频繁且雨量集中。长沙市多年平均降雨日数 152d，最多年为 182d（1970 年），最少年 119d（1963 年）。历年连续降雨日数一般为 15～20d，连续最长降雨日数 23d（1958 年 5 月）。暴雨主要发生在 5～8 月，其出现频次占全年的 70%～80%，同时短历时暴雨往往发生在长历时暴雨过程中，使场次降雨时间延长。据统计，49 年资料中，1d 暴雨包在 3d 暴雨中有 28 年，几率为 57.1%，而且在 3d 暴雨的前后还有降雨，所以一场暴雨持续时间一般 5～7d。当场雨量不小于 200mm 时，将造成严重洪水灾害。

（3）暴雨量大。据长沙、榔梨站的资料统计，长沙市多年平均雨量 1355.5mm，年降雨量不小于 1600mm 的年份占 14.3%，不小于 1300mm 的年份占 57.1%；1d 暴雨量不小于 100mm 的年份占 18.4%，50～100mm 的年份占 91.8%，最大 1d 暴雨量达到 224.5mm（1965 年 7 月 5 日）；3d 暴雨量不小于 200mm 的年份占 6.1%，100～200mm 的年份占 67.3%；最大 3d 暴雨量达 307.4mm（1969 年 8 月 9～11 日），最大 15d 暴雨量达 509.2mm（1969 年 6 月 22 日至 7 月 6 日），超过年平均雨量的 1/3。

4.5　水情

长沙市境内湘江水系部分由于流域面积大，河网密度大，水系为树枝状，一旦干支流洪水遭遇，就形成湘江下游峰高量大的洪水过程。据湘潭站 1950～1998 年资料统计，年最大洪峰流量 20800m³/s（1994 年 6 月 18 日），年最小洪峰流量 6090m³/s，年最小流量

仅 100m³/s。洪峰过程以单峰居多，历时约 7～12d，山洪也时有发生，且往往构成大洪水，历时 15～20d，1968 年最大一次洪水过程总量达 310 亿 m³。由于洪水遭遇及槽蓄影响，使得洪峰段持续时间长，有些洪峰为平顶，如 1968 年 6 月 28 日洪水，66h 峰顶流量维持在 18400～18700m³/s，1994 年 6 月 18 日洪水连续 46h 流量在 20000m³/s 以上。

湘江年最大洪水多发生在每年的 4～7 月，此期间的洪水主要是气旋锋面暴雨生产，据湘江干流站的统计，4～7 月发生机会占 94%～97%，其中 5 月、6 月尤为显著，约占 74%，8 月及以后的洪水多为台风暴雨产生，次数少，仅占 3%～6%。

湘江流域洪水的地区分布也极不均匀，长沙市城区的水情受湘江洪水、洞庭湖洪水所造成的湖盆高水位顶托以及浏阳河、捞刀河、靳江、龙王港洪水遭遇三方面影响。具体来说，长沙城市防洪面临如下三个方面的压力：①湘江上游近 9 万 km² 集水面积上洪水威胁，即"南水"；②洞庭湖高洪水位的顶托，即"北水"；③境内小河流的暴雨洪水，即"山洪"。

湘江洪水主要来自暴雨，洪水的季节特点和时空变化均与湘江流域暴雨相应。主汛期在 5～7 月，此期间发生洪水的几率约占全年的 94%～97%，且以 5～6 月更为显著，约占 74%；湘江流域基本上同属一个雨区，干支流洪水的发生时间基本相应，一旦干支流洪水遭遇就形成峰高量大的洪峰特点，洪水过程以单峰居多，历时一般为 7～12d，双峰也时有发生，且往往构成大洪水，历时一般为 15～20d，由于洪水遭遇及槽蓄影响，使得洪峰段持续时间长，有些洪峰为平顶，如 1962 年 6 月 28 日洪水，66h 峰顶流量维持在 18400～18700m³/s；洞庭湖洪水主要受长江洪水和四水（湘江、资水、沅水、澧水）洪水的双重影响，洪水持续时间一般较长，4～6 月湖水位随四水洪水上涨，7～9 月因长江涨水维持湖盆高水位，10 月开始逐渐退水，长江大水造成湖盆高水位，又与四水遭遇是形成洞庭湖洪水的原因，单纯由长江洪水或四水洪水引起的洞庭湖洪水的量级都较小。

4.6　长沙市洪水灾害列举

长沙市洪涝灾害频繁，统计新中国成立后 55 年来相关资料显示，有 42 年成灾，其中较大洪灾 18 次，平均每 3 年一次，市区内最大淹没水深可达 6m，给国家和人民生命财产造成严重损失。

1954 年 7 月，长沙水位站最高洪水位 37.81m，市区由下水道倒灌进水，西、南、北三区淹没工厂、仓库 115 个，街道 24 条，郊区岳麓、会春、文艺三区均遭水灾，涝湖、丰顺二垸溃决成灾。市区（含郊区）总计受灾人口 4.56 万人，成灾耕地 4376hm²，淹没房屋 6100 间，减产粮食 1289 万 kg，死亡 4 人。在当时城区小、经济尚不发达的情况下，直接经济损失 3490 万元。

1964 年 6 月，市区普降暴雨，加上湘江上游山洪暴发，长沙水位站最高洪水位达 37.13m，持续 4 天之久。长沙城内沿湘江西、南、北三区被淹，许多工厂、商店被迫停业。共计受灾人口 4.52 万人，成灾耕地 933hm²，淹没房屋 14941 间，减产粮食 49 万 kg，直接经济损失 3917 万元。

1976 年 7 月，长沙水位站最高洪水位 38.37m。市区内淹水，被迫停产企业 86 家，郊区湘麓、茶山垸溃，河西荣湾镇至三汊矶公路徐家湖段被冲毁。总计受灾人口 10.1 万人，成灾耕地 593hm²，淹没房屋 48296 间，减产粮食 94 万 kg，直接经济损失 12619

万元。

1992 年 7 月，长沙水位站最高洪水位 37.85m，有 15 个街道居委会（乡、镇）受灾，共计受灾人口 1.12 万人，成灾耕地 5000hm²，淹没房屋 8411 间，减产粮食 300 万 kg，直接经济损失 2389 万元。

1994 年 6 月，长沙水位站最高洪水位 38.93m，市区由下水道倒灌进水，下河街等部分沿江防洪墙漫顶进水，城区沿江部分街道受淹。郊区丰顺、茶山、五合、顺口湖、霞凝、太平、金竹、跃进、花园、望新等十垸溃决成灾。总计受灾人口 44.42 万人，成灾耕地 4745hm²，淹没房屋 78282 间，减产粮食 650.4 万 kg，直接经济损失 78352 万元。

1998 年 6 月，长沙水位站最高洪水位 39.18m，为有记载以来历史最高洪水位，市区全面告急。市区由下水道倒灌进水，下河街等部分沿江防洪墙漫顶进水，城区沿江部分街道受淹。城郊朝正、乌溪、双湖、霞凝、戴家河等 5 个千亩堤垸和长善垸三角叉地段漫溃。总计受灾人口 46.56 万人，成灾耕地 18080hm²，淹没房屋 24009 间，减产粮食 3139 万 kg，直接经济损失 185920 万元。

2002 年 8 月，湘江长沙站警戒水位以上洪峰出现 7 次，最高洪水位 38.38m，为长沙市有资料以来第三次高水位，为新中国成立以来最大秋汛。虽然水势猛、水位高、浸泡时间长，但全市实现了"未溃一垸，未垮一库，未死一人"的目标。共计受灾人口 112.6 万人，成灾耕地 32380hm²，淹没房屋 3700 间，减产粮食产量 30.39 万 kg，直接经济损失 41000 万元。

2003 年 5 月，长沙站最高洪水位 38.10m，为历史第六高洪水位。5 月 19 日凌晨 5：40，开福区五合垸发生溃决。市区共计受灾人口 40.14 万人，成灾耕地 1087hm²，淹没房屋 700 间，减产粮食 3900 万 kg，直接经济损失 25100 万元。

新中国成立后，长沙市市区重灾年份洪涝灾害情况参见表 4.2。

表 4.2　　　　　　　　　长沙市市区重灾年份洪涝灾害统计表

项目 年份	受灾人口 （万人）	成灾耕地 （hm²）	淹没房屋 （间）	减产粮食 （万 kg）	直接经济损失 （万元）
1950	2.65	1600	5856	240	1682
1954	4.56	4367	6100	1289	3490
1964	4.52	933	14941	49	3917
1965	1.31	1840	1245	231	1245
1976	10.10	593	48296	94	12619
1982	13.06	3107	15770	623	4513
1983	9.40	2620	6136	542	1955
1990	1.00	2860	2337	735	1095
1992	1.12	5000	8411	300	2389
1994	44.42	4745	78282	650.4	78352
1998	46.54	18080	24009	3139	185920
2002	112.6	32830	3700	30.39	41000

4.7 长沙市洪水灾害频发原因分析

长沙市独特的流域地理特征和水情共同作用使长沙市洪水灾害频繁发生，而人类无序开发活动的影响无疑使洪水灾害损失进一步扩大，灾害发生频率进一步增大。长沙市洪水灾害频繁发生的原因可归纳为以下几点：

（1）长沙市坐落在湘江、浏阳河、捞刀河、靳江、龙王港等河流汇合口的冲积平原和1～4级阶地上，多面临水，地势低洼，沿河地面高程一般在30～33m，多年平均最高水位高出地面1～3m，易受洪水威胁和侵袭。

（2）长沙市共有流域面积大于100km² 的6条大小河流通过，干支流水位相互影响、顶托，当湘江发大水，支流将出现倒灌，如干支流洪水遭遇，则抬高支流下游水位且可延伸甚远，若湘江干流受洞庭湖洪水位顶托，则持续较长的高洪水位，给城市防洪造成极大的威胁。

（3）长沙市现有防洪治涝设施抗灾能力低，堤防工程不完善，未形成完全封闭的保护圈，已建堤防堤身矮小、标准低，且险堤、隐患未全部处理和清除，难以抗御较大的洪水；排涝标准偏低，电力抽排容量不足，加之外河水位抬高，使外排扬程增加，而电力设备老化、效率低等种种原因，使市区内部积水不能及时排出，往往形成涝灾，如雨洪遭遇，则涝灾更为严重。

（4）市区人类无序开发活动的影响及自然环境演变（如河道中碍洪建筑物的增加、水土流失、河床淤积和洞庭湖水位顶托等），致使河道泄洪能力下降，不仅湘江及各支流的水位在逐年抬高，且高洪水位出现的几率也随之增加。以长沙水位站为例，1951年7月6日、1964年6月26日、1975年5月14日，在洪峰流量相近的情况下（湘潭站流量16200～16400m³/s），长沙站水位分别为36.61m、37.13m、37.52m，可以看出水位在逐年增加，而且增幅迅猛。又据长沙水位站历年超过危险水位36.00m的频次统计，1910～1949年的40年中出现9次，平均每10年2.3次；1950～1969年的20年中，每10年为3.5次；1970～1992年的23年中平均每10年增加到4.8次。可以看出由于水位逐年抬高及高洪水位出现几率增加，相应洪灾发生的几率也在上升。随着国民经济的发展，城市不断扩大，建筑用地剧增，致使城区及堤垸内沟港、湖泊面积大大缩小，内部渍水调蓄能力下降，增加了暴雨出现的频率和强度，加之地面汇流条件的改变，径流系数的增大，涝灾也在增加。由于经济的发展，财富和人口的增加，遭受洪涝灾害的经济损失也相应增大。总之，长沙市洪水灾害有日渐频繁且严重的趋势。

4.8 长沙市堤防工程设计洪水位计算

由于长沙站有长系列实测水位资料，因此辑录湘江长沙水位站1951～2006年历年实测最高水位系列，对其进行排序，计算频率，结果见表4.3。

依据以上长沙站历年最高洪水位及对应频率排序，进行实测洪水水位的经验频率计算，根据水文频率计算成果，湘江长沙站不同频率设计洪水位见表4.4，相应频率的设计流量由长沙站水位流量关系确定。同理，对湘江干、支流进行频率计算，将其设计洪水成果汇总，列于表4.5。

表 4.3　　　　湘江长沙站历年实测最高水位排频计算表（1951～2006 年）

序号	年份	最高水位（m）	频率（%）	重现期（a）	序号	年份	最高水位（m）	频率（%）	重现期（a）
1	1998	39.18	1.75	57	29	1980	36.01	50.88	2
2	1994	38.93	3.51	28.5	30	2001	35.85	52.63	1.9
3	2002	38.38	5.26	19	31	1952	35.81	54.39	1.8
4	1976	38.37	7.02	14.3	32	2005	35.78	56.14	1.8
5	1982	38.35	8.77	11.4	33	1971	35.76	57.89	1.7
6	2003	38.10	10.53	9.5	34	1973	35.64	59.65	1.7
7	1993	38.03	12.28	8.1	35	1977	35.57	61.4	1.6
8	1968	38.02	14.04	7.1	36	1997	35.49	63.16	1.6
9	1962	38.00	15.79	6.3	37	1966	35.45	64.91	1.5
10	1992	37.85	17.54	5.7	38	1959	35.44	66.67	1.5
11	1954	37.81	19.3	5.2	39	1953	35.28	68.42	1.5
12	1999	37.65	21.05	4.8	40	1990	35.26	70.18	1.4
13	1975	37.52	22.81	4.4	41	1960	35.25	71.93	1.4
14	2006	37.48	24.56	4.1	42	1955	35.19	73.68	1.4
15	1995	37.32	26.32	3.8	43	1988	35.12	75.44	1.3
16	1978	37.23	28.07	3.6	44	1979	35.10	77.19	1.3
17	1970	37.21	29.82	3.4	45	1957	34.88	79.25	1.3
18	1996	37.18	31.58	3.2	46	1974	34.85	80.7	1.2
19	1989	37.14	33.33	3.0	47	2000	34.84	82.46	1.2
20	1964	37.13	35.09	2.9	48	1972	34.81	84.21	1.2
21	1984	37.07	36.84	2.7	49	1991	34.64	85.96	1.2
22	1961	37.06	38.6	2.6	50	1965	34.52	87.72	1.1
23	1981	36.66	40.35	2.5	51	2004	34.43	89.47	1.1
24	1969	36.61	42.11	2.4	52	1986	34.24	91.23	1.1
25	1951	36.61	43.86	2.3	53	1967	33.72	92.98	1.1
26	1956	36.53	45.61	2.2	54	1985	33.70	94.74	1.1
27	1958	36.26	47.17	2.1	55	1963	33.49	96.49	1
28	1983	36.22	49.12	2	56	1987	33.37	98.25	1

注　表中水位系冻结吴淞高程系统。

表 4.4　　　　湘江长沙站不同频率设计洪水位、设计流量成果表

p（%）	0.5	1	2	3.33	5	10
设计水位（m）	40.57	39.95	39.53	39.21	38.89	38.39
设计流量（m³/s）	26200	24600	22800	21500	20400	18400

注　表中水位系冻结吴淞高程系统。

表 4.5　　　　　　　　　　　　湘江干、支流设计洪水成果表

河（站）名	流域面积（km²）	设 计 流 量						备　注
		$p=0.5\%$	$p=1\%$	$p=2\%$	$p=3.33\%$	$p=5\%$	$p=10\%$	
湘江（长沙）	83020	26200	24600	22800	21500	20400	18400	湘江洪水成果考虑加入历史洪水；流域面积除湘江、浏阳河外均计算到河口
浏阳河（榔梨）	3815	7010	6200	5380	4780	4300	3470	
沩水	2430	6100	5420	4700	4190	3760	3020	
捞刀河	2903	6090	5300	4570	3940	3520	2760	
靳江	781	1910	1750	1530	1370	1230	996	
龙王港	173	595	530	469	424	383	314	
圭塘河	125	474	423	373	335	304	250	

注　表中水位系冻结吴淞高程系统。

　　选择长沙市堤防工程防洪标准时，参照目前我国大江大河堤防的防洪标准。新中国成立以后，我国对主要江河的干支流进行了不同程度的规划治理，修建了各类防洪工程，提高了原来的防洪标准。目前，我国各部门现行的防洪标准，有的规定设计一级标准，有的规定设计和校核两级标准。水利水电工程采用设计、校核两级标准。设计标准是指当发生小于或等于该标准的洪水时，应保证防护对象的安全或防洪设施的正常运行。校核标准是指遇到该标准的洪水时，采取非常运用措施，在保障主要防护对象和主要建筑物安全的前提下，允许次要建筑物局部或不同程度的损坏，允许次要防护对象受到一定的损失。对应到大江大河堤防的防洪标准，则设置为长江中下游干流、江汉平原及湖区堤防的防洪标准可防御 20 年一遇洪水，在分蓄洪区配合运用下，当遭遇 1954 年洪水时，可保证大、中城市和重点平原垸区的安全，黄河下游花园口可通过洪峰流量 22000m³/s 在金堤河和东平湖分蓄洪区配合运用下可使下游河道安全行洪。

　　结合以上大江大河堤防的防洪标准，长沙市江河堤防工程在经历 1998 年以后其防洪能力有了较大的提高，随着江湖关系（不同水情条件下江水与湖泊水量调配与供给关系）的不断变化，防汛抢险技术的不断发展，调度手段的不断进步，并根据湘江水系为长江支流和洞庭湖区的特性，结合长沙市经济发展规模，参照我国大江大河堤防的防洪标准，长沙市城区防洪堤防工程的防洪标准达到 10～20 年一遇重现期，即其设计洪水位频率应在 $p=10\%\sim5\%$。经频率计算湘江长沙站统计参数 $\overline{H}=36.06m$，$C_v=0.05$，$C_s=2C_v$，因此设计频率对应设计洪水位为 $H_{p=10\%}=38.22m$，$H_{p=5\%}=38.94m$，即长沙市堤防工程设计水位应处于 $38.22\sim38.94m$，报上级经核批后湘江长沙站堤防工程设计洪水位 38.37m。

4.9　长沙市洪涝防御体系及特征水位确定

　　长沙市历年洪涝灾害频繁而严重，新中国成立以来，为了兴水利，除水害，历届政府都十分重视防洪工程建设工作，特别是 1994 年、1998 年大洪水后，国家实施各级财政政策，投入巨额资金进行防洪工程建设，并取得十分显著的成效。目前长沙市已初步形成了以防洪大堤、防洪墙、排水闸、排洪渠、泵站为主的防洪治涝工程体系。截至 2004 年底，全市已建成水库 628 座，处理病险水库 174 座；已修筑一线防洪大堤 533.0km，其中城区

段建有堤防 173.0km，建排洪渠长 37 条，总长 216.469km；电力抽、排水泵站 1652 处 1922 台，总装机 101871kW；涵闸 349 座。另外河湖疏浚工作也已取得巨大成效，退田还湖工程也已实施，这些使长沙全市总体防洪排涝能力大大提高，为经济、社会和环境的协调发展提供了良好的安全保障。

基于国家防总、省防指统一部署，结合长沙市防洪体系现状及防汛工作的实际，对湘江、资水、沅水、澧水等四水及洞庭湖重要控制站防汛特征水位进行了认真研究和重新确定，设置了警戒水位、保证水位两级特征水位标准。

警戒水位是指江河漫滩行洪，堤防可能发生险情，需要开始加强防守的水位。该水位时河流湖泊主要堤防险情可能逐渐增多。游荡型河道由于河势摆动，在警戒水位以下也可能发生塌岸等较大险情。大江大河堤防保护区的警戒水位多取定在洪水普遍漫滩或重要堤段开始漫滩偎堤的水位。此时河段或区域开始进入防汛戒备状态，有关部门进一步落实防守岗位、抢险备料等工作，跨堤涵闸停止使用。该水位主要是防洪部门根据长期防汛实践经验和堤防等工程出险基本规律分析确定的。中国大江大河及湖泊是以水文（水位）控制站作为河段或区域的代表，拟定警戒水位，经上级部门核定颁布下达。

警戒水位确定时可考虑河段普遍漫滩和重要堤段临水并达到一定高度，结合工程现状，堤防工程历史出险情况等因素综合研究确定；对有防洪任务而无堤防的河段，可根据河岸险工情况以洪水上滩或需要转移群众、财产时的水位确定；警戒水位是各级防汛指挥和管理部门安排防汛抢险的主要依据，确定警戒水位应考虑与防汛日常管理、各部门防汛职责相协调。湘江长沙站警戒水位根据相关准则确定为 36.00m，具体确定方法不再赘述。

保证水位是指保证堤防及其附属工程安全挡水的上限水位，汛期堤防及其附属工程能保证安全运行的上限洪水位。当洪水达到或低于这一水位时，有关部门有责任保证堤防等有关工程的安全。保证水位是制定保护对象度汛方案的重要依据，也是体现防洪标准的具体指标，保证水位主要依据工程条件和保护区国民经济情况、洪水特性等因素分析拟定，报上级部门核定下达。

保证水位确定的原则是如果堤防的高度、宽度、坡度及堤身、堤基质量已达到规划设计标准的河段，其设计洪水位即为保证水位，堤防工程尚未达到规划设计标准的河段，可按安全防御相应的洪水位确定，即堤顶高程不足的河段，按现状堤顶高程扣除设计超高值后的水位确定保证水位；若堤宽宽度不足，先确定现状堤身达到设计顶宽处的高程，在此基础上再扣除设计超高值即为保证水位；保证水位拟定要兼顾上下游的关系，分河段设置。

长沙市堤防工程设计水位确定时，认为长沙市堤防工程的高度、宽度、坡度及堤身、堤基质量等各项指标将达到规划设计标准，因此其设计洪水位即为保证水位。即长沙市堤防工程保证水位是报上级经核批后的湘江长沙站堤防工程设计洪水位 38.37m。

长沙市堤防工程在使用警戒水位和保证水位后，不再使用防汛水位、警戒水位、危险水位"三级特征水位"体系。并依据湖南省核批湘江长沙水位站堤防工程防汛特征水位，将长沙市洪水划分为三种量级进行防汛调度：①一般洪水（36m 以下）；②较大洪水（36～38.37m）；③大洪水（38.37m 以上）。

4.10 城市堤防工程设计中应注意的几个问题

城市堤防工程建设要考虑城市建设的特点，在进行工程布置时，必须服从城市总体建设规划和城市防洪规划，全面考虑，统筹安排，充分重视堤防工程对城市景观的影响，结合工程建设进一步美化环境。设计中进行多方案比较、论证，在保证达到工程建设目的的前提下，尽可能做到经济合理，节省工程投资。因此，建设中除了考虑一般堤防的共同点外，还需要注意以下几个方面的问题：

（1）堤防工程建设必须考虑城市自然条件、社会环境、经济发展等因素。首先必须服从流域防洪规划，堤岸线的布置应保证排洪的需要，同时应与城市总体规划协调，服从城市总体规划所赋予堤防的其他附属功能任务。

（2）重视堤防工程对城市景观的影响，尽可能考虑与城市旅游设施建设相结合。城市的滨江地带，往往是重要的旅游风景区，不但是城市居民休闲娱乐的场所，也是旅游观光者接触自然、感受城市美景之所在。因此，城市堤防工程应充分注意河流两岸的生态环境和景观建设，遵循保持自然、回归自然的原则，使城市防洪工程成为一道亮丽的风景线。

（3）合理确定堤顶高程，堤防的高度取决于洪水位和超高，根据目前情况，堤防工程波浪爬高和安全超高均采用《堤防工程设计规范》（GB 50286—98）有关公式计算，这一高度有些余地。首先，波浪爬高在大部分城市，特别是内河城市，洪水来势猛，流速大，江面宽度在几十米到几百米之间，吹程短，且高水位持续时间短，与设计风速的组合几率非常稀少；其次，由于城市堤防，特别是老城区的堤防，多与道路相结合，堤身经砌护后的安全度较高，允许短时间越浪，同时大部分城市洪水涨退速度快，高水位持续时间短。因此，根据城市的不同情况，可参照规范适当降低堤防的安全超高。但在堤身结构和基础处理等方面增加一定的安全度，做到既安全、又美观。

（4）合理选用堤防结构型式。在城市沿江这一余地不大的范围内建设堤防，要注重城市景观和节省土地等要求。在有条件的地方可考虑堤防与城市交通道路结合建设，并与城区交通道路相连接，发挥防洪抢险道路在非汛期的作用，需要时可与商业建设相结合。例如，建设箱式防洪墙，可以用作商业铺面。

（5）堤防工程与城市排水工程和城市污水处理工程相结合。以往在进行城市规划中，城建部门负责市区的排水规划，水利部门负责河道防洪规划，人为地将城市排水规划与城市防洪规划截然分开。在排涝计算方法上两个部门存在很大差异，致使城市排水与城市河道洪水计算不能顺利衔接。建设中应把城市排水与城市防洪工程协调起来。将城市规划中雨水污水处理工程与城市防洪工程结合考虑。

（6）堤防工程建设中尽可能减少拆迁。由于诸方面的原因，有些城市的河道旁大多已兴建了各种不同类型的建筑物，所剩空间很少甚至于完全没有。城市堤防工程建设需要大量拆迁。因此，需要采取合理的措施加以解决。如在建筑物较多的老城区，采用直立式挡墙结构，以减少拆迁工程量。

第5章 小型水电站水能计算

案例 5.1 引水式水电站水能计算

【学习提示】 本案例是灌溉渠道上修建的利用非灌溉期水量或灌溉期多余水量进行发电的水电站。径流资料采用 1978～1996 年魏家堡水文站和魏家堡退水闸实测逐日平均流量成果，灌溉用水采用 1978～1996 年魏家堡渠首逐日实测引水资料。水能计算采用时历法逐日计算。

5.1.1 综合说明

5.1.1.1 引言

1. 工程概况

杨凌水电站位于陕西省杨凌示范区川口村北漆水河西岸，宝鸡峡塬下北干渠桩号 22＋449m 处，是利用北干渠川口退水渠的落差，利用塬下灌区非灌溉期水量和灌溉期间的多余水量进行发电的水电站工程，站址区现有引水渠（北干渠）和退水渠（川口退水渠）。站址处有杨凌至武功公路经过，距杨凌城区仅 5km，厂区南临陇海铁路和西宝高速公路，交通十分便利。该工程是陕西省宝鸡峡引渭灌溉管理局充分利用水资源，以电养局，挖掘潜力，增加经济收入的一座引水式水电站工程。

2. 勘测设计过程

杨凌水电站可行性研究设计于 1998 年 5 月由宝鸡峡引渭灌溉管理局设计室完成，并于 1998 年 5 月由陕西省水利厅组织审查通过。陕西省水利厅以陕水计发（1998）78 号文同意修建杨凌水电站，电站引用流量 23.49m³/s，装机 5.4MW。批文要求据此编制初步设计文件。

1998 年 7 月，宝鸡峡引渭灌溉管理局与西北勘测设计研究院签订了《陕西省杨凌水电站工程初步设计、招标设计、施工图设计委托设计合同书》。为此，西北勘测设计研究院积极组织人力，投入初步设计工作。本设计阶段主要依据《水利水电工程初步设计报告编制规程》（DL 5021—93）、可研阶段的审查意见及合同要求的内容和深度进行设计，并据此编制了本初步设计报告。

地质勘探工作由业主委托陕西省水利水电勘测设计研究院地质勘测总队完成。勘探工作从 1998 年 6 月开始，1998 年 7 月底全部结束。

5.1.1.2 水文、泥沙

1. 流域概况

渭河发源于甘肃省渭源鸟鼠山，流经陇西、武山、甘谷、天水等地，在天水牛背沟附近进入陕西省，下行 58km，于宝鸡县硖石乡林家村出宝鸡峡峡谷。林家村水文站（宝鸡峡引渭渠首）以上流域面积 30661km²，多年平均降水量 440～606.7mm，年平均蒸发量

$1217\sim1657$mm，多年平均年径流量 23.8 亿 m³。流域地形地貌分为黄土丘陵沟壑区、土石山区以及河谷川台区。

宝鸡峡灌区西起渭河峡谷林家村，东至泾河，北接冯家山灌区和羊毛湾灌区，南介渭河，总面积 2355km²。灌区分为以林家村引水的塬上灌区和以魏家堡引水的塬下灌区，塬上、塬下灌区地形落差约 200m 左右。杨凌水电站位于宝鸡峡塬下北干渠 22＋449m 处，其发电用水主要是塬下北干渠灌溉期的多余水量及非灌溉期水量，并利用北干渠与漆水河落差发电。

2. 气象

杨凌电站位于陕西省杨凌农业示范区内，属半干旱的大陆性气候。该处年平均气温 14℃，极限最高 43℃，最低－21.5℃。年平均无霜期 220d。该处年平均降雨量 570mm，最大 1146mm，最小 243mm。春季易旱、秋季易涝。7 月、8 月、9 月 3 个月的降雨量约占全年的 51%，且多以暴雨形式出现。年平均蒸发量为 1380mm。

3. 水文

（1）水文测站及资料。杨凌水电站从渭河魏家堡渠首枢纽工程引水，通过宝鸡峡塬下北干渠作为电站引水渠，尾水退入漆水河。因此，本电站的水文特性受制于渭河和漆水河的水文特性及灌区灌溉用水的控制。

灌区段渭河现有林家村、魏家堡及咸阳 3 个水文站，各站水文资料较全，均有大于 60 年的水文资料，测站分别建立于 1934 年 1 月、1937 年 5 月、1931 年 6 月。

漆水河流域的控制测站为柴家咀站，设立于 1955 年 7 月，于 1971 年撤销。

（2）年径流。魏家堡水文站 $1944\sim1996$ 年多年平均实测年径流量 34.62 亿 m³，还原后的平均年径流量 39.27 亿 m³，经与渭河林家村、咸阳站径流成果相比较，其年径流系列的代表性较好。

依据可研报告的批复意见，本次设计采用 $1978\sim1996$ 年魏家堡渠首枢纽的引水资料及灌区灌溉实际用水资料，推算杨凌电站平均年可发电水量 4.06 亿 m³。

4. 洪水

本电站洪水主要指漆水河洪水，利用漆水河柴家咀水文站资料，通过洪水调查、洪水计算，杨凌电站厂房设计洪水位（$p＝3\%$）448.99m，相应洪峰流量 2070m³/s，校核洪水位（$p＝2\%$）449.52m，相应洪峰流量 2790m³/s。

5. 泥沙

杨凌水电站的泥沙来源主要为渭河魏家堡渠首以上流域及魏家堡退水。根据魏家堡水文站 $1978\sim1996$ 年 19 年泥沙资料统计，多年平均悬移质输沙量 9427 万 t，多年平均含沙量 34.7kg/m³。其中汛期输沙量 8552 万 t，占年输沙量的 90.7%，汛期平均含沙量 51.2kg/m³。

杨凌电站设计引水流量为 23.49m³/s，由逐日的发电引水流量及魏家堡水文站实测的资料计算得出灌溉渠道引入电站的过机沙量为 713 万 t，占魏家堡站年输沙量的 7.6%。汛期过机沙量为 613 万 t，占年平均过机沙量的 86%。多年平均过机含沙量 18.4kg/m³，$6\sim9$ 月平均过机含沙量 36.4kg/m³，$7\sim8$ 月平均含沙量 51.7kg/m³。

106

6. 工程泥沙问题及防沙措施

杨凌电站过机含沙量大（多年平均 18.4kg/m³）。但泥沙颗粒较细，中数粒径为 0.02mm，粗沙含量少。悬沙中 $d \geqslant 0.25$mm 的泥沙只占 2.2%，加之电站水头较小，仅 28.7m。电站处不设沉沙池，但在前池内设导沙墙及排沙孔，主要防止沿渠道两岸落入的泥沙及渠首引入的部分粗沙进入机组。

5.1.1.3 工程地质

杨凌水电站站址区位于渭河北岸的漆水河右岸，地势自东向西逐渐抬升，由北向南呈阶梯式变低，地貌横跨渭北黄土塬与漆水河一级阶地两个单元，地面高程自西向东由 476.7m 降为 446.2m。

电站前池、压力管道均位于黄土台塬上，其上部由上更新统风积土层及古土壤组成，下部为中更新统风积黄土状壤土及古土壤，该处土层完整，整体稳定较好，上部黄土有湿陷性。

电站厂房位于漆水河右岸一级阶地上，主厂房基础坐落在砂砾石层上，其承载力为 0.3MPa，砂砾石层厚 2.3～2.7m。厂房处地下水位高程为 438.05～438.33m，低于厂房建基面高程。

根据国家地震总局和建设部震发办（1992）160 号文所颁发的"中国地震烈度区划图（1990）"，站地区地震基本烈度为 Ⅶ 度。

5.1.1.4 工程任务及规模

杨凌水电站是利用宝鸡峡引渭灌溉工程的塬下北干渠作引水渠，利用塬下北干渠非灌溉期的弃水和灌溉期的多余水量进行发电的水电站工程。塬下北干渠每年多余水量约 7 亿 m³，北干渠与漆水河落差近 30 余米，利用这部分水量发电是挖掘现有工程潜力，充分利用水资源的必然结果，开发难度较小，具有明显的经济效益。

本工程运行受灌区灌溉用水总体分配的限制，电站无保证出力。

电站可用水量采用 1978～1996 年的实测资料进行逐年逐月逐日计算，电站可用水量为 4.06 亿 m³。电站最小发电流量按 4.0m³/s 控制。平均每年可发电天数为 260d，占年总天数的 71.2%。按电站设计引用流量 23.49m³/s 统计，平均满发天数为 110d，占年总天数的 30.1%。

本工程建成后，并入咸阳地区电网，可以为电网提供年电量 2531 万 kW·h。

电站最大工作水头为 29.85m，最小工作水头 28.69m，设计工作水头 28.7m。

电站最大发电流量（即设计流量）为 23.49m³/s，相应下游水位 443.11m。最小流量（半台机运行）为 4.0m³/s，相应下游水位 441.58m。

本电站设计装机容量为 5.4MW，年发电量 2531 万 kW·h，年利用小时数为 4687h，属小型电站，效益显著。

5.1.2 水文

5.1.2.1 流域自然地理概况

渭河发源于甘肃省渭源县鸟鼠山，向东流经甘肃省的陇西、甘谷、天水等地，于天水县牛背沟附近进入陕西省，下行 58km 在陕西省宝鸡县碛石乡林家村出宝鸡峡峡谷进入陕西关中平原。渭河在此经宝鸡峡引渭灌区后继续东行，流过西安、渭南、华县于潼关处汇入黄河。

渭河流域的地形地貌大致可分为三种类型：

（1）黄土丘陵沟壑区。主要分布在流域中部、西部和北部。其特点是黄土深厚，土质松软，丘陵起伏，沟壑纵横，植被稀少，降雨集中，干旱发生频繁，是水土流失严重区。

（2）土石山区。分布在流域东部和南部的边缘地带，一般宽度为 10～20km。该区山势宏伟，形势险要，多为稀疏稍林，岩石露头多，高寒阴湿，多年降水量为 600～700m，无霜期短，水土流失比较轻。

（3）河谷川台区。主要分布在渭河干支流的中、下游地带，一般宽度为 1～2km。该区土地平坦、肥沃，气候温和，无霜期较长，是农业和工业基地区。

宝鸡峡灌区是一项引渭河水，灌溉 300 万亩农田的大型水利工程。该灌区位于北纬 $34°9'\sim34°44'$，东经 $106°51'\sim108°48'$ 的陕西关中平原西部，西起宝鸡以西渭河峡谷的林家村，东至泾河，北接冯家山水库灌区和羊毛湾灌区，南界渭河，总面积 2355km²。

宝鸡峡灌区分为林家村渠首引水的塬上灌区和魏家堡渠首引水的塬下灌区。灌区地形西北高东南低，海拔在 400～600m，塬上塬下地形高差约 200m。灌区地貌大体分为塬下的渭河阶地和塬上黄土台塬区两大部分。

杨凌电站位于陕西省杨凌示范区川口村北漆水河西岸、宝鸡峡塬下北干渠桩号 22＋449km 处，是一个利用北干渠川口退水落差，引用塬下灌区非灌溉期水量和灌溉期间的多余水量进行发电的引水式渠道电站。

漆水河位于渭河左岸东经 $107°38'\sim108°5'$，北纬 $34°15'\sim34°50'$ 之间，发源于陕西省麟游县招贤镇以北的斜梁，由北向南至良舍附近折向东流，经麟游县城、乾县，在武功镇附近分别在左、右两岸有大北沟和沣水两大支流汇入，并于武功县张堡村处流入渭河。

漆水河流域呈扇形，其支流呈羽形分布，流域平均高程约 1190m，除部分土石山区植被较好外，大部分为黄土高原沟壑及黄土台塬区，植被较差，水土流失严重。该流域面积 3824km²，干流总长 151.6km，河道平均比降 4.73‰。

5.1.2.2　气象

宝鸡峡灌区及漆水河流域属暖温带气候，冬季少雨雪，夏季多雷阵雨。多年平均气温 14℃左右，极端最高气温 43℃，极端最低气温 -21.5℃，流域多年平均降水量为 650mm，多年平均蒸发量约为 1380mm。

5.1.2.3　水文资料

由于杨凌电站是利用宝鸡峡灌区的北干渠的灌溉期多余水量和非灌溉期水量进行发电的引水式渠道电站，其尾水入漆水河。因此，漆水河的洪水直接影响电站厂房的防洪设计。

在宝鸡峡灌区流域，渭河干流的水文站有林家村站、魏家堡站和咸阳站；漆水河上有柴家咀站。林家村站设立于 1934 年 1 月，原名太寅站，1959 年 7 月改名为林家村站，该站基本水尺断面设立时位于太寅沟下游约 200m 处，曾分别于 1945 年 1 月、11 月、1948 年 1 月和 1965 年 1 月有过变动，但断面变迁范围仅数百米，故各时段实测资料合并统计。

魏家堡站设立于 1937 年 5 月，在 40 年代和 50 年代曾 5 次迁移，但断面移动距离均不大。该站自 1946 年以后有径流泥沙整编资料。

咸阳站于 1931 年 6 月由中华民国陕西省水利局设立,1949 年 7 月由黄河水利委员会接管,1957 年 6 月 25 日上迁 2600m 至西兰公路桥观测至今。

根据 1971 年的重新量算,林家村站、魏家堡站和咸阳站的集水面积分别为 30661km²、37006km² 和 46827km²。

漆水河流域的控制站为柴家咀站,该站设立于 1955 年 7 月 1 日,原名段家湾站,1957 年 1 月 1 日基本断面下迁 300m,1958 年 8 月 1 日改为柴家咀站。该站集水面积 3795km²,至河口距离 12km。该站于 1971 年撤销。

上述各站均为国家基本站,资料观测及整编符合规范要求,资料精度较高。

5.1.2.4 年径流

由于林家村站以上流域及林家村~魏家堡区间流域水资源开发利用历史较长,如渭惠渠早在 1937 年就已建成,为使实测径流资料系列基础一致,需进行还原计算。

1. 径流还原计算

(1) 林家村。林家村站的还原主要考虑了农业灌溉水、工业和人畜生活用水的还原。

农业灌溉水根据甘肃省和陕西省的调查,灌溉水回归系数采用 0.2,灌溉面积由调查到部分年份实灌面积插补延长得 1944~1994 年 (51 年) 流域实灌面积,灌溉定额采用净定额 192m³/亩,毛定额 427m³/亩,由公式 $W_农 = MA (1-\beta)$ 求得净耗水量,并将其他按月用水分配额分配至各月。

工业灌溉用水采用综合万元产值耗水定额,采用公式 $W_工 = YS/10^4$ 求得年耗水量扣除地下水后平均分配到各月,流域内的工矿企业用水 300m³/万元,乡镇企业为 100m³/万元。

城市、乡镇人口及牲畜耗水为:城镇人口 60L/(人·d),农业人口 25L/(人·d)、大牲畜 30L/(头·d)、小牲畜 8L/(头·d),根据上述定额采用公式 $W_生 = 0.365Y_1R_1$,计算得年耗水量再平均分配到各月。

经还原计算得 51 年 (1944~1994 年) 天然径流量为 25.50 亿 m³,其中实测平均径流量 24.0 亿 m³,多年平均净还原水量 1.5 亿 m³,农业还原水量占总还原水量的 94.6%,而工业和人畜还原水量占总还原水量的 5.4%。

(2) 魏家堡站。林家村以上的用水还原采用林家村站还原成果;林家村~魏家堡区间工农业用水采用该成果按扩大系数法进行估算;冯家山和石头河灌区的用水资料采用水库运行后的入库、灌溉用水等进行调节计算,宝鸡峡灌区用水采用林家村渠首逐日引水量和林家村~魏家堡区间各退水的实测退水资料计算。

魏家堡站 1944~1996 年多年平均实测年径流量 34.62 亿 m³,还原后的 1944~1996 年多年平均年径流量为 39.27 亿 m³。

2. 径流系列的代表性分析

由 1944~1996 年魏家堡站年径流系列绘制的多年平均年径流过程线图上可看出,52 年资料系列中包含有丰、平、枯水段,丰水段有 1961~1969 年和 1981~1985 年,枯水段有 1949~1951 年和 1970~1974 年。对照林家村站径流量系列 (图 5.1),其丰、平、枯时段与林家村站基本相应。

从魏家堡站均值和变差系数看,随着资料系列的增加,该站的均值和变差系数趋于

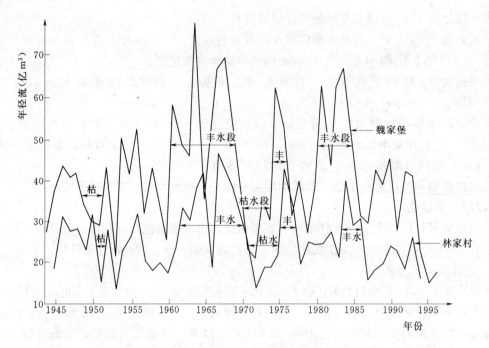

图 5.1　林家村、魏家堡站多年年径流系列过程对照

稳定。

由此说明魏家堡站的年径流系列的代表性是较好的。

3. 年径流成果

根据魏家堡站 1944～1996 年资料系列进行频率计算，各统计参数用矩阵法估算，采用皮尔逊Ⅲ型曲线适线得该站年径流量设计成果（表 5.1），频率曲线如图 5.2 所示。

表 5.1　　　　　　　　　魏家堡站年径流频率计算成果表

均值	C_v	C_s/C_v	年 径 流 量（亿 m^3）				
			$p=25\%$	$p=50\%$	$p=75\%$	$p=90\%$	$p=95\%$
41.0	0.37	2.0	52.93	39.14	28.01	23.15	19.61

将魏家堡站和林家村站、咸阳站的年径流设计参数相比较，林家村站均值为 25.5 亿 m^3，C_v 值为 0.34；咸阳站的 C_v 值为 0.40；而上述各站 C_s/C_v 值均为 2.0。魏家堡站位于林家村和咸阳站之间，其 C_v 值采用 0.37 和 C_v/C_s 采用 2.0 是符合地区变化规律的。

电站可引水量及其统计成果见 5.1.1.4。

5.1.2.5　洪水

杨凌电站厂房尾水渠直接进入漆水河，厂房校核洪水标准为 50 年一遇。因此必须计算漆水河设计洪水。而厂址位于北渠上，渭河洪水对其并无影响，设计不予考虑。

1. 暴雨洪水特性

漆水河流域地处大陆腹地，远离海洋，水汽的主要来源是从秦岭西缘进入的暖湿气流，当北方或西北方冷空气南下与暖湿气流交汇，高空形成切变线或低涡时，即可产生暴雨或大暴雨。

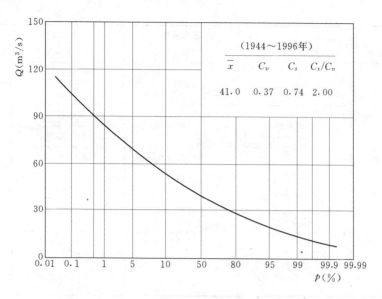

图 5.2　魏家堡站年径流频率曲线

漆水河洪水是由暴雨形成，该流域发生暴雨的最早月份为 4 月，最迟到 10 月，但量级和强度较大的暴雨一般均发生在 7～9 月。

漆水河的洪水过程一般为 3d，主峰过程一般为 1d。根据 1957～1970 年柴家咀水文站实测洪水资料分析，洪水涨峰很快，一般均小于 8h 时，当洪水峰值超过 150m³/s 时，峰型尖瘦，且陡涨陡落。

根据实测资料统计，年最大洪峰值发生在 4 月、5 月、7～8 月、9 月、10 月的概率分别为 6.7%、13.3%、53.3%、13.3% 和 13.3%。汛期 4～10 月，主汛期为 7～8 月。

2. 历史洪水

漆水河中、下游自 1953 年起，先后由陕西省水利勘察队、黄河水利委员会、陕西省水电设计院及咸阳地区水电局等单位多次进行过大量历史洪水调查，并于 1982～1984 年，由陕西省水电厅组织了整编，并刊印出版了《陕西省洪水调查资料》。漆水河中、上游近百年来曾发生过 4 次大洪水，即 1920 年、1901 年、1933 年、1954 年，其中以 1920 年洪水最大。如好时河村（集水面积 1007km²）1920 年和 1933 年调查历史洪水流量分别为 2260m³/s 和 1480m³/s。龙岩寺（集水面积 1125km²）1920 年和 1933 年调查历史洪峰流量分别为 2030m³/s 和 975m³/s 等。该流域洪水调查成果见表 5.2。

表 5.2　　　　　　　　　　漆水河流域洪水调查成果表

河　名	河　段	集水面积 （km²）	发生时间 （年.月.日）	流　量 （m³/s）
大北沟	袁家庄	245	1925.8.3	897
			1954.8.16	547
	周城府	372	1901.8.14	1290
			1925.8.3	1020

河 名	河 段	集水面积 （km²）	发生时间 （年.月.日）	流 量 （m³/s）
漆水河	慈善寺	564	1920	1710
			1933	853
	好时河村	1007	1920.8.18	2260
			1933.7.20	1480
	龙岩寺	1125	1920.8.18	2030
			1933.7.20	978
			1954.8.17	825
	柴家咀	3806	1954.8.17	1850
沣 水	沣环村	2041	1954.8.17	978
			1901	701
			1933.7.20	535

3. 设计洪水

根据柴家咀 1955～1969 年实测资料统计实测最大为 1955 年，洪峰流量为 269m³/s，多年平均洪峰流量为 104m³/s。

由于柴家咀站实测系列太短，又无法进行插补展延。因此，决定不予采用。

（1）历史洪水分析。因柴家咀站调查的历史洪水有 1901 年、1920 年、1925 年、1933 年和 1954 年，根据调查资料分析认为，1920 年是 1901 年以来的首位洪水，定为 100 年一遇，而 1933 年的洪水也略大于 1954 年洪水，故 1954 年洪水为百年以来的第三位，即 33 年一遇。

（2）经验公式估算。由于柴家咀站实测资料系列较短，资料的代表性不好，无法进行频率适线。故杨凌电站设计洪水的计算采用《咸阳市实用水文手册》中的经验公式进行推求，其校核洪峰流量为 2690m³/s。

（3）洪峰流量—汇水面积相关图法推求。根据《咸阳市实用水文手册》中洪峰流量—汇水面积相关图查得，50 年一遇洪峰流量 2900m³/s。由于第 2、3 种计算方法求得的洪峰流量相差很小，并且通过调查历史洪水分析 1954 年洪水相当于 30 年一遇。当采用经验公式计算 30 年一遇洪水值时，其计算值（$Q = 2070$m³/s）与调查值接近，故将（2）、（3）两种方法的计算值取平均作为杨凌电站校核设计洪峰，即 $Q_{p=2\%} = 2790$m³/s。

按照同样方法推算，20 年一遇洪峰流量为 1830m³/s。

漆水河柴家咀水文站以上已建有羊毛湾及大北沟水库，其中大北沟控制流域面积较小，水库防洪库容很小，对调节洪水影响甚微。羊毛湾水库在库水位 635.9m 时，下泄 61m³/s，库水位升至 640.0m 时，敞泄，下泄流量 983.49m³/s，50 年一遇洪峰流量为 1260m³/s。按此情况仅削峰 276.5m³/s。以极限状况，羊毛湾水库削峰量就是柴家咀的削峰值，影响尾水高程不足 0.30m。为电站安全计，设计中留有此余地更好。

5.1.2.6 H—Q 关系线

根据实测断面成果，以 1954 年历史洪水洪痕高程和推算的洪峰流量作控制，将断面分为主槽和滩地两部分，其中滩地主要是农田，且发生"54.8"大水时，滩地种植的玉米已扬花，故滩地糙率取 0.09，并随高程增加逐渐减至 0.06；主槽糙率根据该河段形状、岸边、河床组成及水流情况确定为 0.03；根据实际测量资料，该河段比降很小（因河道主槽呈 S 形），随着流量加大，水位升高，比降将渐渐加大；因此在确定了各计算参数后，采用水力学公式求得杨凌电站厂房尾水断面 $H—Q$ 关系线，成果如图 5.3 所示。

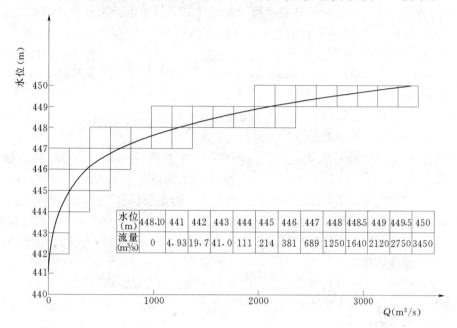

水位(m)	448.10	441	442	443	444	445	446	447	448	448.5	449	449.5	450
流量(m³/s)	0	4.93	19.7	41.0	111	214	381	689	1250	1640	2120	2750	3450

图 5.3　漆水河杨凌电站厂房断面 $H—Q$ 关系曲线

5.1.2.7　泥沙

1. 泥沙来源

杨凌水电站是采用宝鸡峡塬下北干渠川口退水落差，引用魏家堡渠首在非灌溉季节的河源来水及灌溉期多余水量进行发电的引水式渠道电站。其泥沙主要来源于魏家堡渠首以上流域。渠首设有魏家堡水文站，本设计以魏家堡水文站作为设计依据站。

2. 悬移质泥沙分析计算

据魏家堡水文站 1978～1996 年共 19 年实测资料统计，多年平均悬移质输沙量 9429 万 t，平均含沙量 34.7kg/m³。水沙年内分配见表 2.3。沙量年内分配很不均匀，年来沙量主要集中在汛期，汛期 6～9 月输沙量 8552 万 t，占年沙量 90.7%，平均含沙量 51.2kg/m³。其中 7～8 月输沙量 6072 万 t，占年沙量的 64.4%。

悬移质泥沙颗粒级配采用魏家堡水文站实测资料统计分析成果见表 2.4，其中数粒径 0.021mm，平均粒径 0.037mm。

3. 推移质分析

魏家堡水文站推移质测验资料。魏家堡渠旁上游已建有宝鸡峡渠首水库拦截了上游推移质。因此，进入魏家堡渠首的推移质主要来自魏家堡至宝鸡峡渠首区间。区间有两条较大的支流、千河和石头河，千河上已建有冯家山和王家崖水库，石头河上建有石头河水库，使这两条支流的推移质被拦截。只有干流区间和一些小的支流的推移质才能进入魏家堡渠首，但量很少，因此在杨家凌电站设计中未考虑推移质泥沙问题。

4. 杨凌水电站过机泥沙统计分析

电站过机沙量计算是以魏家堡水文站实测泥沙资料为依据，根据引水分流分沙情况进行统计分析。杨凌水电站满发引水流量 23.5m³/s。根据魏家堡水文站 1978~1996 年实测逐日平均含沙量及杨凌水电站逐日发电引水流量计算分析得电站水沙特性参数见表 2.5。多年平均过机沙量 713 万 t，占魏家堡水文站沙量的 7.6%。汛期 6~9 月过机沙量 613 万 t，占年平均过机沙量的 86%。多年平均过机含沙量 18.4kg/m³，汛期 6~9 月过机含沙量 36.4kg/m³，7~8 月过机含沙量为 51.7kg/m³。

5. 工程泥沙问题及防沙措施

杨凌水电站过机含沙量很大，多年平均过机含沙量达 18.4kg/m³，因此，防止粗沙过机对水轮机的磨损是该电站要研究解决的主要泥沙问题。

该电站虽然过机含沙量较大，但泥沙颗粒细，中数粒径为 0.021mm，粗砂含量少，悬沙中 $d \geqslant 0.25$mm 的泥沙只占 2.2%。电站水头也比较小，仅有 28m。因此，泥沙对水轮机磨损程度比上游魏家堡电站要小一些。但是为了防止渠首引入的部分粗沙及推移质过机，在前池内应设置排沙孔、导沙墙等防沙设施。导沙墙可设成曲线型，其高度按在前池最低运行水位时能引到发电流量控制。排沙孔设于进水口右侧，形成有利于引水排沙的正向取水，侧向排沙形式。

前池可采用间歇排沙运行方式，即当泥沙淤积高程接近导沙墙高程时，应开启排沙孔进行排沙，必要时应采取人工或其他设施清理前池泥沙。当电站有弃水时应首先开启排沙孔排沙，使其尽可能减少粗砂过机。

前池排沙应在实际运行中不断总结研究，摸索出符合本电站实际的排沙运行方式，以充分发挥电站效益。

在水轮机的选择中要充分考虑泥沙磨损影响。

5.1.3 工程任务和规模

5.1.3.1 工程建设的必要性

宝鸡峡灌区目前是陕西省最大的灌区，该灌区由塬上、塬下两个灌溉系统组成。宝鸡峡魏家堡引水枢纽，是一个无调节能力的低坝引水工程，担负着塬下 114.3 万亩农田的灌溉引水任务，灌区由总干渠和南、北干渠及相应的配套工程组成。总干渠和南、北干渠的设计引水能力分别为 55m³/s、30m³/s 和 25m³/s。南、北干渠灌溉面积分别为 56.42 万亩和 57.88 万亩，年灌溉需水量约 2.1 亿~2.9 亿 m³。由于目前渭河干流缺乏控制性调节工程，河流天然来水和灌溉用水之间存在一定的矛盾，使得汛期和非灌溉季节大量弃水，而灌溉季节又水量不足，水资源利用程度较低。虽然宝鸡峡林家村渠首加闸工程已开始实施，但只是一个库容较小的季调节水库，调节库容仅 3800 万 m³，库容系数仅 0.015，水库调节能力十分有限。因此魏家堡引水枢纽主要依靠渭河来水和塬上干渠通过魏家堡退水以退水方式为塬下灌区补水来满足塬下灌区的灌溉需水要求。

通过多年来的运行经验，特别是宝鸡峡塬上灌区及冯家山、石头河水库建成后的实际运行资料统计，由于受河流水文特性的影响，魏家堡枢纽多年平均弃水量达 24 亿 m³，最大年弃水量达 51 亿 m^3。但是，由于缺乏水量调节，在灌溉季节又存在水量严重不足的矛盾，多年平均缺水约 4000 万～5000 万 m^3，在干旱年份缺水达 9000 万～10000 万 m^3。从实际运行可以看出，灌区存在着灌溉期严重缺水，又在非灌溉期有大量弃水的矛盾。因此，从充分利用渠道工程设施和水能资源出发，提高水利工程的综合利用效益，利用非灌溉季节的多余水量，建设水电站是必要、经济和可行的。

杨凌电站是一座引水式水力发电站，电站位于陕西省宝鸡峡塬下灌区北干渠漆水河退水闸处，距渠首引水枢纽约 39.30km，距杨凌城区约 6km，公路直通电站，交通十分便利。渠首引水枢纽位于渭河干流眉县魏家堡水文站下游约 1km 处，是一座无调节低坝引水枢纽，渠首最大引水能力为 55m^3/s。该电站是在已建灌溉工程的基础上，利用非灌溉期的灌溉弃水进行季节性发电的工程，杨凌电站充分利用已建的宝鸡峡塬下北干渠的灌溉渠道和渭河的多余水量发电，不但可提高水利工程的综合利用效益和渠道利用率，降低供水成本，而且使河段的水力资源得到了充分的利用，对减少燃料资源消耗和环境污染是有利的。因此，从社会效益和经济效益两方面都是可行和必要的。

5.1.3.2 水利与动能计算

1. 基本资料

径流资料采用 1978～1996 年魏家堡水文站和魏家堡退水闸实测逐日平均流量成果，灌溉用水采用 1978～1996 年魏家堡渠首逐日实测引水资料。塬下总干渠及北干渠的渠道引水能力采用设计值分别为 55m^3/s 和 25m^3/s，渠道水量利用系数分别为 0.975 和 0.980。渠道引水最大含沙量按 20％控制。根据宝鸡峡灌区的多年运行状况，渠道检修时间按 30d 考虑，检修期为每年的 4 月 10 日至 5 月 10 日。水利计算采用的计算时段为日；出力系数采用 8.0；下游水位流量关系曲线根据尾水渠设计断面计算，成果如图 5.4 所示。发电引水系统水头损失曲线如图 5.5 所示。

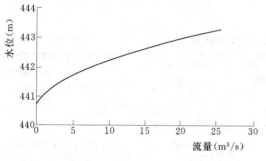

图 5.4 电站下游水位—流量关系曲线　　图 5.5 发电引水系统水头损失曲线

2. 计算原则

由于魏家堡枢纽以上已建成了宝鸡峡塬上灌区和冯家山、石头河灌区和水库，实测径流与天然径流发生了较大的变化，径流还原和用水调节计算均存在很多人为因素影响，计算难度大，有一定误差，较难全面、客观和准确地反映魏家堡断面实际来水与上游用水的情况；同时，这些工程从 20 世纪七八十年代先后建成运行后，已运行了一定的时间，积累了大量的实际运行资料。根据对可行性研究报告的批复意见和对魏家堡水文站的实测径流和上游用水情况的调查、计算和分析成果，认为采用1978～1996年魏家堡水文站的实测径流资料进行水利计算，基本可反映上游灌区用水和调节对该断面来水的影响。因此，在本阶段采用1978～1996年魏家堡水文站实测日径流资料和相应的魏家堡日退水资料作为魏家堡枢纽的资料系列，按时历法进行水利计算。

魏家堡枢纽是一个灌溉引水枢纽，其主要任务是灌溉，同时，由于灌区位于半干旱地区，灌溉对农业生产影响很大。因此，杨凌电站的水利计算原则是以灌溉为主，结合发电。即在充分满足灌溉要求和兼顾南干渠已建电站发电用水的前提下，充分利用渠道的引水能力，利用非灌溉季节和汛期的多余水量进行发电。灌溉用水根据相应的1978～1996年魏家堡引水枢纽的逐日实测引水量，作为塬下灌区的灌溉用水量进行计算。

3. 计算方法与成果

根据水利计算的原则和基本资料，水利计算采用时历法逐日计算。渠道的引水量根据河流来水、来沙以及渠道的引水能力等条件，计算渠首可引水量，将可引水量扣除渠道沿程输水损失后，进行水量平衡和电站能量指标计算。电站可用水量按渠首可引水量扣除灌溉用水、南干渠发电用水和渠道损失后计算所得，发电最小流量按$4\mathrm{m}^3/\mathrm{s}$控制。

电站出力计算公式为 $$N = AQH$$

式中　A——综合出力系数，本次计算采用8.0；

　　　Q——发电流量；

　　　H——发电净水头。

发电净水头为干渠来水量和发电引水量相应的上、下游水位之差，扣除发电引水系统水头损失计算结果，电站多年平均发电量为2531万kW·h。

灌区用水与电站发电用水水量平衡成果见表5.3，发电可用流量历时保证率成果见表5.4及图5.6。电站不同来水年份发电可用水量统计成果见表5.5。电站装机保证率及电量累积曲线如图5.7所示。

表5.3　　　　　　　　　　　1978～1996年水量平衡成果表　　　　　　　　单位：万m³

年份	枢纽来水量	可引水量	北干用水量（灌溉）	南干用水量（含灌溉）	电站可用水量	弃水量
1978	289256.57	98649.96	22967.31	6635.39	34812.65	34234.63
1979	216014.52	104155.98	17990.27	5214.56	37413.60	43537.55
1980	257958.87	97913.73	18595.25	15046.66	37293.40	26978.42
1981	447696.89	86889.89	19553.36	14016.05	31889.57	21430.90
1982	207212.77	100076.08	17385.29	7423.85	40325.25	34941.70
1983	497234.42	113874.42	22638.70	16107.63	48022.75	27105.35
1984	543337.03	129543.24	11234.62	20568.99	54389.46	43350.17
1985	397279.67	132913.70	15793.94	14893.18	54630.98	47595.60
1986	186687.76	85511.64	19371.31	15770.80	37665.84	12703.68
1987	168235.92	72466.19	13295.30	12164.43	30839.13	16167.33
1988	319203.23	112536.08	8378.00	17532.37	50960.98	35664.73

续表

年份	枢纽来水量	可引水量	北干用水量 （灌溉）	南干用水量 （含灌溉）	电站 可用水量	弃水量
1989	272471.25	114929.06	12592.89	16521.69	50842.46	34972.01
1990	354458.68	115773.93	11880.09	11284.80	48670.95	43938.09
1991	169265.55	89886.33	13888.98	15105.47	39648.66	21243.21
1992	282173.59	99165.95	13675.15	8849.09	41992.62	34649.09
1993	309546.92	129721.91	16234.89	17408.44	52724.36	43354.23
1994	121555.64	72298.66	13612.52	10044.20	33672.92	14969.02
1995	52888.98	44816.28	15888.29	6131.05	18318.35	4478.59
1996	81931.65	61487.77	11880.09	7558.70	27728.16	14320.82
平均	272337.36	98032.15	15624.01	12540.91	40623.27	29243.95

表 5.4　　　　　　　　　　　　　电站日平均流量统计表

流量（m³/s）	0～4	4～5	5～10	10～15	15～18	18～20	20～22	22～23.5	＞23.5
历时（d）	105	11	52	39	19	14	10	5	110
频率（%）	28.7	3.01	14.25	10.68	5.21	3.84	2.74	1.37	30.10

表 5.5　　　　　　　　　　　　电站发电年可用水量统计表

频率（%）	25	50	75	90	平均
年水量（亿 m³）	5.21	4.07	3.49	2.97	4.23

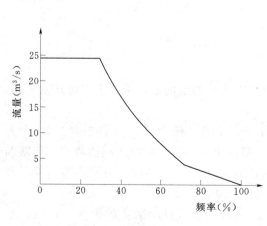

图 5.6　发电可引流量保证率曲线

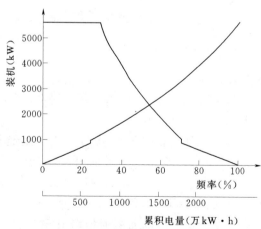

图 5.7　电站装机保证率及电量累积曲线

5.1.3.3　装机容量与机组机型选择

根据陕西省水利厅对电站可行性研究报告的批复意见，电站设计引水流量为 23.49m³/s，结合本次设计的有关水头、动能计算与机组机型选择成果，选择三台单机容量 1.8MW 机组，电站装机容量 5.4MW。电站多年平均发电量为 2531 万 kW·h，装机利用小时 4687h，电站运行以满足灌溉用水为基础。

根据电站发电可用水量统计成果和机组特性，当电站可发电流量小于 $4m^3/s$ 时电站不发电，平均年停机时间约 105d，平均发电时间 260d，约占全年天数的 71.2%，按机组设计引水流量统计，年平均满发天数为 110d，占 30.1%。

表 5.6　电站主要水能指标表

项目	单位	指标
装机容量	MW	5.4
年发电量	万 kW·h	2531
利用小时	h	4687
最大水头	m	29.85
最小水头	m	28.69
平均水头	m	29.44
设计水头	m	28.7

从电站发电利用小时和电站发电运行统计成果分析，电站装机容量 5.4MW，设计引水流量 $23.49m^3/s$，基本充分利用了已有渠道引水能力，从经济上和技术上都是合适的。

杨凌电站引水断面干渠渠底高程为 471.067m，设计水位 473.467m，电站前池设计水位 473.417m。电站最大水头 29.85m，小水头 28.69m，平均水头 29.44m，根据电站的运行特性，设计水头取 28.70m。电站主要水能指标见表 5.6。

根据电站的水头和运行特性，机组台数选定为 3 台，单机容量 1.8MW，水轮机型号为 HLa551 - LJ - 110，发电机型号为 SF1800 - 10/2600。

案例 5.2　坝式（径流式）水电站水能计算

【学习提示】　本案例为坝式无调节水电站的水能计算。水文计算是将参证站——林家村水文站的天然径流分析成果按面积比拟法折算到设计水电站坝址处。电站类型是低坝引水式的发电站，枢纽工程无调蓄能力，所以只能靠河道来水进行发电。

5.2.1　流域概况

5.2.1.1　自然地理概况

颜家河水电站位于宝鸡市颜家河乡，是渭河干流陕西境内最上游的水资源开发工程，控制流域面积 $29348km^2$。

渭河发源于甘肃渭源县鸟鼠山，流经甘肃、宁夏、陕西三省（自治区）26 个县（市），全长 818km，总流域面积 6.24 万 km^2。渭河由宝鸡风阁岭流入陕西境内，于陕西潼关港口东汇入黄河，陕西境内河长 502km，流域面积 3.32 万 km^2，分别占渭河全长和总流域面积的 61.4% 和 53.2%，是关中地区的主要地表水资源。

颜家河水电站以上渭河横跨甘肃、宁夏、陕西三省（自治区）的天水、定西、平凉、武都、固原、宝鸡 6 个地区共 20 个县（市）。其中甘肃省有渭源、陇西、武山、甘谷、通渭、静宁、漳县、秦安、张川、清水、庄浪、岷县、会宁、临洮、天水市、天水县共 16 个县（市），总流域面积 $25708km^2$，占林家村以上总流域面积的 87.59%；宁夏回族自治区有西吉、固原、隆德三县，流域面积 $3250km^2$，占总面积的 11.07%；陕西省有宝鸡县几个乡镇，流域面积 $390km^2$，占总面积 1.3%。该电站以上渭河全长

389km，平均比降 3.1‰。

　　由于电站以上宁夏、陕西所占流域面积较小，故主要将甘肃省渭河流域情况加以介绍。据 1989 年甘肃省渭河流域规划知，1980 年甘肃省渭河流域总耕种地面积 1233.13 万亩，草原面积 173.39 万亩，林地 228.9 万亩，山地耕种面积 1128.8 万亩，川地耕种面积 104.39 万亩。现状有效灌溉面积 112.39 万亩，流域人口 390.58 万人。

　　流域多年平均降水量 440～606.7mm，年蒸发量 1271～1657mm，无霜期 158～206d，作物主要以小麦为主，其次是玉米、高粱、大麦、黑麦等，经济作物为胡麻、甜菜、葵花和瓜果等类。

　　流域地形地貌大致可分为三种类型区：

　　(1) 黄土丘陵沟壑区。主要分布在流域中部、西部和北部，共 17372km²，占总流域面积的 67.5%。其特点是黄土深厚，土质松软，丘陵起伏，沟壑纵横，植被稀少，暴雨集中，干旱频繁，是水土流失严重区。

　　(2) 土石山区。分布在流域东部和南部的边缘地带，一般宽度为 10～20km，流域面积 6553km²，占总流域面积的 25.6%。该区山势宏伟，形势险要，多为稀疏稍林，岩石露头多，高寒阴湿，多年降水量为 600～700mm，无霜期短，水土流失比较轻。

　　(3) 河谷川台区。共 1783km²，占总流域面积的 6.9%。主要分布在渭河干支流的中、下游地带，一般宽度为 1～2km。该区土地平坦、肥沃，气候温和，无霜期较长，水利、交通条件良好，是农业和工业基地区。

5.2.1.2　水文资料

　　渭河林家村站于 1934 年 1 月设立，原名称太寅站，1959 年 7 月改名为林家村站。测站变动情况为 1945 年 1 月太寅站基本断面上迁 100m，同年 11 月又上迁 100m，到 1948 年又上迁 100m，直到 1965 年元月下迁 300m 至今。因控制流域面积受基本断面变迁影响不大，故水文资料均可合并统计。至今共有不连续的 68 年的径流、洪水、泥沙资料（1934～2001 年）。

　　该站上游干流有南河川水文站，位于甘肃省天水县南河川乡刘家庄，于 1944 年设立，控制渭河流域面积 23385km²，至今有不连续的 59 年径流、泥沙系列。下游有陕西省水文总站设立的魏家堡、黄河水利委员会设立的咸阳水文站，它们分别设于 1937 年、1931 年。魏家堡站仅有 1946 年以后的径流泥沙整编成果。咸阳站控制流域面积 37006km²，有 1934～2001 年不连续的 68 年的径流、泥沙系列。

　　由于颜家河水电站无实测资料，根据上述情况，本次水文分析拟以林家村水文测站为参证站，对颜家河水电站进行水文分析。

5.2.2　径流分析

5.2.2.1　参证站（林家村）径流还原

　　渭河流域林家村以上水资源开发利用历史久远，但由于受历史条件限制水利事业发展较为缓慢。新中国成立以后，特别是 50～80 年代水资源开发得到了迅速发展，但这些已被利用的水资源没有包含在林家村测站的实测径流内，使各年实测的径流资料系列基础不够一致。因此这些实测资料原则上不能直接应用数理统计方法进行分析研究，而应将受不同程度人类活动影响的径流资料，通过还原计算，达到具有一致性的资料后才能进行分析计算。影响径流变化的人类活动措施是多样的,本次设计中,主要考虑农业灌溉用水、工业和人畜生活用水的还原。

径流还原计算采用分项调查法,各年天然径流量与实测径流量、还原水量间的水量平衡方程式为

$$W_{天然} = W_{实测} + W_{还原}$$

$$W_{还原} = W_{农灌} + W_{工业} + W_{生活}$$

式中 $W_{天然}$——计算断面天然径流量;

$W_{实测}$——计算断面实测径流量;

$W_{还原}$——计算断面以上的还原径流量;

$W_{工业}$——计算断面以上工业、乡镇企业耗水量;

$W_{农灌}$——计算断面以上农业灌溉耗水量;

$W_{生活}$——计算断面以上人及牲畜耗水量。

林家村水文站以上共涉及陕西、甘肃、宁夏三省(自治区),由于陕西和宁夏两省(自治区)所占流域面积较小,流域主要耗水量是甘肃省。故本次设计中只考虑甘肃省的水量还原。

1. 农业灌溉净耗水量计算

$$W_{农} = MA(1 - \beta)$$

式中 $W_{农}$——农业灌溉净耗水量,万 m^3;

M——毛灌溉定额,m^3/万亩;

A——实灌面积,万亩;

β——灌溉水回归系数。

净灌溉定额取 192m^3/亩,毛灌溉定额取 427m^3/亩($\eta = 0.45$),灌溉回归水系数取0.2,农灌水量的月分配见表5.7。

表 5.7 　　　　　　　　　甘肃省农业灌溉用水月分配表

月份	1	2	3	4	5	6	7	8	9	10	11	12	全年
比例(%)	—	—	11.02	12.9	16.14	20.28	23.19	6.17	—	—	10.30	—	100

2. 工业净耗水量计算

工业耗水量采用综合万元产值耗水定额计算,计算公式为

$$W_{工} = YS/10000$$

式中 $W_{工}$——工业用水净耗水量,万 m^3;

Y——工业综合万元产值耗水定额,m^3/万元;

S——工业年产值,万元。

甘肃省渭河流域工业类别主要是机械制造、电子仪表、建材、烟草,其次是冶金、纺织、煤炭、化工等门类。主要工业分布在天水及渭河干流川台区。

本次还原计算采用的综合万元产值耗水定额 300m^3/万元,乡镇企业为 100m^3/万元。流域工矿及乡镇企业年产值根据实际调查采用不变价将现值统一折到基准年

1980 年。根据拟定的流域万元产值耗水量和历年调查的工业及乡镇企业年产值，求得的历年工业净耗水量再扣除地下水部分的用水量后，平均分配到各月即为工业还原水量。

3. 城市、乡镇人口及牲畜耗水量计算

采用城市、乡镇及牲畜生活用水综合定额法计算，计算公式为

$$W_生 = 0.365Y_1R_1$$

式中　$W_生$——人畜生活耗水量，万 m³；

　　　　Y_1——人或牲畜耗水定额，L/〔人（头、只）·d〕；

　　　　R_1——万人（头、只）。

本次拟定为：城镇人口 60L/（人·d），农业人口 25L/（人·d），大牲畜 30L/（头·d）、小牲畜 8L/（头·d），以此所计算的年耗水量再平均分配到各月。

根据甘肃省调查资料和陕西省经验，其工业和人畜生活用水中地表和地下水分配比例拟定见表 5.8。

表 5.8　　　　　　　　　　地表和地下水分配比例

用水类型 项　目	农村生活	城镇生活	工业	大牲畜	小牲畜	备注
地表水占（%）	10	20	20	10	10	
地下水占（%）	90	80	80	90	90	

根据拟定的用水标准和历年城镇、农村人口、大小牲畜头数的年统计资料计算用水量扣除地下水部分即为人、畜净耗水量。

4. 林家村天然径流量组成

按上述农灌、工业及人畜还原水量分配到年内各月与林家村相应年份实测月径流过程（河渠之和）相加，即得 1944～2001 年天然径流量。

5.2.2.2　参证站（林家村）天然径流分析计算

1. 年径流特征值分析

采用水利年（10 月至次年 9 月）对林家村径流进行分析，用我国现行水文计算规范规定的皮尔逊Ⅲ型（P—Ⅲ）曲线作为理论频率曲线适线（图 5.8），得到各水利工程天然年径流量的特征值及一些典型频率的年径流量见表 5.9。

表 5.9　　　　　　　　　　林家村站天然年径流频率计算成果

$\overline{W}$		C_v		$\dfrac{C_s}{C_v}$	不同频率的年径流量 W_p（亿 m³）								
计算	采用	计算	采用		20%	25%	30%	50%	70%	75%	80%	85%	90%
23.7	23.7	0.38	0.4	2.0	31.1	29.2	27.6	22.4	18.0	16.8	15.6	14.2	12.6

2. 径流的年内分配

采用典型年同倍比缩放法求得的部分典型频率的天然年径流量年内分配（各月径流量占年径流量的比例、月径流量和月平均流量）见表 5.10。

表 5.10　林家村部分频率径流量的年内分配

频率(%)	代表年	单位	10	11	12	1	2	3	4	5	6	7	8	9	全年
25	1984~1985	%	11.78	6.93	3.52	3.14	3.88	4.31	4.92	8.14	8.01	7.70	12.07	25.59	100.00
		亿m³	3.44	2.02	1.03	0.92	1.13	1.26	1.44	2.38	2.34	2.25	3.52	7.47	29.20
		m³/s	128.43	78.07	38.38	34.23	46.83	46.99	55.43	88.74	90.24	83.95	131.59	288.28	92.59
50	1978~1979	%	12.68	8.12	4.02	3.11	3.14	4.57	4.03	2.86	3.25	20.93	17.87	15.42	100.00
		亿m³	2.84	1.82	0.90	0.70	0.70	1.02	0.90	0.64	0.73	4.69	4.00	3.45	22.40
		m³/s	106.05	70.17	33.62	26.01	29.07	38.22	34.83	23.92	28.09	175.04	149.45	133.26	71.03
75	1973~1974	%	25.47	8.14	3.19	2.86	2.84	6.06	8.11	12.08	6.28	6.33	4.35	14.30	100.00
		亿m³	4.28	1.37	0.54	0.48	0.48	1.02	1.36	2.03	1.06	1.06	0.73	2.40	16.80
		m³/s	159.76	52.76	20.01	17.94	19.72	38.01	52.56	75.77	40.70	39.70	27.28	92.69	53.27
80	1959~1960	%	12.31	8.92	3.71	3.02	3.30	5.04	4.67	5.68	3.96	7.37	30.77	11.25	100.00
		亿m³	1.92	1.39	0.58	0.47	0.51	0.79	0.73	0.89	0.62	1.15	4.80	1.76	15.60
		m³/s	71.70	53.69	21.61	17.59	21.28	29.35	28.11	33.08	23.83	42.93	179.22	67.71	49.47
90	1971~1972	%	9.33	7.53	3.87	4.33	3.97	9.10	11.73	10.40	11.33	14.90	5.84	7.68	100.00
		亿m³	1.18	0.95	0.49	0.55	0.50	1.15	1.48	1.31	1.43	1.88	0.74	0.97	12.60
		m³/s	43.89	36.60	18.21	20.37	20.68	42.81	57.02	48.92	55.08	70.09	27.47	37.33	39.95
95	1997~1998	%	3.21	3.93	2.13	2.66	2.28	4.46	7.09	16.94	8.10	22.19	18.79	8.21	100.00
		亿m³	0.34	0.41	0.22	0.28	0.24	0.47	0.74	1.78	0.85	2.33	1.97	0.86	10.50
		m³/s	12.58	15.92	8.35	10.43	9.90	17.48	28.72	66.41	32.81	86.99	73.66	33.26	33.30

注：月份

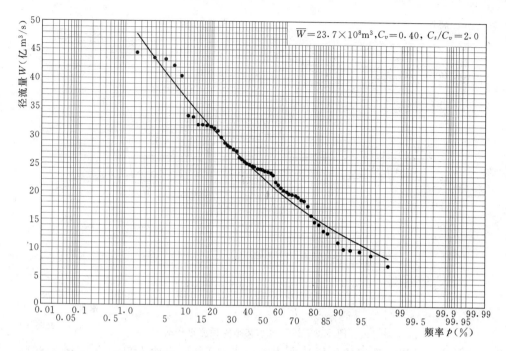

图 5.8　渭河水系林家村水文站天然年径流量频率曲线

3. 径流的年际变化

林家村水文站的天然年径流量的年际变化较大：变差系数 $C_v=0.4$，最大最小径流量比值达 5.8。另外，本次计算采用系列从现象看存在着径流逐渐减小的趋势（图 5.9），且存在着明显的年代变化：在 50 年代处于丰水期，60 年代水量也相对较丰，70 年代为枯水期，80 年代再度成为丰水期，90 年代则为持续干旱期，而且是 50 年中水量最少的。这种趋势的未来变化如何，关键要看今后一段时间的水量丰枯状况。按以往 50 年的变化规律看，今后 10 年左右应属丰水期，增加这一丰水期后，可望使年径流的变化趋势趋于平稳。如果继续保持目前趋势（即使是加入今后 10 年左右的丰水期使年径流量减小的趋势变缓），则可能需要从气候变化等分析原因。另一方面，也许需要通过更严格的水量平衡研究，准确地测定各种损失水量，分析流域内自然条件改变可能导致的水量减少。

5.2.2.3　颜家河水电站年径流分析

将参证站——林家村水文站的天然径流分析成果按面积比拟法折算到颜家河水电站坝址处，就得颜家河水电站的天然径流分析成果（表 5.11）。

表 5.11　　　　　　　　　　　　　颜家河水电站天然年径流频率成果

统计参数			不同频率的年径流量 W_p（亿 m^3）								
$\overline{W}$	C_v	C_s	20%	25%	30%	50%	70%	75%	80%	85%	90%
22.7	0.4	0.8	29.8	27.9	26.4	21.4	17.2	16.1	14.9	13.6	12.1

5.2.2.4　设计径流分析

1. 设计水平年颜家河电站以上流域耗水量

（1）社经发展达到指标。2005 年工业产值、城镇及农业人口、牲畜头数的发展指标，

123

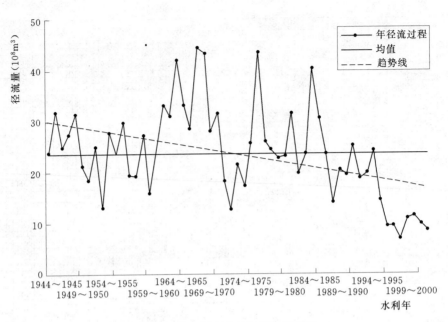

图 5.9 林家村水文站年径流过程线

采用年增长率法计算，采用的年增长率为城镇人口 8%，农业人口 10%，猪 2.86%，羊 0.0677%，大牲畜 1.8%，工业产值 8.4%（甘肃省规划值）。其基数分别采用：人口 1994 年，牲畜头数 1993 年，工业（乡镇企业）1990 年。由此推算到 2005 年，流域人口 达 554.96 万人（其中非农业人口 52.76 万人、农业人口 502.2 万人）。大牲畜 113.26 万 头，猪 201.26 万头，羊 89.46 万只，工业产值达 50.48 亿元，乡镇企业产值 34.45 亿元；灌溉面积为 2000 年的规划值 130.85 万亩（有效），考虑到国家退耕还林换草、封山育林 政策的实施，2005 年的灌溉面积取 2000 年的 70%，即 91.6 万亩。

（2）设计水平年耗水定额。考虑节水灌溉技术的推广，毛灌溉定额取 380m³/亩，工 业万元产值净耗水量 400m³/万元，城镇人口生活用水 90L/（人·d），农村人口 40L/ （人·d），牲畜用水：猪 20L/（头·d）、羊 15L/（只·d）、大牲畜 40L/（头·d）。

灌溉水回归系数 0.2，地表地下水分配比例中，地表水所占比例分别为：农村生活用 水地表水 25%、城镇 50%、工业 50%、乡镇企业 35%、牲畜 25%。

经分析计算设计水平年流域年总耗地表水 4.292 亿 m³，详见表 5.12。

表 5.12   设计水平年颜家河以上实际耗水量表   单位：万 m³

项目 月份	城镇生活	农 村 生 活				工业	乡镇工业	农业灌溉	合计
		人	大牲畜	猪	羊				
10	7.12	15.07	3.4	3.02	1.01	829.81	396.41	0	1255.83
11	7.12	15.07	3.4	3.02	1.01	829.81	396.41	2868.55	4124.38
12	7.12	15.07	3.4	3.02	1.01	829.81	396.41	0	1255.83
1	7.12	15.07	3.4	3.02	1.01	829.81	396.41	0	1255.83

月份 项目	城镇生活	农村生活				工业	乡镇工业	农业灌溉	合计
		人	大牲畜	猪	羊				
2	7.12	15.07	3.4	3.02	1.01	829.81	396.41	0	1255.83
3	7.12	15.07	3.4	3.02	1.01	829.81	396.41	3069.07	4324.9
4	7.12	15.07	3.4	3.02	1.01	829.81	396.41	3592.65	4848.48
5	7.12	15.07	3.4	3.02	1.01	829.81	396.41	4494.99	5750.82
6	7.12	15.07	3.4	3.02	1.01	829.81	396.41	5647.98	6903.81
7	7.12	15.07	3.4	3.02	1.01	829.81	396.41	6458.42	7714.25
8	7.12	15.07	3.4	3.02	1.01	829.81	396.41	1718.35	2974.18
9	7.12	15.07	3.4	3.02	1.01	829.81	396.41	0	1255.83
全年	85.47	180.79	40.77	36.23	12.08	9957.7	4756.93	27850	42919.97

2. 设计水平年颜家河来水过程

从颜家河历年各月径流量中扣除上述相应年月实耗水量得设计水平年林家村历年各月来水过程。

5.2.3 泥沙

5.2.3.1 泥沙特性

1. 水沙关系基本协调

即年来水量大，年来沙量亦大；来水量小，来沙量也少。

如大水年 1966 年 9 月至 1967 年 8 月、1967 年 9 月至 1968 年 8 月年径流量分别为 46.37 亿 m³、41.83 亿 m³，而年输沙量为 2.60 亿 t、2.52 亿 t，小水年 1971 年 9 月至 1972 年 8 月、1986 年 9 月至 1987 年 8 月，年水量分别为 13.39 亿 m³、15.66 亿 m³，而年输沙量为 0.307 亿 t、0.457 亿 t。但也有小水大沙量如 1972 年 9 月至 1973 年 8 月，年水量仅是多年平均径流量的 0.73 倍，而年输沙量却达 3.15 亿 t。

2. 来沙量年际变化大

在林家村站 58 年的实测资料中，最大年输沙量为 3.15 亿 t（1972 年 9 月至 1973 年 8 月），而最小年输沙量仅有 0.307 亿 t，最大年输沙量是最小年输沙量的 10 倍，而最大年径流量是最小年径流量的 3.55 倍。

3. 年内分配不均

汛期（7～9 月）输沙量占年输沙量 77.66%，其中 7～8 月占 65.78%，且汛期输沙量又多集于几场大洪水中，如 1970 年 7 月、8 月输沙量为 2.289 亿 t，而 8 月 29 日至 9 月 20 日一场洪水输沙量 1.07 亿 t，占 7 月、8 月输沙量的 47%，1969 年 7 月、8 月输沙量为 2.81 亿 t，其中 7 月 14～28 日一场洪水输沙量就达 1.29 亿 t，占 7 月、8 月输沙量的 46%。

4. 沙峰滞后于洪峰

在林家村站58年的实测资料中,沙峰一般都滞后于洪峰。

5.2.3.2 泥沙还原量的估算

1. 资料插补

为与年径流系列同步,对林家村缺测的1944年、1945年、1949年、1972年4年的泥沙资料,进行了插补延长,其方法是将1944~1970年林家村月沙量与参证站咸阳站相应实测月沙量做相关分析,其相关数除7月较低(0.78)外,其余各月变化在0.814~0.985之间。

经过延长后的林家村年悬移质多年平均输沙量为1.441亿t。

2. 泥沙还原量计算

本次不进行泥沙的逐年还原计算,而只估算多年平均泥沙还原量,由于影响泥沙因素很多,考虑资料条件,本次着重对水土保持措施、水库拦蓄和灌溉引沙量三项内容进行泥沙还原计算。

(1)水土保持减少泥沙量。要计算水土保持减沙量的效益,应具备有关水保措施等方面的完整资料,由于这方面条件不具备,故可采用多年平均减沙概念进行粗估,即认为新中国成立时的1949年到目前水保措施的减沙量按一定比例递增,则多年平均减沙量应为1970年的减沙量。基于这个假设,根据甘肃省1972年4月编制的"甘肃省渭河流域规划报告"统计分析,1970年水保措施共减少泥沙量894.85万t。所以多年平均水土保持减沙量应为790万t。

(2)大型水库拦沙量。基于上述假定的"甘肃省渭河流域规划报告"和1970年甘肃省大中型水库控制流域面积为827km²,水库拦蓄沙量(均视为悬移质)可按林家村实测侵蚀模数0.47万t/km²计,则新中国成立后53年水库拦沙量为430万t,折到1944~2001年多年平均水库拦沙量470万t。

(3)工业及灌溉引沙量。工业及灌溉引水的多年平均含沙量,借用陕西省宝鸡峡引渭工程1973~1994年22年平均引水含沙量15.24kg/m³估算。由前述还原工业及灌溉引水1.44亿m³,则引沙228万t。

综上所述,林家村站多年平均天然悬移质输沙量为1.5771亿t,净还原悬移质沙量0.1361亿t,其中水土保持措施0.079亿t,工农引水、水库拦沙0.0571亿t。

(4)推移质输沙量。由于推移质观测资料少,故采用推悬比法估算即推移质占悬移质的分数。

$$W_b = \beta W_s$$

式中　　W_b——推移质输沙量;

　　　　W_s——悬移质输沙量;

　　　　β——比例系数。

根据陕西省邻近流域部分推移质和悬移质观测资料统计分析渭河咸阳站1959~1960年推悬比1.82%、船北站0.035%、华县0.056%。本次采用咸阳站1.82%估算林家村多年平均推移质输沙量为0.0287亿t。则林家村站多年平均天然输沙量为1.6058亿t,其中悬移质1.5771亿t,推移质0.0287亿t。

5.2.3.3　泥沙颗粒级配

　　经分析林家村站悬移质泥沙颗粒级配曲线如图 5.10 所示。其多年平均中数粒径 0.02mm，平均粒径 0.0367mm。

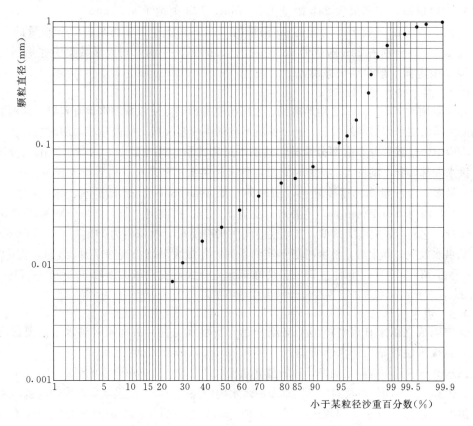

图 5.10　林家村站泥沙颗粒级配曲线

5.2.3.4　设计水平年来沙量

　　本次不进行详细水沙关系分析，而将目前河源实测的含沙量认为到设计水平年时其值不变。

5.2.4　设计洪水

5.2.4.1　气象成因及暴雨特性

　　甘肃省位于中纬度偏南地带，多受高空西风气流控制，低压系统多以此气流自西向东移动，在系统移动过程中形成范围天气。形成甘肃省大暴雨的天气形势有：夏大雨类，分河套华北高压型、长波调整型；盛夏长波调整类，即青藏高压东移型；西太平洋副热带高压稳定类，分乌拉尔山脊型，巴尔喀什湖脊型、平直流型、巴尔喀什湖大槽型；盛夏长波西退类型；冰雹暴雨类型和东风景雨类型。主要暴雨天气形势为西太平洋副高稳定类，其特点是：副高稳定在北纬 $25°$ 以北，588 线西伸到东经 $100°\sim115°$，在高压西侧青藏高原中、东部各有一支偏南的温暖气流，与西方或西北方东移的冷空气相遇在辐合最强的地带形成大暴雨。其次是春夏大暴雨。渭河流域大暴雨一般发生在 $7\sim8$ 月，陇东最早在 5 月上旬开始，9月下旬结束；陇东南山地、中部干旱地区，大多在6月中旬开始，9月上中旬结束。暴雨在地区上分布由东南向西递减。

大范围暴雨如1977年7月5日，笼罩了渭河、泾河、嘉陵江三大流域，渭河流域会宁县雷大雨量站，实测最大24h雨量155.7mm，72h雨量174.3mm。

暴雨时程分配一般24h雨量占3d雨量的70%～90%，12h雨量占24h雨量的84%以上，而6h、3h分别占24h雨量的63%～83%、50%。说明暴雨大多数集中在短历时时段内，而暴雨走向一般自西向东移动。

5.2.4.2　洪水特性

由于暴雨类型不同，加之地形地貌、土壤植被等影响，使流域洪水也有差异。渭河陇中黄土高原区暴雨洪水因局部暴雨多、植被稀疏形成的洪峰多尖瘦，峰高量小，历时短，黄土高原向陇海南山区过渡带分布有部分森林，其洪水过程比黄土高原区胖，六盘山区山高林茂雨量大，洪水大都矮胖，洪量大，持续时间长，林家村洪水主要来自甘肃省黄土丘陵区的各支流，峰大、量多，含沙量高，猛涨陡落，历时短，如1966年7月22日洪水，林家村最大洪峰4200m³/s，南河川为4900m³/s，主要来支流葫芦河、散渡河，最大洪峰分别为2960m³/s和1880m³/s，它们均属突涨突落型，其峰现时间南河川仅8h，林家村为11h。

从洪水发生时间上看，林家村历年实测系列中年最大洪峰出现在7月、8月，占71%，5月、6月占13%，9月、10月占26%。洪峰年际变化大，实测最大洪峰5030m³/s（1964年8月），最小271m³/s（1982年8月）分别为洪峰流量均值的3.1倍、0.16倍。

5.2.4.3　洪水资料选择

新中国成立以来甘肃省渭河干支流未建大型蓄水工程，故林家村洪水不需要进行还原计算，直接采用该站实测洪水资料。

洪水资料的选样应满足频率计算的独立随机取样原则，各样本洪水的形成条件应具有同一基础。林家村站不同年份及同年不同季节的洪水均由暴雨形成，故洪水资料成因具备一致性。

洪峰流量选样方法采用年最大值法，即每年只选取最大一个瞬时洪峰流量作为频率计算样本。

宝鸡峡加闸工程无调节洪水任务，汛期开闸敞泄，所以该工程洪水设计应以最大洪峰流量为控制进行防洪，故本次重点只作洪峰流量的频率分析，不再作洪量频率分析。

5.2.4.4　洪水资料系列代表性分析

1. 系列丰、枯变化规律分析

作年最大洪峰流量与历时关系图（图5.11）。在58年系列中，大洪水年有1954年、1959年，一般洪水1949年，干旱年有1982年、1974年，历年洪水丰枯交替出现、变幅较大，一般间隔3～4年，多者7～8年就会出现一次丰水年。

2. 均值和变差系数 C_v 与历时关系

从图5.12知顺时序和逆时序洪峰流量均值和变差系数 C_v 与历时关系为系列愈短变幅愈大，随着系列增长，趋于稳定，从顺时序看系列一般达25年均值变差系列就趋于稳定，逆时序则应大于30年。据以上分析渭河林家村站，51年实测资料加入调查历史洪水具有一定代表性。

5.2.4.5　历史洪水

黄河水利委员会在1957年5月为流域规划和防洪提供水文资料，对林家村断面进行

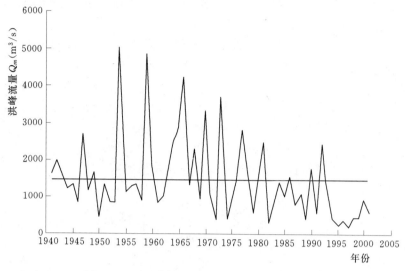

图 5.11　林家村水文站年最大洪峰流量过程线

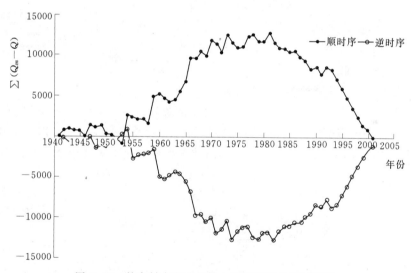

图 5.12　林家村水文站年最大洪峰流量差积过程线

了洪水调查，共访问了 7 个村的 20 多位老人，近百年来曾发生过 7 次大洪水（1868 年、1898 年、1901 年、1904 年、1909 年和 1933 年，1954 年），其中以 1933 年最大，1954 年次之。1933 年洪水由双峰组成，最大洪峰出现在 8 月 10 日，流量为 6890m³/s（宝鸡市水文实用手册中为 6990m³/s）。

由《陕西省洪水调查资料》的整编成果知：1933 年洪水的洪峰流量为 6890m³/s，评价较可靠；1954 年为 5030m³/s，评价可靠；其他年份历史洪水因资料条件差均未定量，整编成果中，曾提出这 7 次洪水中 1933 年为最大，1954 年洪水次之，为安全计，本次将 1933 年洪水的重现期按调查期确定为 70 年一遇。

5.2.4.6　洪峰流量频率计算

1. 频率分析

根据 58 年实测资料（1944～2001 年），加入 1933 年调查洪水，用矩法计算统计参

数，作为初试值，1933年调查洪水按特大值处理。洪峰流量为不连序系列，特大洪水的经验频率为

$$p_M = \frac{M}{N+1} \times 100\%$$

实测系列的各项经验频率为

$$p_m = \frac{m}{n+1} \times 100\%$$

式中　p_M、p_m——特大洪水和实测系列经验频率；

　　　M、m——特大洪水和实测洪水的序位；

　　　N、n——特大洪水首项重现期和实测洪水系列项数。

均值计算公式为

$$\overline{Q} = \frac{1}{N} \left(\sum_{i=1}^{a} Q_i + \frac{N-a}{n-L} \sum_{j=L+1}^{n} Q_j \right)$$

变差系数计算公式为

$$C_v = \frac{1}{\overline{Q}} \sqrt{\frac{1}{N} \left[\sum_{i=1}^{a} (Q_i - \overline{Q})^2 + \frac{N-a}{n-L} \sum_{j=L+1}^{n} (Q_j - \overline{Q})^2 \right]}$$

式中　$\overline{Q}$、C_v——加入特大洪水后，系列的均值及变差系数；

　　　Q_i——特大洪水，$i=1, 2, \cdots, a$；

　　　Q_j——一般洪水，$j=L+1, L+2, \cdots, n$；

　　　a——特大洪水个数，本次 $a=1$；

　　　L——实测洪峰流量中特大洪峰流量的数目，本次 $L=0$。

采用 P—Ⅲ 型频率曲线，目估适线，在适线时着重考虑曲线中、上部分的较大洪水经验频率点据。其频率曲线如图 5.13 所示。统计参数及不同频率洪峰流量见表 5.13。

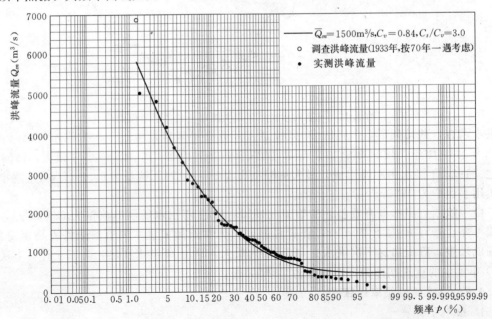

图 5.13　渭河水系林家村水文站年最大洪峰流量频率曲线

130

表 5.13　　　　　　　　　　　林家村水文站洪峰流量分析成果表

$\overline{Q}_m$ (m³/s)		C_v		$\dfrac{C_s}{C_v}$	不同频率洪峰流量 Q_p (m³/s)								
计算	采用	计算	采用		p=0.1%	p=0.2%	p=0.33%	p=0.5%	p=1%	p=2%	p=3.3%	p=5%	p=10%
1502	1500	0.83	0.84	3.0	9782	8742	7995	7378	6356	5346	4626	4036	3072

2. 成果的合理性分析

将历次渭河林家村及上下游站洪水频率计算成果列于表 5.14。从表 5.14 可知统计参数的变化规律，林家村站洪峰流量均值小于上游南河川站是由于南河川以下至林家村区间无大支流汇入，河槽的槽蓄作用使来自上游的洪水洪峰减小，林家村以下又有较多的大支流汇入渭河使渭河咸阳站洪峰均值增高。洪峰变差系数 C_v 除与南河川有些不够协调外（为 72 年成果），林家村站洪峰变差系数大于咸阳站是符合随流域面积增大洪峰变差系数减小的一般规律的。与 1958 年宝鸡峡引渭工程设计洪水成果相比，本次成果均大于设计计算成果，但接近当时设计中最后采用的设计标准 50 年一遇的洪峰 6000m³/s，200 年一遇洪峰 8300m³/s，经上述分析本次设计洪水是符合实际的。

表 5.14　　　　　　　　　　　各水文站洪峰流量成果表

站名	$\overline{Q}_m$ (m³/s)	C_v	$\dfrac{C_s}{C_v}$	不同频率洪峰流量 Q_p (m³/s)						备　注
				p=0.01%	p=0.1%	p=0.2%	p=0.5%	p=1%	p=2%	
南河川	1706	0.90	2.5	15152	11260	10100	8600	7430	6300	1972 年甘肃省渭河治理规划
林家村	1500	0.84	3.0	13270	9782	8742	7378	6356	5346	本次成果
	1640	0.9	2.5	14560	10830	9720	8250	7140	6040	1996 年宝鸡峡加闸加坝设计成果
	1780	0.8	3.5	15926	11627	10340	8670	7440	6210	1991 年"宝鸡市实用水文手册"
	1484	0.8	4.0	14300	10300	9000	7450	6350	5200	1958 年宝鸡峡引渭工程设计成果
咸阳	3470	0.53	2	16900	13300	12250	10790	9700	8670	1988 年黄委会渭洛河治理规划

5.2.4.7　分期设计洪水

根据洪水季节性变化和施工期防洪需要分别计算 10 月至次年 6 月、10 月至次年 5 月、10 月至次年 4 月、10 月至次年 3 月和 11 月至次年 6 月、11 月至次年 5 月、11 月至次年 4 月、11 月至次年 3 月各时段设计洪水。选样采用年最大值法，按不跨期选样原则，进行选样。分期洪水统计参数计算和适线原则与年最大洪水相同，成果如图 5.14～图 5.26 和表 5.15 所示。

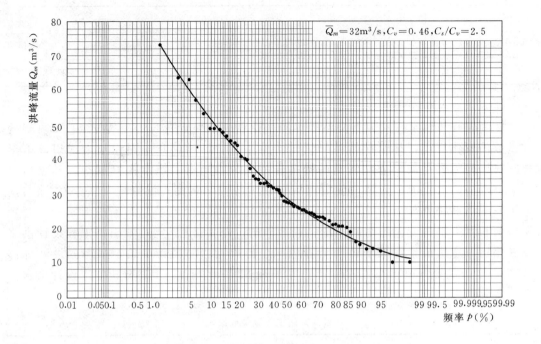

图 5.14 渭河水系林家村水文站 1 月洪峰流量频率曲线

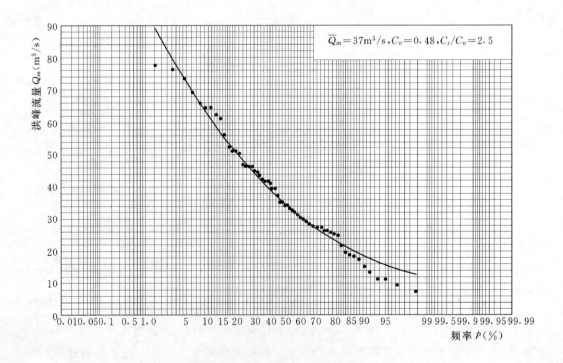

图 5.15 渭河水系林家村水文站 2 月洪峰流量频率曲线

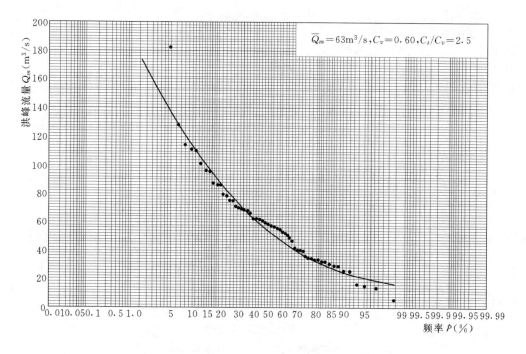

图 5.16　渭河水系林家村水文站 3 月洪峰流量频率曲线

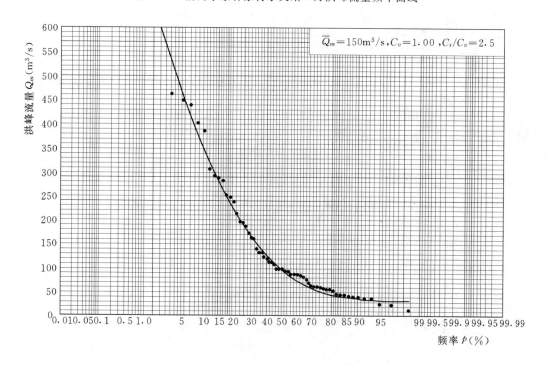

图 5.17　渭河水系林家村水文站 4 月洪峰流量频率曲线

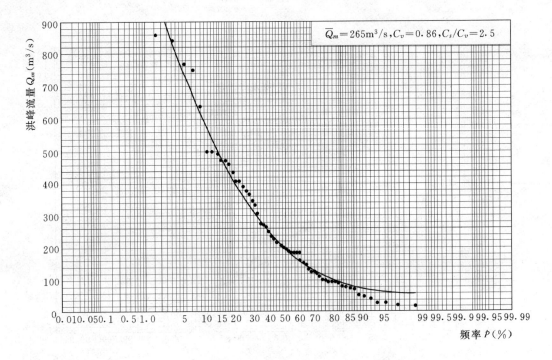

图 5.18 渭河水系林家村水文站 5 月洪峰流量频率曲线

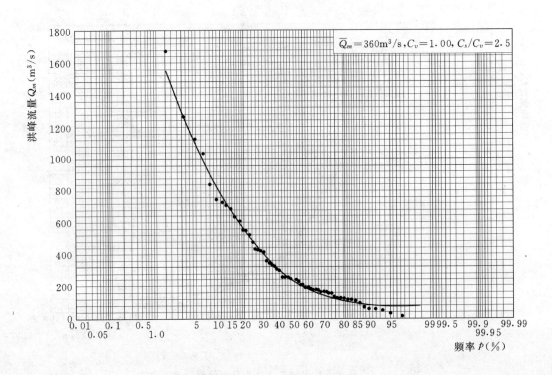

图 5.19 渭河水系林家村水文站 6 月洪峰流量频率曲线

134

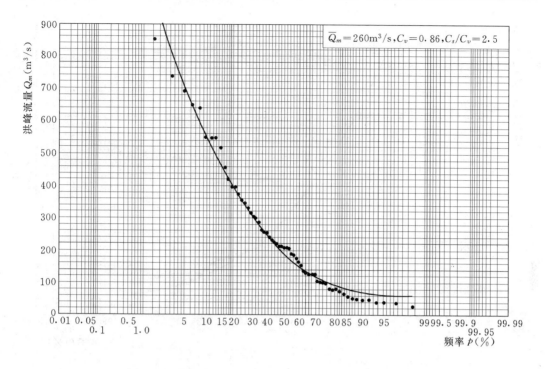

图 5.20　渭河水系林家村水文站 10 月洪峰流量频率曲线

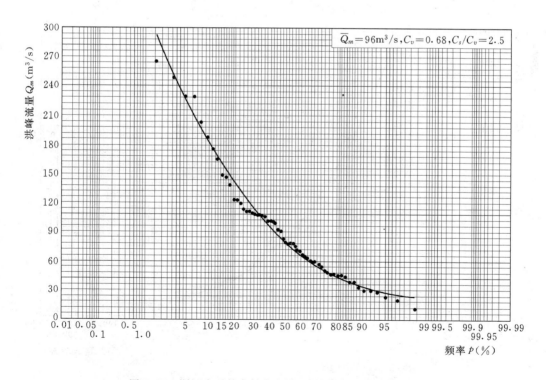

图 5.21　渭河水系林家村水文站 11 月洪峰流量频率曲线

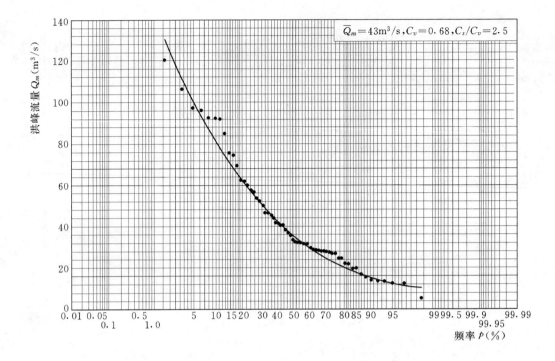

图 5.22 渭河水系林家村水文站 12 月洪峰流量频率曲线

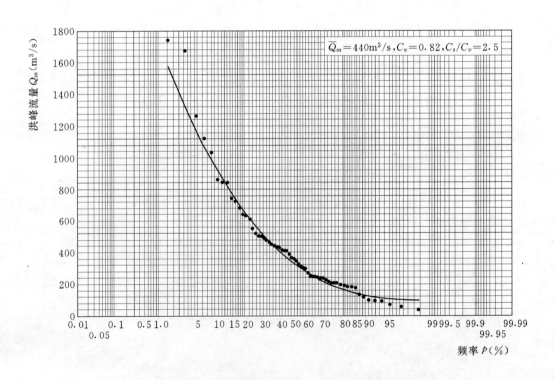

图 5.23 渭河水系林家村水文站 3～6 月洪峰流量频率曲线

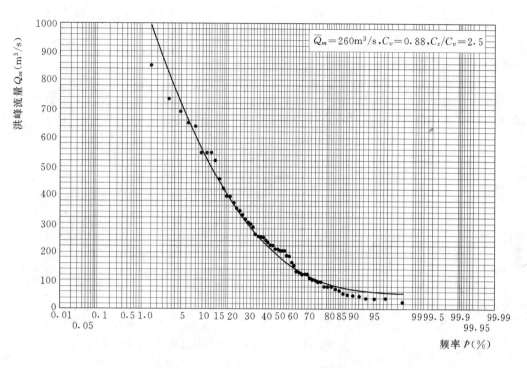

图 5.24　渭河水系林家村水文站 10～11 月洪峰流量频率曲线

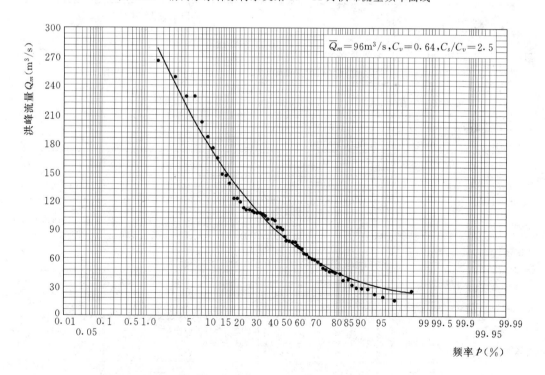

图 5.25　渭河水系林家村水文站 11 月至次年 2 月洪峰流量频率曲线

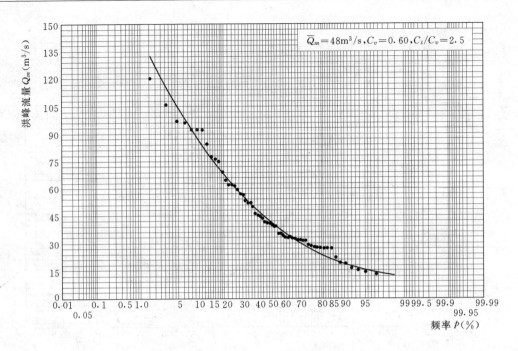

图 5.26 渭河水系林家村水文站 12 月至次年 2 月洪峰流量频率曲线

表 5.15　　　　　　　　　　　**林家村水文站分期设计洪峰流量表**

分期	$\overline{Q}_m$ (m³/s)		C_v		$\dfrac{C_s}{C_v}$	不同频率洪峰流量 Q_p (m³/s)				
	计算	采用	计算	采用		$p=1\%$	$p=2\%$	$p=3.3\%$	$p=5\%$	$p=10\%$
1 月	32	32	0.43	0.46	2.5	78	70	65	60	52
2 月	37	37	0.46	0.48	2.5	95	86	79	73	62
3 月	67	63	0.79	0.60	2.5	189	167	150	137	113
4 月	164	150	1.43	1.00	2.5	727	607	522	452	338
5 月	255	265	0.82	0.86	2.5	1104	939	820	722	559
6 月	350	360	0.93	1.00	2.5	1744	1457	1252	1084	810
10 月	249	260	0.80	0.86	2.5	1083	921	804	708	548
11 月	93	96	0.63	0.68	2.5	321	280	250	225	182
12 月	43	43	0.62	0.68	2.5	144	125	112	101	82
3~6 月	439	440	0.81	0.82	2.5	1750	1496	1313	1161	908
10~11 月	251	260	0.78	0.88	2.5	1108	940	819	719	554
11 月至次年 2 月	94	96	0.61	0.64	2.5	304	267	239	217	178
12 月至次年 2 月	48	48	0.53	0.60	2.5	149	130	116	105	86

138

5.2.4.8　颜家河水电站设计洪水

由于颜家河水电站坝址控制流域面积为 29348km²，林家村水文站控制流域面积为 30661km²，区间面积 1313km²，占林家村水文站控制流域面积的 4.3%，根据设计洪水规范，颜家河水电站设计洪水可直接采用林家村断面的成果。

5.2.5　水位流量关系曲线

天然情况下各断面的水位流量关系曲线均采用均匀流计算公式

$$Q = FC\sqrt{RI}$$

其中

$$C = R^{1/6}/n$$

式中　F——断面过水面积；

　　　R——水力半径；

　　　C——谢才系数；

　　　n——糙率；

　　　I——河段纵比降。

5.2.5.1　坝址断面水位—流量关系曲线

尾水河段纵比降 $I=2.92‰$，糙率 n 取 0.035。其水位流量关系曲线如图 5.27 所示。

5.2.5.2　尾水断面水位流量关系曲线

尾水处横断面如图 5.28 所示，河段纵比降 $I=3.407‰$，糙率 n 取 0.036。计算的水位—流量关系曲线如图 5.29 所示。

5.2.6　水能分析

5.2.6.1　发电流量

由于颜家河水电站是一个低坝引水式的发电站，枢纽工程无调蓄能力，所以只能靠河道来水进行发电。本次分析中，以"径流分析"部分林家村站 1944～2001 年天然径流扣除规划年上游用水后的水量按面积比拟法折算至颜家河坝址断面作为河道来水，将其日平均流量采用不等距方法分组，取组末流量作为发电流量。

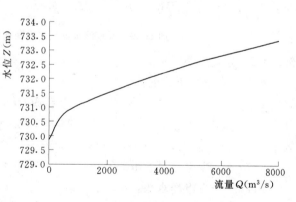

图 5.27　颜家河水电站坝址断面水位—流量关系曲线（天然）

5.2.6.2　发电水头

前池正常高水位为拦河坝坝顶高程减去直到前池部位在引取设计流量情况下的水头损失。拦河坝坝顶高程取 742.00m，水头损失为 0.65m，前池正常高水位为 741.35m。

经计算电站进水口至尾水断面河道为水头损失 0.57m，则净水头

$$H_净 = 741.35 - H_尾 - 0.67 = 740.78 - H_尾$$

从图 5.28 查出发电流量相应的下游河道水位 $H_尾$，就可以计算发电流量相应的发电净水头 $H_净$。

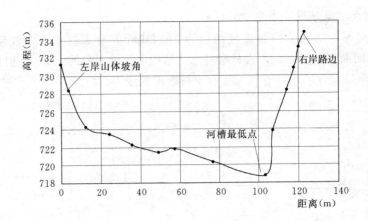

图 5.28 颜家河水电站尾水处河道横断面图

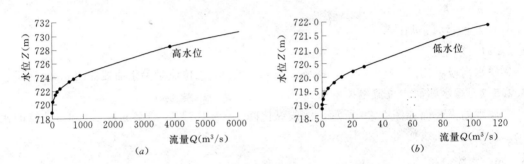

图 5.29 颜家河水电站尾水断面水位—流量关系曲线

5.2.6.3 水能计算

水能计算采用下式进行

$$N = AQH_{净}$$

其中

$$A = 9.8\eta_{水}\,\eta_{电}$$

式中　　N——出力，kW；

　　　　Q——发电流量，m^3/s；

　　　　$H_{净}$——发电净水头，m；

　　　　A——出力系数，经计算 $A = 8.475$；

　　　　$\eta_{水}$——水轮机效率，为 0.94；

　　　　$\eta_{电}$——发电机效率，为 0.92。

按上述公式采用长系列法计算进行水能分析，计算过程见表 5.16。根据表 5.16 可绘出电站出力历时曲线（图 5.30）、电能累积曲线（图 5.31）和装机年利用时数曲线（图 5.32）。

5.2.6.4 结果分析

从上述计算表格和相应的成果图中可以看出：当电站保证率 $p = 75\%$ 时，其发电流量 $Q_{p=75\%} = 15m^3/s$，$N_{p=75\%} = 3050kW$，$E_{p=75\%} = 2300$ 万 kW·h；若从装机年利用时数 T 看，当 $T = 5000h$ 时，装机容量 $N_{装} = 8700kW$，$E_{装} = 4350$ 万 kW·h，$Q_{装} = 51m^3/s$，相应的频率为 28%。

表 5.16

颜家河水电站水能计算表

分组流量 Q (m³/s)	组内天数	累积天数	频率 p (%)	前池水位 H前 (m)	尾水位 H尾 (m)	净水头 H净 (m)	组末出力 N (kW)	增加出力 ΔN (kW)	增加电量 ΔE (万 kW·h)	累积电量 E (万 kW·h)	年利用时数 T (h)
0.5~1	3	365	100.0	741.35	719.15	21.63	92	92	80	80	8760
1~5	14	362	99.2	741.35	719.27	21.51	182	91	79	159	8725
5~8	13	348	95.2	741.35	719.65	21.13	895	713	595	754	8421
8~10	11	334	91.6	741.35	719.80	20.98	1422	527	423	1177	8275
10~15	33	324	88.7	741.35	719.88	20.90	1771	349	271	1448	8176
15~20	43	291	79.7	741.35	720.05	20.73	2635	864	603	2051	7785
20~25	38	248	67.9	741.35	720.19	20.59	3490	855	509	2560	7335
25~30	31	210	57.5	741.35	720.3	20.48	4339	849	428	2988	6885
30~40	44	179	49.1	741.35	720.4	20.38	5182	842	362	3350	6465
40~50	31	136	37.2	741.35	720.6	20.18	6841	1659	540	3890	5687
50~60	21	105	28.8	741.35	720.8	19.98	8467	1626	410	4300	5079
60~70	15	84	23.0	741.35	721.0	19.78	10058	1592	321	4621	4595
70~80	11	69	18.9	741.35	721.2	19.58	11616	1558	257	4879	4200
80~90	9	57	15.8	741.35	721.4	19.38	13140	1524	210	5089	3873
90~100	7	48	13.3	741.35	721.55	19.23	14668	1528	178	5267	3591
100~110	5	42	11.4	741.35	721.7	19.08	16170	1503	151	5417	3350
≥110	36	36	10.1	741.35	721.85	18.93	17648	1477	131	5548	3144

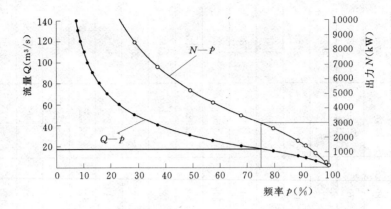

图 5.30　颜家河水电站日平均流量、出力频率曲线

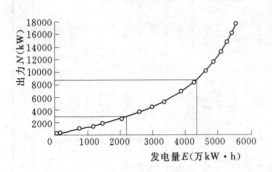

图 5.31　颜家河水电站出力与
多年平均年发电量关系曲线

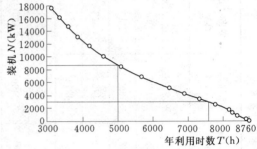

图 5.32　颜家河水电站装机与
装机年利用时数关系曲线

第 6 章　Excel 在水文水利计算中的应用

Microsoft Excel（简称 Excel）是 Microsoft Office 中的一个重要组件，具有强大的计算功能，为工程水文及水利计算中的有关计算提供了广阔的平台。利用 Excel 可以有效提高工程水文及水利计算的速度和精度，具有快速、简便、灵活的特点。特别是使用 Excel 的“拖动填充”、“排序”、“插入函数 f_x”、“图表”等功能，充分体现其优越性，可以方便地解决工程水文及水利计算的有关问题。

本章针对具有一定 Excel 基础的读者，介绍频率计算、相关分析与计算、小流域设计洪峰流量、函数插值、调洪计算等内容，旨在帮助读者搭起应用 Excel 进行水文水利计算的桥梁，以便读者能使用先进手段解决水文水利计算问题，并发掘 Excel 广阔的应用空间和潜力。

6.1　经验频率与统计参数计算

设某水文变量 X 的样本系列共 n 项，由大到小递减排列为 x_1，x_2，⋯　，x_m，⋯，x_n。计算 n 次观测中出现大于或等于 x_m 的经验频率公式为

$$p = \frac{m}{n+1} \times 100\% \tag{6.1}$$

样本的均值 $\overline{x}$、均方差及变差系数公式分别为

$$\overline{x} = \frac{1}{n}\sum_{i=1}^{n} x_i , s = \sqrt{\frac{\sum_{i=1}^{n}(x_i - \overline{x})^2}{n-1}} , C_v = \frac{s}{\overline{x}} \tag{6.2}$$

以下结合第 3 章 C 水库的天然年径流量系列，介绍利用 Excel 计算样本系列经验频率及统计参数的方法。

(1) 将样本系列降序排列并标注序号。新建 Excel 工作表，并在 A 列输入逐年年径流量数据，然后选中 A 列中任一单元格，单击工具栏中的“降序排序”按钮，则得到从大到小排列的样本序列，进而在 B4 单元格输入序号“1”，移动鼠标选取 B4 单元格右下角的填充柄，再按下“Ctrl”键及鼠标左键向下拖动至序号“46”，即得与 A 列数据对应的序号，如图 6.1 中的 B 列数据所示。

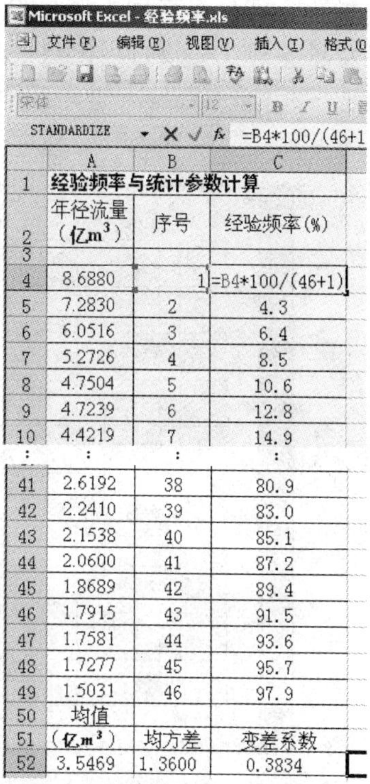

	A	B	C
1	经验频率与统计参数计算		
2	年径流量（亿m³）	序号	经验频率(%)
3			
4	8.6880	1	=B4*100/(46+1)
5	7.2830	2	4.3
6	6.0516	3	6.4
7	5.2726	4	8.5
8	4.7504	5	10.6
9	4.7239	6	12.8
10	4.4219	7	14.9
⋮	⋮	⋮	⋮
41	2.6192	38	80.9
42	2.2410	39	83.0
43	2.1538	40	85.1
44	2.0600	41	87.2
45	1.8689	42	89.4
46	1.7915	43	91.5
47	1.7581	44	93.6
48	1.7277	45	95.7
49	1.5031	46	97.9
50	均值		
51	（亿m³）	均方差	变差系数
52	3.5469	1.3600	0.3834

图 6.1　经验频率与统计参数计算

(2) 计算经验频率。在 C4 单元格输入“=B4＊100/(46+1)”，然后按“Enter”键，即得到以百分数表示的经验频率“2.1”，接着选中 C4 单元格，鼠标指针变成黑十字时，按住鼠标左键，向下拖动填充 C5～C49 单元格，

即得到各序号对应的经验频率。进一步选中该列，右击鼠标，在"设置单元格格式"中，设置该列数据保留 1 位小数，结果如图 6.1 中的 C 列数据所示。

（3）利用算术平均值函数 AVERAGE 计算样本均值。算术平均值的计算式即为式（6.2）中的 $\bar{x}$ 式。选择要输入平均值函数的单元格 A52（可任选某一单元格），然后输入"＝AVERAGE（A4：A49）"，再按下"Enter"键，即得到样本均值 3.5469 亿 m³。

（4）利用样本均方差函数 STDEV 计算样本均方差。样本均方差函数 STDEV 的计算式即为式（6.2）中的 s 式。选择要输入样本均方差函数的单元格 B52，然后输入"＝STDEV（A4：A49）"，再按下"Enter"键，即得到样本均方差 1.3600 亿 m³。

（5）计算样本变差系数。在样本均方差和样本均值基础上，依据式（6.2）变差系数 C_v 的计算式，在单元格 C52 中，输入"＝B52/A52"，再按下"Enter"键，即得到变差系数 0.3834。

6.2 利用 Excel 频率计算简介

虽然 Excel 具有很强的表格处理及常规图形处理能力，但是仍不能直接应用于水文频率计算。因为水文频率计算中采用的海森几率格纸是特殊的坐标系统，故利用 Excel 现有功能的简单组合无法解决水文频率计算中的复杂运算与转换、绘图等问题。需要应用 Excel 表格及图形处理功能，结合水文频率计算的实际，开发 Excel 水文频率计算软件。目前，这种软件已应用于生产实际中。

图 6.2 为利用河北省水文水资源勘测局工程技术人员王树峰开发的 Excel 水文频率计算软件，对 C 水库的天然年径流量系列在矩法计算的样本均值 3.5469 亿 m³、变差系数 0.3834 基础上，进行理论频率曲线适线的结果。

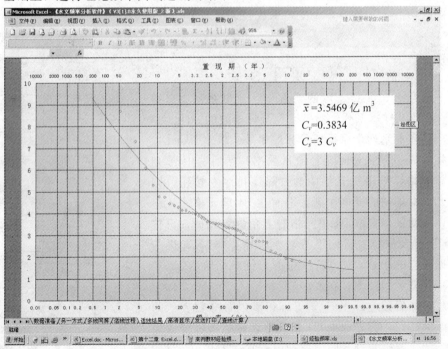

图 6.2 利用 Excel 水文频率计算软件的适线结果

使用水文频率计算软件进行适线，具有方便、规范、减小计算工作量等显著优点。

6.3　相关分析计算

设待估计或预测的水文特征值为 y，称为倚变量，主要影响因素为 x，称为自变量。y 与 x 之间的近似关系，称为相关关系。利用变量 x、y 的同期样本系列构成 n 组观测值 (x_i, y_i)，$i = 1 \sim n$，进行相关分析计算的主要环节有：绘制散点图，根据点群分布趋势，选配相关线类型；确定近似关系式，即相关方程；判断 y 与 x 关系的密切程度；若关系密切，则利用相关方程，由 x 估计或预测 y。

数理统计中的回归分析是研究相关关系的一种数学工具，以下结合实例介绍一元线性回归计算。

相关方程
$$y = a + bx \tag{6.3}$$

回归系数
$$b = \frac{\sum\limits_{i=1}^{n}(x_i - \overline{x})(y_i - \overline{y})}{\sum\limits_{i=1}^{n}(x_i - \overline{x})^2} = r\frac{s_y}{s_x} \tag{6.4}$$

截距
$$a = \overline{y} - b\overline{x} = \overline{y} - r\frac{s_y}{s_x}\overline{x} \tag{6.5}$$

相关系数 $r = \dfrac{\sum\limits_{i=1}^{n}(x_i - \overline{x})(y_i - \overline{y})}{\sqrt{\sum\limits_{i=1}^{n}(x_i - \overline{x})^2 \sum\limits_{i=1}^{n}(y_i - \overline{y})^2}} = \dfrac{\sum\limits_{i=1}^{n}(K_{x_i} - 1)(K_{y_i} - 1)}{\sqrt{\sum\limits_{i=1}^{n}(K_{x_i} - 1)^2 \sum\limits_{i=1}^{n}(K_{y_i} - 1)^2}}$ (6.6)

回归线的均方误
$$\delta_y = s_y\sqrt{1 - r^2} \tag{6.7}$$

式中　$\overline{x}$、$\overline{y}$——x、y 系列的均值；

$\quad\quad s_x$、s_y——x、y 系列的均方差；

$\quad\quad s_y$——回归线的均方误。

实例：某水库实测月平均水位与月渗漏量关系见表 6.1。试进行相关分析，并确定月平均水位 137.05m 时的月渗漏量。

表 6.1　　　　　　　　　**某水库实测月平均水位与月渗漏量关系表**

月平均水位（m）	133.07	134.41	136.00	131.65	125.59	128.45	132.43	127.94	126.53
月渗漏量（万 m³）	860	869	791	671	488	582	634	540	473

可采用两种途径进行计算。

第一种途径是利用 Excel 软件的图表向导功能直接绘出相关直线，并求出相关直线方程及相关系数，其步骤如下：

（1）新建一个 Excel 工作表，用常规数据格式在 B 列输入自变量月平均水位 x 值，C 列输入倚变量月渗漏量 y 值。

（2）点绘散点图，判断相关趋势及选配相关线类型。其方法如下：

1) 点击菜单栏"插入"→"图表"，出现"图表向导-4步骤之1-图表类型"对话框后，选择XY散点图，单击"下一步"按钮。

2) 出现"图表向导-4步骤之2-图表源数据"对话框后，单击数据区域编辑框后，用鼠标拖曳选定"Sheet1！B3：C11"、在"系列产生在："选择"列"，并进一步确认系列"X（值）＝Sheet1！B3：B11，Y（值）＝Sheet1！C3：C11"；然后单击"下一步"按钮。

3) 出现"图表向导-4步骤之3-图表选项"对话框后，选择"标题"标签，在"图表标题"栏中输入"某水库月渗漏量与月平均水位相关图"、在"数值X轴（A）"栏输入"月平均水位X（m）"、"数值Y轴（V）"栏输入"月渗漏量Y（万m³）"；选择"坐标轴"标签，在"主坐标轴数值X轴（A）、数值Y轴（V）"前打"√"；选择"网格线"标签，在"数值X轴主要网格线、数值Y轴主要网格线"前打"√"；然后单击"下一步"按钮。

4) 出现"图表向导-4步骤之4-图表位置"对话框后，选择"作为其中的对象插入"，然后单击"完成"按钮，即得到图6.3所示的散点图。

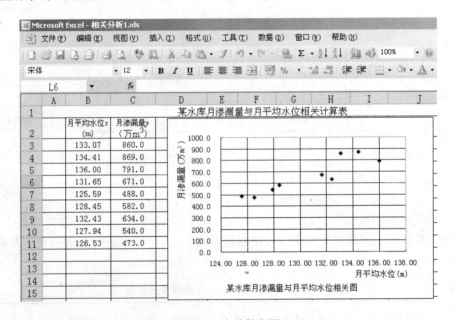

图6.3 点绘散点图

由散点图可见，点群趋势为直线，故可进行简单直线回归计算。

（3）将光标放在绘图区内任一相关点上并单击鼠标右键→选"添加趋势线"，在"类型"标签中，选"线性"；在"选项"标签中的"显示公式"、"显示R平方值"前面打"√"，然后单击"确定"，即得到相关线及有关计算结果，如图6.4所示。对于线性相关分析，"R平方值"即为线性相关系数的平方值，故线性相关系数 $r=0.9095$。

第二种途径是利用Excel的计算功能分步完成相关计算的各项内容。操作与计算步骤如下。

（1）新建一个Excel工作表，分别在B列、C列输入月平均水位 x、月渗漏量 y 相关

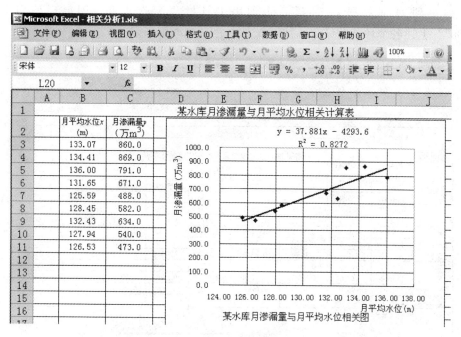

图 6.4　添加趋势线并得到相关方程

数据，并点绘散点图。

（2）在单元格 D2～J2 中建立简单直线相关计算有关项目的表头，如图 6.5 所示。利用前述介绍的平均值函数"AVERAGE"计算月平均水位 x 值和月渗漏量 y 的均值，如表中单元格 B17、C17 的结果所示。

图 6.5　输入公式计算 k_{x_i}

（3）计算 D～J 列数据。例如，计算 D 列数据 k_{x_i}，方法是在 D3 单元格输入"＝B3/130.6744"，如图 6.5 所示，然后按"Enter"键，即在 D3 单元格得到数据"1.0183"；接着，选中 D3 单元格，鼠标指针变成黑十字时，按住鼠标左键，向下拖动填充 D4～D11 单

147

元格，即得到 D 列数据 k_{x_i}；进一步利用工具栏"$\sum$"求和，即得到该列合计值"9.0000"。上述各个环节的结果，如图 6.6 中的 D 列数据所示。

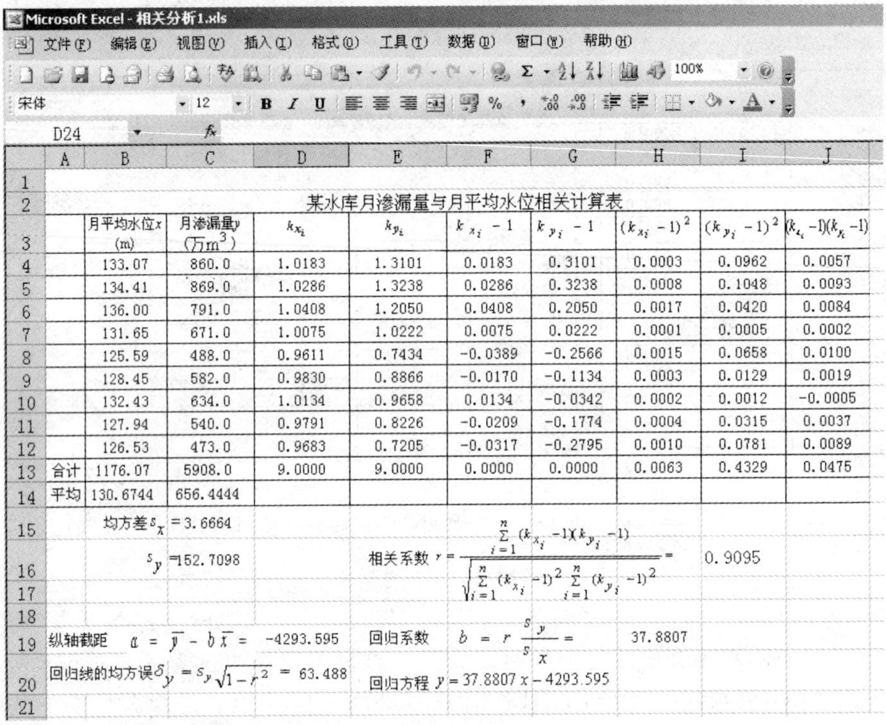

図 6.6 相关分析计算の表：

	A	B	C	D	E	F	G	H	I	J
1										
2					某水库月渗漏量与月平均水位相关计算表					
3		月平均水位x (m)	月渗漏量y ($万 m^3$)	k_{x_i}	k_{y_i}	$k_{x_i}-1$	$k_{y_i}-1$	$(k_{x_i}-1)^2$	$(k_{y_i}-1)^2$	$(k_{x_i}-1)(k_{y_i}-1)$
4		133.07	860.0	1.0183	1.3101	0.0183	0.3101	0.0003	0.0962	0.0057
5		134.41	869.0	1.0286	1.3238	0.0286	0.3238	0.0008	0.1048	0.0093
6		136.00	791.0	1.0408	1.2050	0.0408	0.2050	0.0017	0.0420	0.0084
7		131.65	671.0	1.0075	1.0222	0.0075	0.0222	0.0001	0.0005	0.0002
8		125.59	488.0	0.9611	0.7434	-0.0389	-0.2566	0.0015	0.0658	0.0100
9		128.45	582.0	0.9830	0.8866	-0.0170	-0.1134	0.0003	0.0129	0.0019
10		132.43	634.0	1.0134	0.9658	0.0134	-0.0342	0.0002	0.0012	-0.0005
11		127.94	540.0	0.9791	0.8226	-0.0209	-0.1774	0.0004	0.0315	0.0037
12		126.53	473.0	0.9683	0.7205	-0.0317	-0.2795	0.0010	0.0781	0.0089
13	合计	1176.07	5908.0	9.0000	9.0000	0.0000	0.0000	0.0063	0.4329	0.0475
14	平均	130.6744	656.4444							
15		均方差$s_x = 3.6664$								
16		$s_y = 152.7098$			相关系数 $r = \dfrac{\sum\limits_{i=1}^{n}(k_{x_i}-1)(k_{y_i}-1)}{\sqrt{\sum\limits_{i=1}^{n}(k_{x_i}-1)^2 \sum\limits_{i=1}^{n}(k_{y_i}-1)^2}} =$			0.9095		
17										
18										
19	纵轴截距	$a = \bar{y} - b\bar{x} = -4293.595$			回归系数 $b = r\dfrac{s_y}{s_x} = $		37.8807			
20	回归线的均方误	$\delta_y = s_y\sqrt{1-r^2} = 63.488$			回归方程 $y = 37.8807x - 4293.595$					
21										

图 6.6 相关分析计算

采用上述类似方法，可分别计算 k_{y_i}、（$k_{x_i}-1$）、（$k_{y_i}-1$）、（$k_{x_i}-1$）^{2}、（$k_{y_i}-1$）^{2}、（$k_{x_i}-1$）（$k_{y_i}-1$），计算结果如图 6.6 中的 E～J 列数据所示。

需说明的是，上述各列数据尽管通过"设置单元格格式"保留 4 位小数，但在后续计算时仍按未保留 4 位小数的精确数据参加计算，使计算结果比较精确。

（4）利用前面介绍的 STDEV 函数计算 x、y 系列的均方差；利用式（6.6）、式（6.4）、式（6.5）、式（6.7），分别计算相关系数、回归系数、纵轴截距、回归线的均方误。为便于读者结合公式，领会计算方法，图 6.6 中给出了各个量的计算公式。例如，计算相关系数方法，是在单元格 I16 中输入"=J13/SQRT（H13*I13）"，然后按"Enter"键，则在 I16 单元格得到数据"0.9095"。与之类似，可计算其他各个量，并得到回归方程，如图 6.6 所示。

（5）判断相关密切程度。研究表明[4]，相关系数一定时，倚变量的变差系数越大，回归方程的均方误就越大。因此，仅用相关系数作为判别密切与否的标准不够全面，实际应用时，通常要求回归线的均方误 δ_y 应小于 $\bar{y}$ 的 15%。

本例 $n=9$，查数理统计相关系数的临界值表[3]，取显著性水平 $\alpha=0.01$，可得相关系数的临界值 $r_a=0.7977$，可见 $r>r_a$；计算 $\delta_y/\bar{y}=9.7\%<15\%$。相关较密切，故回归方程可用于由 x 估计 y。

（6）确定月平均水位 137.05m 时的月渗漏量 $y = 37.8807 \times 137.05 - 4293.595 = 897.95$ 万 m^3。

6.4　试算法推求小流域设计洪峰流量

以案例 2.2 为例加以介绍。案例 2.2 已求得如下关系式

$$Q_{mp} = 8.479 \frac{h_\tau}{\tau} \tag{6.8}$$

$$\tau = \frac{8.1135}{Q_{mp}^{1/4}} \tag{6.9}$$

不同历时最大平均净雨强度—历时关系 h_t/t—t 如图 6.7 所示。

利用 Excel 试算设计洪峰流量方法如下：

（1）新建 Excel 工作表，输入表头，如图 6.8（a）所示。

（2）给出若干个汇流历时 τ'，并利用 h_t/t—t 线查得相应的若干个 h_τ/τ，如图 6.8（a）中的 A、B 列。

（3）在单元格 C6 中输入"=8.479*B6"，然后按"Enter"键，即在 C6 单元格得到数据"413.775"；接着，选中 C6 单元格，鼠标指针变成黑十字时，按住鼠标左键，向下拖动填充 C7～C12 单元格，即得到 C 列数据 Q_{mp}。在单元格 D6 中输

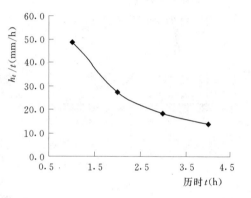

图 6.7　h_t/t—t 关系线

入"=8.1135/C6^(1/4)"，然后类似上述操作，即得 D 列数据 τ。如图 6.8（a）所示。

（4）比较 τ' 与 τ 两列数据，进一步试算 $\tau' = 2.08$h、2.09h 两组数据，如图 6.8（b）所示。可见假定 $\tau' = 2.09$ 时，与由式（6.9）求得的 τ 相等，故 $\tau = 2.09$h、$Q_{mp} = 228.1 m^3/s$ 为所求。

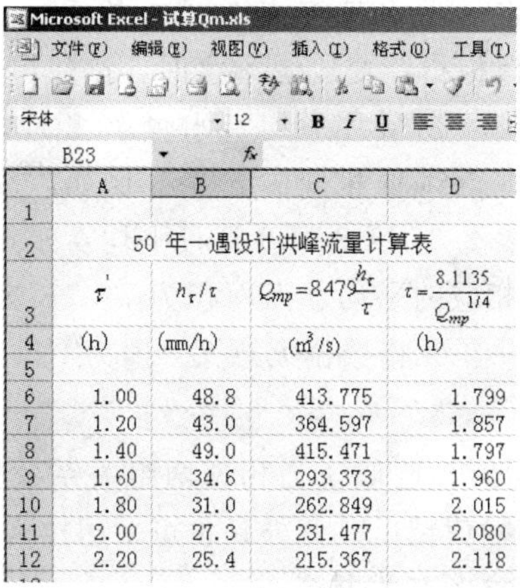

	Microsoft Excel - 试算 Qm.xls				
	A	B	C	D	
1					
2		50 年一遇设计洪峰流量计算表			
3	τ'	h_τ/τ	$Q_{mp}=8.479\frac{h_\tau}{\tau}$	$\tau=\frac{8.1135}{Q_{mp}^{1/4}}$	
4	(h)	(mm/h)	(m^3/s)	(h)	
5					
6	1.00	48.8	413.775	1.799	
7	1.20	43.0	364.597	1.857	
8	1.40	49.0	415.471	1.797	
9	1.60	34.6	293.373	1.960	
10	1.80	31.0	262.849	2.015	
11	2.00	27.3	231.477	2.080	
12	2.20	25.4	215.367	2.118	

（a）

	Microsoft Excel - Book1				
	A	B	C	D	
1					
2		50 年一遇设计洪峰流量计算表			
3	τ'	h_τ/τ	$Q_{mp}=8.479\frac{h_\tau}{\tau}$	$\tau=\frac{8.1135}{Q_{mp}^{1/4}}$	
4	(h)	(mm/h)	(m^3/s)	(h)	
5					
6	1.00	48.8	413.775	1.799	
7	1.20	43.0	364.597	1.857	
8	1.40	49.0	415.471	1.797	
9	1.60	34.6	293.373	1.960	
10	1.80	31.0	262.849	2.015	
11	2.00	27.3	231.477	2.080	
12	2.20	25.4	215.367	2.118	
13	2.08	26.8	227.237	2.090	
14	2.09	26.9	228.085	2.088	

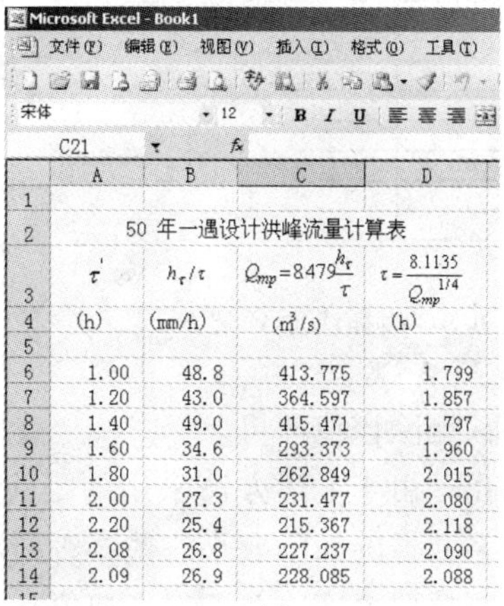

（b）

图 6.8　试算法推求小流域设计洪峰流量

6.5　利用 Excel 进行函数插值

水利计算中，水库特性曲线、调洪计算辅助曲线等常常不能用确切的函数关系来表达，而是通过离散的数据关系点来表示。例如，在计入损失的兴利调节计算时，需利用水库容积与水面面积关系 $V—F$，由月平均蓄水量 $\overline{V}$，查该图确定月平均水面面积 $\overline{F}$。查图误差与图幅大小有关，查图数据还可能出现因人而异的现象。利用 Excel 完成插值，具有效率高、数据不会因人而异等优点。

下面以案例 2.2 表 2.36 中由月平均蓄水量，确定月平均水面面积为例，介绍利用 Excel 完成插值的方法与操作步骤。

设关系值（V，F）位于两组已知的关系数据（V_1，F_1）、（V_2，F_2）之间，由 V 确定 F 采用两点插值的公式为

$$F = F_1 + \frac{F_2 - F_1}{V_2 - V_1}(V - V_1) \tag{6.10}$$

（1）在 Excel 工作表中输入 V、F 关系数据，如图 6.9 所示。

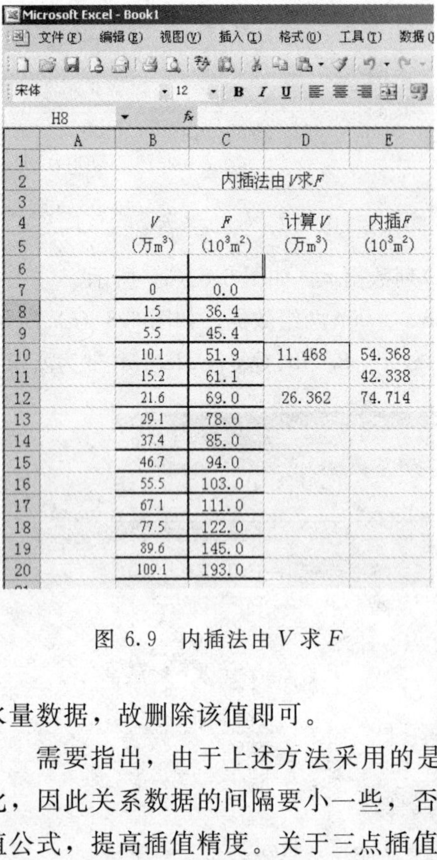

Microsoft Excel - Book1

	A	B	C	D	E
1					
2			内插法由V求F		
3					
4		V	F	计算V	内插F
5		(万m³)	(10³m²)	(万m³)	(10³m²)
6					
7		0	0.0		
8		1.5	36.4		
9		5.5	45.4		
10		10.1	51.9	11.468	54.368
11		15.2	61.1		42.338
12		21.6	69.0	26.362	74.714
13		29.1	78.0		
14		37.4	85.0		
15		46.7	94.0		
16		55.5	103.0		
17		67.1	111.0		
18		77.5	122.0		
19		89.6	145.0		
20		109.1	193.0		

图 6.9　内插法由 V 求 F

（2）根据（V，F）关系值，由 V 确定相应的 F。例如，在表 2.36 第 8 列中，7 月月平均蓄水量为 11.468 万 m^3，与图 6.9 中的 B 列数据比较可知，该值在 B10、B11 单元格的数据之间，可据此区间根据式（6.10），由 11.468 万 m^3 内插相应的 F。具体方法是，在 D10 单元格中输入 11.468，在 E10 单元格中输入“＝C10＋（C11－C10）/（B11－B10）＊（D10－B10）”，随后按下“Enter”键，即得面积 $54.368\times10^3m^2$，如图 6.9 所示。在后续的内插过程中，只要正确输入月平均蓄水量 V 的位置，然后选中 E10 单元格，鼠标指针变成黑十字时，按住鼠标左键，向下拖动填充至月平均蓄水量 V 相应面积的单元格，即得到 V 相应的 F 值。例如，按上述方法，确定表 2.36 第 8 列 8 月月平均蓄水量 26.362 万 m^3，相应的平均水面面积为 $74.714\times10^3m^2$；其中 E11 单元格数据无意义，因为 D11 中未输入蓄水量数据，故删除该值即可。

需要指出，由于上述方法采用的是线性插值，近似认为相邻两组关系数据为线性变化，因此关系数据的间隔要小一些，否则影响插值精度。此外，也可采用拉格朗日三点插值公式，提高插值精度。关于三点插值公式可参考有关书籍。

Excel 软件具有 Visual Basic 的应用功能，熟悉 Visual Basic for Application 程序语言的读者，还可以利用 Excel 中的“工具”→“宏”→“Visual Basic 编辑器”建立关于上

述插值的 VBA 程序模块，实现插值计算。有兴趣的读者可参考 Excel 书籍。

6.6　半图解法调洪计算

以案例 2.2 50 年一遇设计洪水调洪计算为例，介绍利用 Excel 半图解调洪计算的方法。

6.6.1　半图解法辅助曲线 $q-\dfrac{V'}{\Delta t}+\dfrac{q}{2}$ 关系值的计算

新建一个 Excel 工作簿。根据水位、容积关系数据以及水位—泄量关系计算 $\left(\dfrac{V'}{\Delta t}+\dfrac{q}{2},q\right)$ 关系数据的操作方法同前，结果如图 6.10 所示。其中 V' 为堰顶以上库容。

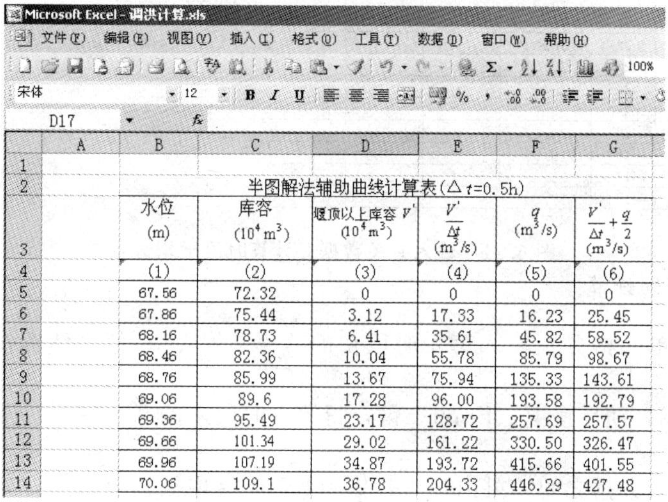

	A	B	C	D	E	F	G
1							
2				半图解法辅助曲线计算表（$\triangle t=0.5h$）			
3		水位 (m)	库容 ($10^4 m^3$)	堰顶以上库容 V' ($10^4 m^3$)	$\dfrac{V'}{\Delta t}$ (m^3/s)	$\dfrac{q}{2}$（m^3/s）	$\dfrac{V'}{\Delta t}+\dfrac{q}{2}$ (m^3/s)
4		(1)	(2)	(3)	(4)	(5)	(6)
5		67.56	72.32	0	0	0	0
6		67.86	75.44	3.12	17.33	16.23	25.45
7		68.16	78.73	6.41	35.61	45.82	58.52
8		68.46	82.36	10.04	55.78	85.79	98.67
9		68.76	85.99	13.67	75.94	135.33	143.61
10		69.06	89.6	17.28	96.00	193.58	192.79
11		69.36	95.49	23.17	128.72	257.69	257.57
12		69.66	101.34	29.02	161.22	330.50	326.47
13		69.96	107.19	34.87	193.72	415.66	401.55
14		70.06	109.1	36.78	204.33	446.29	427.48

图 6.10　半图解法辅助曲线 $q-\dfrac{V'}{\Delta t}+\dfrac{q}{2}$ 关系值的计算

6.6.2　调洪计算

根据半图解法公式，当时段初 q_1、$\dfrac{V'_1}{\Delta t}+\dfrac{q_1}{2}$ 已知时，利用式（6.11）

$$\frac{V'_2}{\Delta t}+\frac{q_2}{2}=\overline{Q}+\frac{V'_1}{\Delta t}+\frac{q_1}{2}-q_1 \qquad (6.11)$$

便可计算 $\dfrac{V'_2}{\Delta t}+\dfrac{q_2}{2}$，由此值以及利用辅助曲线 $q-\dfrac{V'}{\Delta t}+\dfrac{q}{2}$ 的关系值可内插 q_2。调洪计算过程如下。

1. 输入有关数据并计算时段平均流量

建立一个工作表 $\left[$或在计算 $\left(\dfrac{V'}{\Delta t}+\dfrac{q}{2},q\right)$ 关系数据的同一表中$\right]$，输入入流过程，如图 6.11 第（1）、（2）列所示，并进一步在表中列出有关各项；采用前述介绍的方法，计算第（3）列时段平均流量；在图 6.11 所示的第（7）、（8）两列输入图 6.11 已计算的 $\left(\dfrac{V'}{\Delta t}+\dfrac{q}{2},q\right)$ 关系数据，以备用于内插时段末的下泄流量。

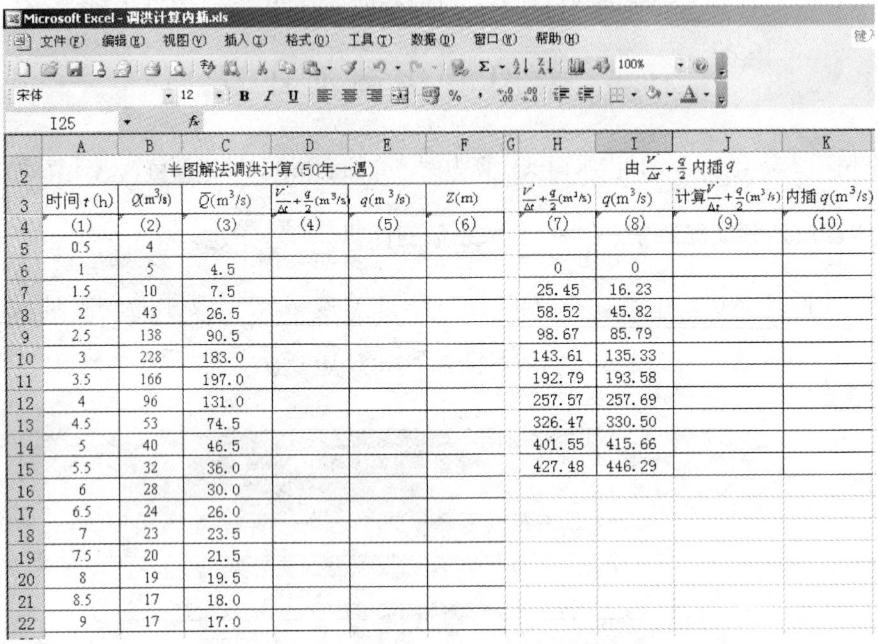

图 6.11　输入有关数据并计算时段平均流量

2. 逐时段调洪计算

在 D5、E5 单元格分别输入第一时段初的 $\dfrac{V'_1}{\Delta t}+\dfrac{q_1}{2}$、$q_1$ 值，然后在 D6 单元格输入 "=D5+C6−E5"，随后按下 "Enter" 键，得第一时段末的 $\dfrac{V'_2}{\Delta t}+\dfrac{q_2}{2}=4.5\mathrm{m^3/s}$，该值在 H6、H7 单元格的数据之间，可由 $\dfrac{V'_2}{\Delta t}+\dfrac{q_2}{2}=4.5\mathrm{m^3/s}$ 内插相应的 q_2。具体方法是，在第 (9) 列的 J6 单元格中输入 4.5，在第 (10) 列的 K6 单元格中输入 "=I6+（I7−I6）/ (H7−H6) ＊ (J6−H6)"，如图 6.12 所示。按下 "Enter" 键，即得到第一时段末 $\dfrac{V'_2}{\Delta t}+\dfrac{q_2}{2}=4.5\mathrm{m^3/s}$ 相应的流量 $2.9\mathrm{m^3/s}$。

将第一时段末流量 $2.9\mathrm{m^3/s}$，输入 E6 单元格中，并选中 D6 单元格，鼠标指针变成黑十字时，按住鼠标左键，向下拖动填充 D7 单元格，即得到第二个时段末的 $\dfrac{V'_2}{\Delta t}+\dfrac{q_2}{2}=9.1\mathrm{m^3/s}$，进一步利用 $\left(\dfrac{V'}{\Delta t}+\dfrac{q}{2},q\right)$ 关系数据内插得相应下泄量 $q_2=5.8\mathrm{m^3/s}$。依次计算，可求得逐时段末的泄流量，并根据水位—泄量关系，由泄流量内插库水位，计算结果如图 6.13 所示。

图 6.13 第 (5) 列 $\Delta t=0.5\mathrm{h}$ 的出流过程，$t=3.5\mathrm{h}$ 的流量 $197\mathrm{m^3/s}$ 最大，但不等于该时刻相应的入库流量 $166\mathrm{m^3/s}$ 并不是真正的最大值。由第 (2)、(5) 列数据分析可知，最大值发生在 $3\sim3.5\mathrm{h}$，对此范围缩小时段，采用试算法，取 $\Delta t=0.17\mathrm{h}$，相应入流量为 $207\mathrm{m^3/s}$，求得 $t=3.17\mathrm{h}$ 的泄流量为 $207\mathrm{m^3/s}$，等于该时刻的入库流量，故该值为所求最大下泄流量，即 $q_m=207\mathrm{m^3/s}$。

152

图 6.12 的 Excel 表格：

时间 t(h)	Q(m³/s)	$\overline{Q}$(m³/s)	$\frac{V'}{\Delta t}+\frac{q}{2}$(m³/s)	q(m³/s)	Z(m)	$\frac{V'}{\Delta t}+\frac{q}{2}$(m²/s)	q(m³/s)	计算$\frac{V'}{\Delta t}+\frac{q}{2}$(m³/s)	内插q(m³/s)
(1)	(2)	(3)	(4)	(5)	(6)	(7)	(8)	(9)	(10)
0.5	4		0	0					
1	5	4.5		4.5		0	0	4.5	=I6+(I7-I6)/(H7-H6)*(J6-H6)
1.5	10	7.5				25.45	16.23		
2	43	26.5				58.52	45.82		
2.5	138	90.5				98.67	85.79		
3	228	183.0				143.61	135.33		
3.5	166	197.0				192.79	193.58		
4	96	131.0				257.57	257.69		
4.5	53	74.5				326.47	330.50		
5	40	46.5				401.55	415.66		
5.5	32	36.0				427.48	446.29		
6	28	30.0							
6.5	24	26.0							
7	23	23.5							
7.5	20	21.5							
8	19	19.5							
8.5	17	18.0							
9	17	17.0							

图 6.12　由第一个时段末的 $\dfrac{V'_2}{\Delta t}+\dfrac{q_2}{2}$ 内插相应的 q_2

由最大下泄流量 $q_m=207\text{m}^3/\text{s}$，根据水位—泄量关系线，可内插相应水位为 69.123m，该值即为 50 年一遇洪水的设计洪水位。

图 6.13 的 Excel 表格：

时间 t(h)	Q(m³/s)	$\overline{Q}$(m³/s)	$\frac{V'}{\Delta t}+\frac{q}{2}$(m³/s)	q(m³/s)	Z(m)	$\frac{V'}{\Delta t}+\frac{q}{2}$(m²/s)	q(m³/s)	计算$\frac{V'}{\Delta t}+\frac{q}{2}$(m³/s)	内插q(m³/s)
(1)	(2)	(3)	(4)	(5)	(6)	(7)	(8)	(9)	(10)
0.5	4		0	0	67.56				
1	5	4.5	4.5	2.9	67.61	0	0	9.1	5.8
1.5	10	7.5	9.1	5.8	67.67	25.45	16.23	26.4	17.1
2	43	26.5	29.8	20.1	67.90	58.52	45.82	59.3	46.6
2.5	138	90.5	100.2	87.5	68.47	98.67	85.79	130.2	120.5
3	228	183.0	195.7	196.5	69.07	143.61	135.33		
3.5	166	197.0	196.2	197.0	69.08	192.79	193.58	196.2	197.0
4	96	131.0	130.2	120.5	68.67	257.57	257.69		
4.5	53	74.5	84.2	71.4	68.35	326.47	330.50		
5	40	46.5	59.3	46.6	68.17	401.55	415.66		
5.5	32	36.0	48.7	37.0	68.07	427.48	446.29		
6	28	30.0	41.7	30.8	68.01				
6.5	24	26.0	36.9	26.5	67.96				
7	23	23.5	33.9	23.8	67.94				
7.5	20	21.5	31.6	21.7	67.92				
8	19	19.5	29.4	19.8	67.90				
8.5	17	18.0	27.6	18.2	67.88				
9	17	17.0	26.4	17.1	67.87				

图 6.13　半图解法调洪计算结果

第二部分

技能训练项目集

技能训练项目 1　流域地形特征值量计

1. 训练目标

(1) 会勾绘流域水系图。

(2) 会分析勾绘流域分水线。

(3) 能用两脚规法量计河流长度 L。

(4) 能计算主河道平均比降 J。

(5) 会求求积仪转换常数 C。

(6) 会使用求积仪量计流域面积（不规则图形面积）。

2. 资料

(1) 富强水库控制流域 1/50000 地形图（另行提供）。

(2) 水库坝址位于上富强村北河道高程 923m 处。

3. 要求

(1) 确定并勾绘流域分水线。

(2) 量计水库坝址断面以上的集水面积 F（km²）。

(3) 量计主河道长度 L（km）。

(4) 计算主河道平均比降 J（‰）。

4. 做法提示

(1) 在地形图上先用蓝色笔将河流水系描绘清楚，大致了解水系及流域范围。

(2) 分水线应通过山峰岭脊勾绘，可先在山岭明显处逐段绘出，最后自坝址连接成一条闭合线。

(3) 用求积仪量计流域面积。量计流域面积之前，应先确定求积仪系数 C。

(4) 用求积仪在地形图上沿分水线范围量计两次，两次求积仪读数差相对误差应在 1‰ 以内，否则继续量计。

(5) 主河道应用蓝色笔以虚线延伸至水分线处。

(6) 量计河长用两脚规法，两脚规开距 a 调至 2mm 为宜。

(7) 两脚规量计次数 n 读至一位小数（估计数）。

(8) 求积仪系数 C 取三位小数，F、L、J 成果取一位小数。

表 1.1　　　　　　　　　　　　　　求积仪系数 C 量计表

量计图形实际面积	相应地形图上面积	量计图形的求积仪读数				求积仪系数
		次	始 S_1	终 S_2	$S = S_2 - S_1$	
$f =$ 　（cm²）	$F =$ 　（km²）	I				$C = F/S =$
		II				
		两次差值相对误差点小于 1‰ 时的平均读数				

表 1. 2   富强水库流域面积量计表

量计次数	求积仪读数		读数差	平均读数差	求积仪系数	流域面积 F
	始 S_1	终 S_2	ΔS	$\overline{S}$	C	（km²）
1						
2						

表 1. 3   不同比例尺地形图上长度和面积换算表

比例尺		1：500	1：1000	1：2000	1：5000	1：10000	1：25000	1：50000	1：100000
图上 1cm 代表实际距离	m	5	10	20	50	100	250	500	1000
	km	0.005	0.01	0.02	0.05	0.10	0.25	0.50	1.00
图上 1cm² 代表实际面积	m²	25	100	400	2500	10000	62500	250000	1000000
	km²	0.000025	0.0001	0.0004	0.0025	0.0100	0.0625	0.2500	1.0000

表 1. 4   富强水库主河道长及平均比降计算表

高程 z（m）	河长（自坝址起）		相邻等高线间距离 ΔL（km）	与起始点相对高程差 Δz（km）	相邻两高程差之和 $(\Delta z_i + \Delta z_{i+1})$（km）	$(\Delta z_i + \Delta z_{i+1})\Delta L$（km²）
	两脚规量计次数 n	$L=an$（km）				
合计						

河长 $L=$ _____km；   主河道平均比降 $J=$ _____‰

技能训练项目 2　流域面平均降雨量计算

1. 训练目标

（1）会用算术平均法计算流域面平均雨量。

（2）会绘制泰森多边形。

（3）会用面积加权法（泰森多边形法）计算流域面平均雨量。

2. 资料

富强水库控制流域内 3 个雨量站具体位置见流域地形图，多年平均降雨量见表 2.1。

表 2.1　　　　　　　　　　　　流域平均面雨量计算表

站名	各站雨量多年平均雨量 H（mm）	求积仪读数 S	各多边形面积 f_i（km）	$H_i f_i$	流域平均降雨量 H_F（mm）	
					算术平均法	多边形法
观音庙	650					
范家卓子	550					
杜公山	620					
合计						

3. 要求

用算术平均法和泰森多边形法计算流域面平均降雨量 H_F（mm）。

4. 做法提示

（1）根据各雨站位置和勾绘的流域分水线，首先绘制泰森多边形。

（2）用求积仪分块量计各雨量站代表（权重）面积 f_i，各块面积之和与技能训练项目 1 的总面积 F（km²）相差不得超过 1%，并以分块量计的面积之和为总面积计算。

（3）雨量数值保留一位小数。

技能训练项目3 径流常用计算单位换算

1. 训练目标

(1) 能陈述常用径流表示方法及其单位。

(2) 能熟练进行径流常用单位换算。

2. 资料

富强水库流域面积 $F=$ _____ km² (技能训练项目 1 的成果) 流域多年平均降雨量 $H_F=$ _____ mm (技能训练项目 2 的成果)。由水库所在地区"水文手册"查得该流域多年平均径流深 $\bar{y}=92.5$mm。

3. 要求

根据给予的资料,计算多年平均 $\overline{W}$、$\overline{Q}$、$\overline{M}$ 和 $\bar{\alpha}$。

4. 做法提示

(1) T 按非闰年计算,即 $T=31.54\times10^6$s。

(2) W 用 (万 m³) 表示,$\overline{M}$ 用 [L/ (s·km²)] 表示,$\overline{W}$、$\overline{Q}$、$\overline{M}$ 和 $\bar{\alpha}$ 均取两位小数。

(3) 列出换算公式代入数值计算。

$\overline{W}=$

$\overline{Q}=$

$\overline{M}=$

$\bar{\alpha}=$

技能训练项目 4　流速仪法测流及流量计算

1. 训练目标

（1）能陈述流速仪测流及计算流量的步骤。

（2）能熟练计算流速面积法测流成果。

2. 资料

某站一次流量测验记录，见表 4.1。

3. 要求

（1）完成测流始、末基本水尺水位及相应水位计算。

（2）确定各测点深。

（3）计算测点、垂线平均和部分平均流速。

（4）计算测深垂线间的平均水深和间距。

（5）计算测深垂线间的部分断面面积。

（6）计算部分流量。

（7）计算断面流量、断面面积、平均流速和平均水深等。

4. 做法提示

（1）水位、测点深、流速、水深、间距、部分断面面积和部分流量等保留两位小数。

（2）断面面积和断面流量取整数（仅本技能训练项目题要求）。

（3）在计算部分面积时，最好绘出测深垂线和测速垂线的布置示意图。

（4）表 4.1 为实际"测深、测速记载及流量计算表"的简化表，去掉了一些栏目。

表 4.1　××站测深、测速记载及流量计算表（简化表）

施测时间：2005 年 7 月 25 日 10 时 00 分至 10 时 15 分（平均）　　　日　时　分　　　天气：阴天　　　风力风向：偏西风 3 级

流速仪型号牌号及公式：LS68 型　　$V = 0.690R/S + 0.010$　　　检定后使用次数：34　　　停表牌号：上海

垂线号数 (测深 / 测速)	起点距 (m)	基本水尺水位 (m)	测得水深 (m)	河底高程 (m)	仪器位置 相对	仪器位置 测点深 (m)	信号数	一组信号转数	总转数	总历时 (s)	测点	流速 岸边系数 / 垂线平均线	流速 部分平均 (m/s)	平均水深 (m)	间距 (m)	测深垂线间 (m)	水道断面面积 部分 (m²)	部分流量 (m³/s)
左水边	15.5		0									0.70						
1	20.0		0.40			0.6	48	5	240	101								
2	30.0		0.70			0.2	58		290	100								
						0.8	52		260	102								
3	40.5		1.50			0.2	67		335	101								
						0.6	60		300	100								
4	50.0		2.20			0.8	54		270	101								
5	60.0		1.70			0.2	62		310	101								
						0.8	53		265	102								
6	71.0		1.00			0.6	56		280	101		0.70						
7	80.5		0.60			0.6	50		250	102								
右水边	90.0		0															

项目	单位	精率
断面流量	m³/s	测深方法：
断面面积	m²	垂线数 / 测点数：
平均流速	m/s	测流手段：
最大测点流速	m/s	测流手段：
水面宽	m	
平均水深	m	
最大水深	m	
水面比降	×10⁻⁴	

水位记录：水尺读数 (m)　始：0.95　终：0.99　平均：

水尺名称	水尺读数 (m)		水位 (m)
基本	始：0.95	终：　平均：	
测流	始：　终：0.99	平均：	
水尺零点高程	98.35m		

备注：

技能训练项目 5 两变量直线相关计算

1. 训练目标
（1）能陈述相关分析法的基本原理及其在水文上的应用。
（2）能熟练应用图解法和计算法进行两变量直线相关。
（3）能陈述图解法与计算法的优缺点。
（4）能用 Excel 的图表功能进行两变量直线相关计算。
（5）能用相关直线方程插补延长径流资料系列。
（6）能熟练应用 Word、Excel、Internet 进行专业文件处理。

2. 资料
某河甲站的流域面积 $F=623km^2$，作为设计站 Y，自 1966～1982 年仅有 17 年的平均流量资料；甲站的相邻流域乙站作为参证站 X，自 1950～1982 年共有 33 年的年平均流量资料（表 5.1）。

表 5.1 设计站 Y 与参证站 X 同期年平均流量成果表

年份	年平均流量（m^3/s）		年份	年平均流量（m^3/s）		年份	年平均流量（m^3/s）	
	Y（设计站）	X（参证站）		Y	X		Y	X
1950	（　）	7.25	1961	（　）	7.40	1972	3.46	5.28
1951	（　）	6.45	1962	（　）	10.60	1973	5.33	7.48
1952	（　）	12.5	1963	（　）	9.50	1974	5.92	8.42
1953	（　）	7.74	1964	（　）	16.50	1975	9.54	13.5
1954	（　）	11.10	1965	（　）	7.49	1976	3.26	5.15
1955	（　）	10.50	1966	3.19	4.73	1977	4.35	6.58
1956	（　）	9.67	1967	5.17	7.92	1978	6.47	8.95
1957	（　）	9.07	1968	8.40	11.9	1979	7.45	10.2
1958	（　）	12.7	1969	3.74	5.32	1980	6.51	9.5
1959	（　）	5.64	1970	6.18	9.15	1981	8.52	12.2
1960	（　）	6.20	1971	3.89	5.74	1982	5.22	7.56

3. 要求
（1）根据设计站 Y 与参证站 X 的 17 年（1966～1982 年）同期年径流资料，在方格纸上点绘相关图。
（2）用图解法定相关直线，并求出 Y 倚 X 的回归方程式 $Y=a+bX$。

（3）用计算法（按表 5.2 的格式）推求 Y 倚 X 的回归方程式，并将相关直线点绘在相关图上，与图解法相关直线对比，分析两者的差异。

（4）用计算法求得回归方程式，以参证站 X（1950～1965 年）每年的平均流量插补设计站 Y 相应年份的年平均流量资料。

（5）用 Excel 的图表功能进行计算，与手工计算结果比较，并将计算过程及结果用 Word 整理成规范文档，用电子邮件发到任课老师指定邮箱。

4. 做法提示

（1）点绘相关图时，纵横坐标比例尺可参考选用 $1\text{cm}：1\text{m}^3/\text{s}$；纵坐标 Y 起点为 2.0，横坐标 X 起点为 4.0，注意坐标应注明名称、符号和单位，并标出相关图的图名、图例。

（2）按表 5.2 格式计算时，应注意验算：$\sum K_i = n$，误差不得超过 ±0.02。

（3）计算时，K_i 和（K_i-1）取两位数，（K_i-1）^{2} 和（$K_{Xi}-1$）（$K_{Yi}-1$）取 4 位小数，其余项取两位小数，插补的设计年平均流量取三位有效数字。

（4）用 Excel 的图表功能进行计算，将计算过程及结果用 Word 整理成规范文档，用电子邮件发到任课老师指定的邮箱。邮件名称必须用"专业班级—学号—姓名 .doc"格式命名；如"城水 - 08010 - 15 - ×××.doc"。

表 5.2　　　　　　　　设计站 Y 与参证站 X 年径流量简单直线相关计算表

年份	Y (m^3/s)	X (m^3/s)	K_Y	K_X	K_Y-1	K_X-1	$(K_Y-1)^2$	$(K_X-1)^2$	$(K_Y-1)(K_X-1)$
1966									
1967									
1968									
1969									
1970									
1971									
1972									
1973									
1974									
1975									
1976									
1977									
1978									
1979									
1980									
1981									
1982									
合计									

技能训练项目6 经验频率曲线与理论频率曲线的绘制

1. 训练目标

(1) 能陈述频率计算法的基本原理及应用。

(2) 会根据实际样本资料系列计算3个统计参数（初值）。

(3) 会在频率格纸上点绘经验频率点据。

(4) 会进行频率适线确定3个统计参数（终值）。

(5) 能叙述统计参数初值与终值的区别和联系。

2. 资料

某河甲站经相关分析延长后1950～1982年共33年的年平均流量资料（见技能训练项目5的表5.1设计站 Y 的资料系列）。

3. 要求

(1) 用矩法计算统计参数初值。

(2) 用三点法计算统计参数，并与矩法成果对比（可选做）。

(3) 选配理论频率曲线，确定3个统计参数（选用值）。

4. 做法提示

(1) 计算时注意 $\sum K_i = n$ 验算。

(2) 三点法计算时，据资料项数 n 大小、宜选用 $p=5\%$ 、 $p=50\%$ 、 $p=95\%$ 三点，查取值。

(3) 适线时， C_s 可在 $(2.0～3.5)C_v$ （年径流频率曲线的经验范围）范围内选择，通过适线确定。

(4) 频率曲线图上应保留两条曲线，其中第一条是初始参数对应的P—Ⅲ型曲线，第二条是经过反复调整参数拟合经验点据，得到与经验点配合良好的P—Ⅲ型曲线。

(5) 图上应标注图名、图例。

表 6.1   某河甲站年径流量频率计算表

年份	Q (m³/s)	序号	Q (大→小)	K_i	K_i-1	$(K_i-1)^2$	$(K_i-1)^3$	$p=\dfrac{m}{n+1}\times100\%$
1950		1						
1951		2						
1952		3						

年份	Q (m^3/s)	序号	Q (大→小)	K_i	K_i-1	$(K_i-1)^2$	$(K_i-1)^3$	$p=\dfrac{m}{n+1}\times100\%$
1953		4						
1954		5						
1955		6						
1956		7						
1957		8						
1958		9						
1959		10						
1960		11						
1961		12						
1962		13						
1963		14						
1964		15						
1965		16						
1966		17						
1967		18						
1968		19						
1969		20						
1970		21						
1971		22						
1972		23						
1973		24						
1974		25						
1975		26						
1976		27						
1977		28						
1978		29						
1979		30						
1980		31						
1981		32						
1982		33						
合计								

表 6.2　　　　　　　　　　　　　　　　统计参数初始值计算表

矩　法					三　点　法　（选做）									
n	$\sum Q_i$	$\overline{Q}$	$\sum (K_i-1)^2$	C_v	p	Q	S	C_s	$\Phi_{50\%}$	$\Phi_{5\%\sim95\%}$	$\overline{s}$	$\overline{Q}$	C_v	C_s/C_v
					5%									
					50%									
					95%									

表 6.3　　　　　　　　　　　　　　　　理论频率曲线选配计算表

p (%)		0.1	0.2	0.5	1	2	5	10	20	50	75	90	95
$\overline{Q}=$　m³/s $C_v=$ $C_s=$	K_p												
	Q_p												
$\overline{Q}=$　m³/s $C_v=$ $C_s=$	K_p												
	Q_p												
$\overline{Q}=$　m³/s $C_v=$ $C_s=$	K_p												
	Q_p												
$\overline{Q}=$　m³/s $C_v=$ $C_s=$	K_p												
	Q_p												
选用参数		$\overline{Q}=$　　　　m³/s				$C_v=$				$C_s/C_v=$			

注　表中"选用参数"应为理论频率曲线与经验点群配合最佳的一条频率曲线的 3 个统计参数。

技能训练项目7 设 计 年 径 流 计 算

1. 训练目标

(1) 能陈述设计年径流计算的目的与计算的内容。

(2) 能根据长期实测（或插补延长）径流资料系列推求设计年径流量。

(3) 能正确选择年径流不同频率的典型年。

(4) 能用同倍比法进行年径流年内分配计算。

2. 资料

(1) 某河甲站年径流量频率计算成果（见技能训练项目6 表6.3）。

(2) 甲站1966～1982年共17年径流的年内分配表（m³/s），见表7.1。

表 7.1　　　　　　　　甲站 1966～1982 年径流年内分配表

月份 / 年份	1	2	3	4	5	6	7	8	9	10	11	12	年平均
1966	1.24	1.54	5.33	6.51	2.93	0.43	3.37	1.27	8.43	4.29	1.92	1.02	3.19
1967	0.95	1.22	2.94	11.7	11.8	3.41	11.9	0.70	6.67	6.69	2.79	1.27	5.17
1968	1.03	1.12	1.95	9.57	18.3	0.45	0.60	1.74	30.6	22.3	8.39	4.75	8.40
1969	2.10	1.89	4.67	18.2	3.50	0.26	1.08	0.24	4.08	5.47	2.09	1.30	3.74
1970	1.00	0.73	1.21	9.00	8.97	8.20	1.55	1.03	24.9	11.2	4.12	2.35	6.18
1971	1.51	1.23	1.39	7.84	8.47	3.94	4.38	0.68	0.80	8.73	5.93	1.78	3.89
1972	1.12	1.39	3.21	5.87	8.47	4.05	2.59	0.83	5.09	3.29	3.89	1.72	3.46
1973	1.11	1.12	0.73	9.25	5.00	8.63	7.33	4.06	6.80	15.3	3.54	1.09	5.33
1974	1.28	1.55	3.11	4.32	12.6	1.40	0.65	3.26	19.0	17.4	3.99	2.48	5.92
1975	2.10	1.31	1.11	5.01	8.21	0.51	5.24	5.39	38.0	34.5	9.08	4.02	9.54
1976	1.52	2.52	3.28	5.13	4.04	1.50	6.08	4.89	3.12	2.83	3.10	1.10	3.26
1977	1.75	1.22	1.58	3.14	4.31	0.56	5.66	6.88	14.6	8.89	2.05	1.56	4.35
1978	1.9	1.47	3.01	3.97	11.2	2.12	14.8	10.9	13.8	8.72	3.21	2.49	6.47
1979	1.21	1.03	1.98	12.4	8.17	0.48	10.5	20.6	12.8	10.9	6.78	2.58	7.45
1980	1.56	1.42	3.42	5.12	13.5	0.88	7.12	11.6	13.5	9.38	8.51	2.06	6.51
1981	1.82	1.75	2.59	15.6	18.8	5.12	14.9	5.62	17.3	11.1	4.23	3.45	8.52
1982	1.02	1.23	2.12	7.52	4.65	4.15	6.03	2.21	10.1	17.5	3.52	2.56	5.22
多年平均	1.42	1.40	2.57	8.24	9.00	2.71	6.1	4.82	13.5	11.7	4.54	2.21	5.68

3. 要求

推求丰、平、枯三种典型年（$p=20\%$、$p=50\%$、$p=75\%$）的设计年径流量及其相应的年内分配。

4. 做法提示

（1）根据表6.3选用适线确定的统计参数（选用参数）。

（2）由17年实测径流的年内分配表选取典型年。

表7.2　　　　　　　　　　　　　设计年径流计算成果表

统计参数	p（%）	K_p	Q_p（m³/s）
$\overline{Q}=$ 　　　　m³/s	20		
$C_v=$	50		
$C_s/C_v=$	75		

表7.3　　　　　　　　　　　　　设计年径流年内分配表

典型年	缩放系数 K	项目	月平均流量（m³/s）												年平均 (m³/s)
			1	2	3	4	5	6	7	8	9	10	11	12	
$p=20\%$ （19　年）		典型年													
		设计													
$p=50\%$ （19　年）		典型年													
		设计													
$p=75\%$ （19　年）		典型年													
		设计													

技能训练项目8 缺乏实测资料时设计年径流计算

1. 训练目标

能进行缺乏实测径流资料时的年径流分析计算。

2. 资料

(1) 技能训练项目3的成果：富强水库控制流域多年平均径流量 $\overline{W}=$ _____ 万 m^3。

(2) 由该地区水文手册查得年径流的 $C_v=0.57$，$C_s=2C_v$。

(3) 相邻3个站的3种典型径流年内分配比（％），见表8.1。

表8.1　　　　　　　　　富强水库设计年径流不同典型年内分配表

年型	月份	1	2	3	4	5	6	7	8	9	10	11	12	全年
甲站 (1963年)	分配比 (％)	3.0	1.6	1.2	2.1	28.3	6.5	2.7	2.6	42.2	5.6	2.6	1.6	100
	万 m^3													
乙站 (1955年)	分配比 (％)	4.8	4.2	6.7	14.4	9.1	4.0	10.5	8.6	13.0	14.4	6.6	3.7	100
	万 m^3													
丙站 (1959年)	分配比 (％)	6.1	6.4	10.6	11.1	8.5	5.3	5.0	20.8	11.2	6.9	4.7	3.4	100
	万 m^3													

3. 要求

(1) 推求富强水库 $p=75\%$ 的设计年径流量 W_p（以万 m^3 计，取小数一位）。

(2) 计算设计年径流过程。

4. 做法提示

(1) 每人只需做3个站中的一个站。

(2) 注意应按各月径流量之和应等于年径流总量来验算。

技能训练项目 9 用实测流量资料推求设计洪水

1. 训练目标

（1）能陈述计算设计洪水的目的及方法途径。

（2）会进行加入特大洪水后的不连序系列的频率计算。

（3）能陈述选择典型洪水过程的原则及含义。

（4）能用同频率放大法进行设计洪水过程线的计算与修匀。

（5）能用 Excel 进行同频率放大设计洪水过程计算。

（6）能熟练应用 Word、Excel、Internet 进行专业计算及文件处理。

2. 资料

（1）某站 1950～1979 年共 30 年实测洪峰流量资料（表 9.1）。

表 9.1　　　　　　　　　　　　　某站洪峰流量频率计算表

年份	Q_m (m³/s)	序号	Q_m （大→小）	K_i	K_i-1	$(K_i-1)^2$	$p=\dfrac{m}{n+1}\times100\%$
1933	6650	一					
⋮	⋮	二					
1950	630	1					
1951	1310	2					
1952	840	3					
1953	822	4					
1954	5030	5					
1955	1110	6					
1956	1260	7					
1957	1320	8					
1958	892	9					
1959	3040	10					
1960	1800	11					
1961	810	12					
1962	1000	13					
1963	1670	14					
1964	2420	15					

年份	Q_m （m³/s）	序号	Q_m （大→小）	K_i	K_i-1	$(K_i-1)^2$	$p=\dfrac{m}{n+1}\times100\%$
1965	2830	16					
1966	4200	17					
1967	1290	18					
1968	2280	19					
1969	900	20					
1970	3300	21					
1971	1930	22					
1972	561	23					
1973	3670	24					
1974	584	25					
1975	866	26					
1976	1480	27					
1977	2760	28					
1978	1680	29					
1979	535	30					
合计	6650/52820						

（2）经历史洪水调查，1933 年洪峰流量为 6650m³/s；经考证，其重现期 $N=100$。

（3）$p_{设}=1\%$、$p_{校}=0.1\%$ 和典型洪水的最大 1d、3d、7d 洪量（表 9.4）。

（4）"548 型"典型洪水过程线（表 9.5）。

表 9.2　　　　　　　　　　　　统计参数初始值计算表

矩　　法					三　点　法　（可选做）								
N/n	$\sum Q_m$	$\overline{Q}_m$	$\sum(K_i-1)^2$	C_v	p	Q_m	S	C	$\Phi_{50\%}$	$\Phi_{5\%\sim95\%}$	s	$\overline{Q}_m$	C_v	C_s/C_v
					5%								
					50%								
					95%								

表 9.3　　　　　　　　　　　　各种频率洪峰流量计算表

$\overline{Q}_m$				m³/s		C_v				C_s/C_v			
p（%）	0.01	0.1	0.2	0.5	1	2	5	10	20	50	75	90	95	99
K_p														
Q_{mp}（m³/s）														

表 9.4　　　　　　　　洪峰流量及各时段洪量计算成果表

项　目	洪峰流量 Q_m（m³/s）	不同时段洪量 W_t（亿 m³）		
		最大 1d	最大 3d	最大 7d
均值		0.866	1.751	2.752
C_v		0.62	0.55	0.55
C_s/C_v		2.5	2.25	2.0
$p=1\%$洪水		2.667	4.798	7.430
$p=0.1\%$洪水		3.712	6.433	9.852
"548" 型洪水	5030	2.415	3.524	5.251
修匀后洪量				
误差（%）				

表 9.5　　　　　　　　100 年一遇设计洪水过程线计算表

时　间		典型流量（m³/s）	放大倍比 K	放大流量（m³/s）	修匀后流量（m³/s）	备　注
日	时					
12	10	290				
13	04	1370				
	10	935				
14	04	470				
15	10	180				
16	10	130				
	00	740				
	08	1280				
	12	1800				
17	16	3600				
	19	5030				
	22	3780				
	03	2300				
18	08	1200				
	11	830				
19	00	540				
	10	400				
⋮						

最大 3d　最大 1d

3. 要求

（1）计算加入历史洪水后的统计参数。

（2）用适线法推求 $p_设 = 1\%$、$p_校 = 0.1\%$ 的设计洪峰流量。

（3）用同频率放大法推求 100 年一遇设计洪水流量过程。

（4）修匀并点绘设计洪水流量过程线。

（5）用 Excel 计算，并将计算成果用 Word 整理成规范文档发到任课教师指定邮箱。

（6）结合本作业，进行必要的分析说明。

4. 做法提示

（1）实测系列中的最大值 $Q_{m1} = 5030\text{m}^3/\text{s}$ 是否需提出作特大值处理，可根据次大值 $Q_{m2} = 4200\text{m}^3/\text{s}$，以及未考虑历史洪水的原均值 $\overline{Q'_m} = \underline{\qquad} \text{m}^3/\text{s}$，用 $(Q_{m1}/\overline{Q'_m}) \geqslant 3$ 或 $(Q_{m1}/Q_{m2}) \geqslant 1.5$ 两个条件中满足其中一个判断。

（2）计算模比系数 K 时，均值 $\overline{Q'_m}$ 应该用考虑特大值后的数值。

（3）C_s/C_v 宜选用 2.5～4.0 适线。

（4）绘制设计洪水过程线的图幅为 $25\text{cm} \times 40\text{cm}$ 方格纸，纵坐标 $1\text{cm}：200\text{m}^3/\text{s}$，横坐标 $1\text{cm}：10\text{h}$。

（5）点绘经验频率点据和适线时的频率曲线，可用模比系数 K 作纵坐标。

（6）修匀时主要针对两个时段交界处的不合理现象手工修匀，使其符合流量变化过程。

（7）验算不同时段洪量时，可按小梯形法计算；修匀后各时段计算洪量与设计值误差不超过 1%～3%。

技能训练项目 10　设计暴雨计算

1. 训练目标

（1）能陈述设计暴雨计算的目的与方法。

（2）能根据地区综合资料（水文手册或雨洪图集）进行设计暴雨计算。

2. 资料

（1）长滩村站位于陕南汉江北岸秦岭南坡山区，流域内植被良好，雨量丰沛。站址以上流域面积 $F=237\text{km}^2$，主河道长度 $L=44.8\text{km}$，主河道平均比降 $J=13.7‰$。

（2）由省《雨洪图集》查得流域形心处年最大各历时点雨量统计参数见表 10.1，C_s 统一取 $3.5C_v$。

表 10.1　　　　　　　各历时设计点、面雨量计算表（$p=1\%$）

t (h)	$\overline{H}$ (mm)	C_v	K_p	H_p (mm)	a	b	α	H_{Fp}
1	28.0	0.56			0.00462	0.3484		
3					0.00484	0.2866		
6	51.0	0.55			0.00504	0.2473		
12					0.00375	0.2447		
24	75.0	0.50			0.00220	0.2740		

（3）年最大 3h、12h 设计点雨量，由 1h、6h、24h 设计点雨量按下式计算

$$H_3 = H_1^{0.387} H_6^{0.613}, \quad H_{12} = (H_6 H_{24})^{0.5}$$

（4）据流域所属暴雨相似区，查得各历时点面系数 α 的参数 a、b 值，见表 10.1。

$$\alpha = \frac{1}{(1+aF)^b}$$

$$H_{Fp} = \alpha H_p$$

（5）该站流域面积小于 300km^2，设计历时取 12h。

（6）陕南分区的设计面暴时程分配雨型（%）列于表 10.2。

表 10.2　　　　　　　设计面雨量过程计算表（$p=1\%$）

t (h)	雨　型（%）				面雨量过程 (mm)
	H_1	H_3-H_1	H_6-H_3	$H_{12}-H_6$	
1				12.0	
2				13.0	
3				15.0	

t (h)	雨 型 （%）				面雨量过程 （mm）
	H_1	H_3-H_1	H_6-H_3	$H_{12}-H_6$	
4				26.0	
5		48.0			
6		52.0			
7	100				
8			52.0		
9			25.0		
10			23.0		
11				21.0	
12				13.0	
合计	100	100	100	100	

3. 要求

（1）计算 100 年一遇各历时设计点、面雨量。

（2）推求设计面雨量过程。

4. 做法提示

α 值取 3 位小数，H 成果保留 1 位小数。

技能训练项目 11 设计净雨计算 (一)
——降雨径流相关法

1. 训练目标

(1) 能陈述设计净雨计算的目的与方法途径。

(2) 能根据地区综合资料（水文手册或雨洪图集）用降雨径流相关法进行设计净雨计算。

2. 资料

(1) 技能训练项目 10 的长滩村站 $p=1\%$ 设计面雨量过程，见表 10.2。

(2) 本流域属湿润区，产流条件是降雨量满足流域最大蓄水量 I_m 之后，全部降雨形成径流，为"蓄满产流"。

(3) 流域最大蓄水量 $I_m=80.0$mm，设计条件下前期影响雨量 $P_{ap}=53.3$mm。

(4) 本流域所属产流区的降雨径流关系曲线 (H_F+P_a-R) 见表 11.1。

表 11.1 　　　　　　　　降雨径流关系曲线 (H_F+P_a-R) 　　　　　　　单位：mm

H_F+P_a	30	40	50	60	70	80	90	100	110	120	140	160	180
R	4.5	6	8	9	12	16	20	25	30	40	60	80	100

(5) 地下径流量 R_g 占总产量 R 的比例为 20%。

3. 要求

应用降雨径流相关法推求产流过程及设计净雨过程。

4. 做法提示

(1) 推求产流过程时，可查 H_F+P_a-R 关系曲线；由于本关系曲线的上段平行于 45°线，故亦可按式 $R=H_F+P_{ap}-I_m$ 计算。先算出初损量 $I_0=I_m-P_{ap}$，然后在降雨过程上"竖切一刀"，将 I_0 从降雨开始往后一次扣除，其余的降雨过程即为产流过程。

(2) 计算时段平均地下径流量 ΔR_g 时，当有时段产流量 $\Delta R<\Delta R_g$ 的，应予以修正后再计算净雨过程。

(3) 全部计算成果只保留一位小数。

表 11.2 　　　　　　　　　　设计产流过程、净雨过程计算表

t (h)	1	2	3	4	5	6	7	8	9	10	11	12	合计
H_{Fp} (mm)													
I_0 (mm)													
R (mm)													
R_g (mm)													
h (mm)													

技能训练项目 12　设计净雨计算（二）
——初损后损法

1. 训练目标

（1）能陈述初损后损法的方法原理。

（2）能根据地区综合资料（水文手册或雨洪图集）用初损后损法进行设计净雨计算。

2. 资料

（1）某站位于黄土高原丘陵沟壑区，雨量少、植被差，具有陕北暴雨洪水的一般特征。

（2）站址以上流域面积 $F=187 \text{km}^2$，主河道长 $L=24 \text{km}$，河道平均比降 $J=7.57\%$。

（3）经分析计算，$p=1\%$ 的设计面雨量过程，$\Delta t=1 \text{h}$，见表 12.1。

表 12.1　　　　　　　　　　设计产流过程、净雨过程计算表

t (h)	1	2	3	4	5	6	7	8	9	10	11	12	13
H_{Fp} (mm)	1.5	1.7	2.9	3.7	14.9	67.5	13.6	8.4	6.7	8.3	2.4	3.9	1.5
ΔI_0 (mm)													
$\Delta I_r = \overline{f} \Delta t_r$													
ΔR_s (mm)													

t (h)	14	15	16	17	18	19	20	21	22	23	24	合计	
H_{Fp} (mm)	2.8	1.1	0.5	1.1	0	0.4	2.6	1.1	1.1	1.5	1.7	150.9	
ΔI_0 (mm)													
$\Delta I_r = \overline{f} \Delta t_r$													
ΔR_s (mm)													

（4）流域最大蓄水量 $I_m=100 \text{mm}$，设计条件下前期影响雨量 $P_{ap}=33.3 \text{mm}$。

（5）查该流域所属产流分区的初损后损方案，得初损 $I_0=28.5 \text{mm}$，后损平均入渗率 $\overline{f}=1.2 \text{mm/h}$。

（6）地下径流量 R_g 占产流量总量 R 的比例较小，可以忽略不计。

3. 要求

用初损后损法扣损，推求设计净雨过程。

4. 做法提示

（1）先从降雨过程中扣除初损值，确定产流开始时刻。如果产流开始于某时段中间，则需要按比例确定该时段的初损时间 Δt_0 和后损历时 Δt_r。

（2）后损计算按 $\Delta I_r = \overline{f}\Delta t_r$，如果时段降雨小于 $\overline{f}\Delta t_r$，则全部为损失，本时段不产流。

（3）计算结果保留一位小数。

技能训练项目 13　用瞬时单位线法推求设计洪水

1. 训练目标

（1）能陈述设计洪水过程线计算的目的与方法途径。

（2）能陈述瞬时单位线法的应用步骤。

（3）能根据地区综合资料（水文手册或雨洪图集）用瞬时单位线法进行设计洪水过程计算。

2. 资料

（1）陕南长滩村站 $p=1\%$ 的设计净雨过程及地下径流量 R_g，见表 11.2。

（2）由陕西省《雨洪图集》查得，该流域瞬时单位线参数。

$$m_1 = nk = 3.05, \quad m_2 = \frac{1}{n} = 0.5$$

（3）地下径流汇流过程按等腰三角形过程计算，总历时 $T_g = 2T_s$，地下径流洪峰流量 Q_{mg} 出现在地面径流终止时刻。

（4）基流量 Q_b 计算公式为：$Q_b = 0.31F^{0.5}$（m^3/s），流域面积 $F = 237km^2$。

3. 要求

（1）将瞬时单位线转换成 $\Delta t = 1h$ 的时段单位线 q_t。

（2）推求流域的地面径流过程 $Q_s—t$ 和地下径流过程 $Q_g—t$。

（3）回加基流量 Q_b，计算设计洪水过程线 $Q—t$。

（4）在方格纸上点绘设计洪水过程线。

（5）用 Excel 计算，并将计算成果用 Word 整理成规范文档发到任课教师指定邮箱。

4. 做法提示

（1）按表 13.1 计算 $\Delta t = 1h$、$\Delta h = 10mm$ 的时段单位线。

（2）单位线修匀应在方格纸上绘图修匀，修匀后的过程应符合地面径流的汇流规律，总径流深应等于 10mm。

（3）按表 13.2 计算设计洪水过程线。

（4）地下径流过程按等腰三角形计算，即

$$W_g = 10^3 FR_g = \frac{1}{2} Q_{mg} T_g$$

$$Q_{mg} = \frac{2W_g}{T_g}$$

（5）在方格纸上点绘设计洪水过程线时，为了便于分析各种径流成分的汇流过程，同时在图上绘出地面径流、地下径流、基流过程。

表 13.1　　　　　　　　　　　单位线时段转换计算表（$\Delta t = 1h$）

t (h)	t/k	$s(t)$	$s(t-\Delta t)$	$u(\Delta t, t)$	q_i (m³/s)	修正后 q_i
0						
1						
2						
3						
4						
5						
6						
7						
8						
9						
10						
11						
12						
13						
14						
15						
16						
合计						

表 13.2　　　　　　　　　　　设计洪水过程线计算表

t (h)	q (m³/s)	Δh (mm)	各时段净雨产生的地面径流 Q_{si} (m³/s)								Q_s (m³/s)	Q_g (m³/s)	Q_b (m³/s)	Q_p (m³/s)
			Q_{s1}	Q_{s2}	Q_{s3}	Q_{s4}	Q_{s5}	Q_{s6}	Q_{s7}	Q_{s8}				
0														
1														
2														
3														
4														
5														
6														
7														
8														
9														
10														
11														
12														
13														
14														
15														
16														
17														

t (h)	q (m³/s)	Δh (mm)	各时段净雨产生的地面径流 Q_{si} (m³/s)								Q_s (m³/s)	Q_g (m³/s)	Q_b (m³/s)	Q_p (m³/s)
			Q_{s1}	Q_{s2}	Q_{s3}	Q_{s4}	Q_{s5}	Q_{s6}	Q_{s7}	Q_{s8}				
18														
19														
20														
21														
22														
合计														

技能训练项目 14　用推理公式法推求设计洪水

1. 训练目标

（1）能陈述小流域设计洪水的特点与方法途径。

（2）能陈述推理公式法的原理与适用条件。

（3）能根据地区综合资料（水文手册或雨洪图集）用推理公式法进行设计洪水计算。

2. 资料

（1）某站 $p=1\%$ 的设计净雨过程见表 12.1。

（2）据推理公式汇流参数分区，计算该流域流域特征参数 θ_1 和汇流参数 m 的公式为

$$\theta_1 = L/(FJ)^{1/3}$$

$$m = 4.2\theta_1^{0.325} h^{-0.41}$$

式中　F——流域面积，km^2；

　　　L——主河道长度，km；

　　　J——主河道平均比降，以小数计；

　　　h——总净雨量，mm。

（3）洪水过程线按三角形概化，退水历时与涨水历时的比例为 1.8，即 $t_2 : t_1 = 1.8$。

（4）本地区地下径流很小，设计时可不予考虑。

3. 要求

（1）用图解试算法—交点法推求设计洪峰流量 Q_{mp} 及汇流历时 τ。

（2）用推理公式法计算设计洪水总量 W_p。

（3）推算设计洪水过程线。

4. 做法提示

（1）由已知流域地形参数 F、L、J 代入资料（2）中的公式计算流域经验性汇流参数 m。

（2）由推理公式计算设计洪峰流量。将设计净雨过程由大到小排队，并逐时段进行累计，计算不同历时净雨强度 $\sum h_t/t$。

（3）将 $\sum h_t/t$ 代入推理公式 $Q_m = 0.278F\sum h_t/t$ 计算 Q_m，点绘 Q_m—t 关系曲线。

（4）再将上面计算的各个 Q_m 代入 $\tau = 0.278\dfrac{L}{mJ^{1/3}Q_m^{1/4}}$，计算相应的 τ 值，并在 Q_m—$\sum h_t/t$ 图上点绘 Q_m—τ 的关系曲线，两条曲线的交点坐标即为所求的 Q_m 和 τ 值。

（5）进行校核，将 Q_m 和 τ 值分别代入求解方程组，演算两方程是否成立。其中 h_τ

按 τ 从净雨过程中计算。

（6）计算三角形洪水过程：

$$W = 10^3 FR = \frac{1}{2} Q_m T$$

$$T = \frac{2W}{Q_m}$$

再按退水历时与涨水历时的比例计算 t_1、t_2，将过程填入表 14.2。

表 14.1　　　　　　　某站 $p=1\%$ 的 $t—Q_m—\tau$ 关系计算表

历时 t（h）	1	2	3	4	5	6	7	8	9	10	11	12	合计
设计净雨过程 h_t（mm）													
净雨过程大→小排队													
累积净雨量 $\sum h_t$（mm）													
最大时均净雨强 $\sum h_t/t$													
洪峰流量 Q_m（m³/s）													
汇流历时 τ（h）													

表 14.2　　　　　　　某站 $p=1\%$ 设计洪水过程计算表

历时 t（h）	0						
设计洪水过程 Q（m³/s）							

技能训练项目 15　河流输沙量及水库淤积计算

1. 训练目标

（1）能陈述河流泥沙计算的目的与方法途径。

（2）能根据地区综合资料（水文手册或雨洪图集）进行河流多年平均输沙量计算与水库淤积量估算。

2. 资料

（1）富强水库控制流域面积 $F=44.5\text{km}^2$，由地区水文手册查得流域多年平均侵蚀模数 $\overline{M}_s=200\text{t}/(\text{km}^2 \cdot \text{a})$。

（2）淤积泥沙的密度 $\gamma=1.33\text{t}/\text{m}^3$，水库泥沙的沉积率 m 按 90% 估计；淤积泥沙的孔隙率按 0.3 计算。

（3）技能训练项目 3 的计算成果：$\overline{W}$ 和 $\overline{Q}$。

3. 要求

（1）估算流域的多年平均输沙量 $\overline{W}_s$，多年平均输沙率 $\overline{Q}_s$ 和多年平均含沙量 $\bar{\rho}$。

（2）计算平均每年淤积容积 $V_{淤年}$、水库建成运用 20 年后的淤积库容 $V_{淤T}$（T 为水库使用年期）。

4. 做法提示

（1）采用缺乏资料的计算方法。

（2）计量单位：$\overline{W}_s(\text{t})$，$\overline{Q}_s(\text{kg/s})$，$\bar{\rho}(\text{kg/m}^3)$，$V_{淤}(\text{m}^3)$。

（3）计算结果：$\overline{W}_s$ 和 $V_{淤年}$ 取整数，$\overline{Q}_s$ 和 $\bar{\rho}$ 取 3 位小数；$V_{淤T}$ 以万 m^3 计，取一位小数。

（4）计算时需列出公式。

技能训练项目 16 水库特性曲线绘制及水库死水位确定

1. 训练目标

(1) 能陈述水库的特征水位及库容。

(2) 能根据库区地形图量计绘制水库水位—面积曲线和水位—库容曲线。

(3) 会根据水库用途分析确定水库的死水位及死库容。

2. 资料

(1) 富强水库水位与库水面积关系，见表 16.1。

表 16.1　　　　　　　　　　　富强水库水位与库容关系计算表

库水位 Z（m）	923	924	925	926	928	930	932.5	935	937.5
水库水面面积 $F_水$（万 m²）	0.20	0.35	0.50	0.65	1.00	1.50	2.50	3.78	5.50
部分库容 ΔV（万 m³）									
库容 V（万 m³）									

库水位 Z（m）	940	942.5	945	947.5	950	952.5	955	957.5	960
水库水面面积 $F_水$（万 m²）	7.32	9.00	10.8	12.5	14.62	17.5	19.75	23.5	27.3
部分库容 ΔV（万 m³）									
库容 V（万 m³）									

(2) 满足自流引水灌溉要求的死水位为 935m。

3. 要求

(1) 按表 16.1 格式计算不同库水位 Z 时的库容 V。

(2) 绘制水库特性曲线（Z—$F_水$、Z—V）。

(3) 确定水库死水位 $Z_死$ 和死库容 $V_死$。

4. 做法提示

(1) 用 $\Delta V = 1/3(F_1 + F_2 + \sqrt{F_1 F_2})\Delta Z$ 计算部分库容。

(2) 绘制特性曲线的方格纸尺寸为 $25\text{cm} \times 35\text{cm}$，比例尺：$Z$ 为 $1:2\text{m}$，F 为 $1:1$ 万 m²，V 为 $1:20$ 万 m³。

(3) $V_{淤年}$ 采用技能训练项目 15 的成果，并重新估算水库工作年限。

技能训练项目 17　设计用水过程计算

1. 训练目标

（1）能陈述水库用水过程计算的目的与方法途径。

（2）能根据水库灌溉面积与灌溉制度等计算设计灌溉用水过程。

2. 资料

（1）富强水库灌区的灌溉制度，见表 17.1。

表 17.1　　　　　　　　　　　富强水库灌区灌溉用水过程计算表

时间		各种作物净灌水定额 $m_{净i}$（m³/亩）						综合净灌水定额 $m_{综净}$（m³/亩）	综合毛灌水定额 $m_{综毛}$（m³/亩）	全灌区毛灌溉用水量		
月	旬	夏杂 $\alpha_1=15\%$	小麦 $\alpha_2=15\%$	棉花 $\alpha_3=15\%$	早秋 $\alpha_4=15\%$	晚秋 $\alpha_5=15\%$	其他 $\alpha_6=15\%$			水量（万 m³）	流量（m³/s）	月平均流量（m³/s）
3	中	45										
	下		20.9									
4	上		19.1									
	中											
	下		20									
5	上		20									
	中				23.8							
	下				26.2							
6	上				25							
	中				25							
	下				40							
7	上				40							
	中			40		45						
	下				40							
8	上				40							
	中			40	40							
	下				40							
9												
10												

时间		各种作物净灌水定额 $m_{净i}$（m³/亩）						综合净灌水定额 $m_{综净}$（m³/亩）	综合毛灌水定额 $m_{综毛}$（m³/亩）	全灌区毛灌溉用水量		
月	旬	夏杂 $\alpha_1=15\%$	小麦 $\alpha_2=15\%$	棉花 $\alpha_3=15\%$	早秋 $\alpha_4=15\%$	晚秋 $\alpha_5=15\%$	其他 $\alpha_6=15\%$			水量（万 m³）	流量（m³/s）	月平均流量（m³/s）
11	上		20									
	中		20									
	下		20									
12	上											
	中			23.8								
	下			26.2								
合计												

（2）灌溉水有效利用系数 $\eta=0.60$。

（3）富强水库设计年径流总量 W_p，见技能训练项目 8 的成果。

（4）要求水库灌溉的面积很大，设计来水远小于设计用水。

3. 要求

（1）根据表 17.1 的灌溉制度，计算综合净灌水定额和综合毛灌水定额。

（2）根据设计来水量 W_p，并考虑蒸发和渗漏损失，估算可灌溉面积 $F_可$（万亩）。

（3）根据可灌溉面积（即设计灌溉面积），计算全灌区的设计用水过程。

4. 做法提示

（1）计算综合净灌水定额：$m_{综净} = \sum_{i=1}^{n} \alpha_i m_{净i}$。

（2）计算综合毛净水定额：$m_{综毛} = m_{综净}/\eta$。

（3）计算灌溉用水量：$W_用 = m_{综毛} F_可$。

（4）因来水小于用水，兴利库容按 $V_兴 = 0.40 W_p$ 估算。

（5）因本水库水文地质等条件较差，水库蒸发、渗漏损失水量 ΔW 可按 $0.20 V_兴$ 估计。

（6）可灌面积 $F_可$ 按 $(W_p - \Delta W)/m_{综毛}$ 计算，宜取偏小数值。

技能训练项目 18 年调节水库兴利调节计算

1. 训练目标
（1）能陈述水库年调节兴利计算的目的与原理。

（2）能根据水库设计来水过程与设计用水过程进行年调节兴利计算。

（3）会用不计损失法和计入损失法进行年调节兴利库容计算。

2. 资料
（1）富强水库 $p=75\%$ 的设计年径流量 W_p 及其年内分配，见表 8.1。

（2）水库的设计灌溉用水过程，见表 17.1。

（3）水库所在地的多年平均蒸发量 $\overline{E_m}=1533\text{mm}$，相应的年内分配百分数见表 18.2，水面蒸发折算系数 $K=0.75$。

（4）流域的多年平均降雨量 $\overline{H_F}$（表 2.1），多年平均年径流深 $\bar{y}$（见技能训练项目 3）。

（5）本水库水文地质条件较差，月渗漏损失量 $W_{渗}$ 按平均库容 $\overline{V}$ 的 1.5% 计。

（6）$Z—F_水$ 和 $Z—V$ 曲线，见技能训练项目 16 的成果。

3. 要求
（1）用列表计算法，计算不计损失的年调节兴利库容 $V_兴$。

（2）用列表计算法，计算计入损失的年调节兴利库容 $V'_兴$。

（3）确定正常蓄水位 $Z_正$。

4. 做法提示
（1）死库容 $V_死$ 值，见技能训练项目 16 的成果。

（2）来水过程宜选以甲站 1963 年为典型的设计年径流过程，见表 8.1。

（3）计算兴利库容时可采用顺时序列表计算，计算起点一般选在最大一个蓄水期初或最大一个供水期末。

（4）计算时，应注意水量平衡验算。

表 18.1　　　　　　　　　　不计损失的年调节兴利库容计算表

月份	$W_来$（万 m³）	$W_用$（万 m³）	$W_来-W_用$（万 m³）		$\sum(W_来-W_用)$（月末）（万 m³）	V（末）（万 m³）	C（万 m³）
			+	-			
1							
2							
3							
4							

月份	$W_来$（万 m^3）	$W_用$（万 m^3）	$W_来-W_用$（万 m^3）		$\sum(W_来-W_用)$（月末）（万 m^3）	V（末）（万 m^3）	C（万 m^3）
			+	-			
5							
6							
7							
8							
9							
10							
11							
12							
全年			（　　　）		（　　　）		

表 18.2　　　　　　　　　　　水库蒸发损失计算表

月份	1	2	3	4	5	6	7	8	9	10	11	12	全年
分配比（%）	2.9	4.1	7.1	11.0	12.2	15.6	13.1	11.0	9.2	7.6	3.3	2.9	100
损失深度（mm）													

表 18.3　　　　　　　　　　计入损失的年调节兴利库容计算表

月份	$W_来$（万 m^3）	$W_用$（万 m^3）	V（末）（万 m^3）	$\overline{V}$（万 m^3）	$\overline{F}_水$（万 m^2）	$E_蒸$（mm）	损失水量（万 m^3）			$W'_用$（万 m^3）	$W_来-W'_用$（万 m^3）		$\sum(W_来-W'_用)$（月末）（万 m^3）	V'（末）（万 m^3）	C'（万 m^3）
							$W_蒸$	$W_渗$	合计		+	-			
1															
2															
3															
4															
5															
6															
7															
8															
9															
10															
11															
12															
全年															

表 18.4　　　　　　　　　　富强水库兴利调节计算成果表

p（%）	W_p（万 m^3）	$W_用$（万 m^3）	$Z_死$（m）	$V_死$（万 m^3）	$V_兴$（万 m^3）	$V'_兴$（万 m^3）	$V_正$（万 m^3）	$Z_正$（m）

技能训练项目 19 无调节水电站水能计算

1. 训练目标

（1）能陈述水能计算的目的与原理。

（2）能根据径流资料列表计算水电站出力。

（3）会绘制电站尾水水位—流量关系曲线图。

（4）能绘制无调节水电站日平均出力保证率曲线。

（5）会计算水电站的保证出力和保证电能。

2. 资料

某河道断面坝址流域面积 $F=5002km^2$，拟建一座水电站，若考虑上游的淹没损失问题，则水库正常蓄水位限制为 365.0m，调节库容很小，利用河湾落差增加水头，属于无调节隧洞引水式水电站。上游水位可按 365.0m 计算。

（1）设计年径流，经水文分析计算 $p=80\%$ 的年径流成果见表 19.1。

表 19.1　　　　　　　　某电站坝址设计代表年日平均流量分组统计

序号		0	1	2	3	4	5	6	7	8	9	10	11	12
分组流量中值 (m³/s)		0	2	4	6	8	10	20	30	40	50	60	70	80
次数	丰水年	0	0	0	16	43	50	20	36	24	15	12	13	28
	平水年	0	0	1	29	36	40	35	27	30	17	16	16	17
	枯水年	0	4	52	3	8	48	52	51	28	15	12	11	13
序号		13	14	15	16	17	18	19	20	21	22	23	24	25
分组流量中值 (m³/s)		90	100	110	120	130	140	450	200	300	400	500	1000	≥1500
次数	丰水年	13	15	11	10	9	4	22	10	6	2	4	1	1
	平水年	17	8	18	10	12	6	22	7	1	0	0	0	0
	枯水年	11	8	4	2	9	3	17	9	4	0	1	0	0

注　丰水年 $p=20\%$，平水年 $p=50\%$，枯水年 $p=80\%$。

（2）电站下游尾水水位—流量关系，见表 19.2。

表 19.2　　　　　　　　水电站尾水出口水位—流量关系

水位 (m)	348.0	348.5	349.0	349.5	350.0	350.5	351.0	352	353	354
流量 (m³/s)	0	10	100	250	490	750	1050	1680	2490	3300
水位 (m)	355	356	357	358	359	360	362	364	366	
流量 (m³/s)	4250	5150	6100	7150	8200	9250	11400	13550	15700	

（3）水头损失按 1.3m 估算，出力系数 $A\approx8.5$。

（4）当地电网中水电比重较小，电站单纯发电，倍比系数可在 2.5～4.5 中选取。

3. 要求

（1）列出无调节水电站出力计算表。

（2）绘制无调节水电站日平均出力保证率曲线。

（3）计算该电站的保证出力及保证电能、多年平均发电量。

（4）按保证出力倍比法，初拟电站装机容量。

（5）用 Excel 计算，并将计算过程及结果用 Word 整理成规范文档，用电子邮件发到任课老师指定邮箱。

4. 做法提示

（1）根据坝址断面 3 种代表年的日平均流量统计成果列表计算电站出力。

（2）点绘日平均出力保证率曲线，由 $p=80\%$ 在曲线上查得保证出力 $N_{保}$，计算日保证电能 $E_{保}=24N_{保}$。

（3）绘制日平均出力历时曲线，计算电站多年平均发电量。

（4）根据电站保证出力，初取倍比系数 $C=3.0$，估算电站装机容量 N_y。

技能训练项目 20 水库调洪计算
——单辅助曲线法

1. 训练目标

（1）能陈述水库防洪调节计算的目的与原理。

（2）能根据水库泄流方式计算水库泄流曲线（q—V 曲线）。

（3）会用单辅助曲线进行水库调洪计算，推求最大下泄流量、最大调洪库容、最高库水位、估算坝顶高程。

2. 资料

（1）关中渭北羊毛湾水库的水位—库容关系，见表 20.1。

（2）水库的 $p = 1\%$ 设计洪水过程线，见表 20.3。

表 20.1   羊毛湾水库水位—库容关系

库水位 Z（m）	630	631	632	633	634	635	636	637	638	639	640	641
库容 V（万 m³）	3650	4060	4450	4850	5250	5700	6150	6600	7100	7600	8100	8650
库容 Z（m）	642	643	644	645	646	647	648	649	650	651	652	653
库容 V（万 m³）	9200	9750	10350	10950	11550	12150	12800	13400	14100	14650	15300	16000

表 20.2   水库单辅曲线计算表（$\Delta t = 2h$）

库水位 Z（m）	库容 $V_{总}$（万 m³）	堰上水头 h（m）	堰上库容 V（万 m³）	$h^{3/2}$	下泄流量 q（m³/s）	$\dfrac{q}{2}$（m³/s）	$\dfrac{V}{\Delta t}$（m³/s）	$\dfrac{V}{\Delta t} + \dfrac{q}{2}$（m³/s）
635.9	6095	0						
636.0		0.1						
637.0		1.1						
638.0		2.1						
639.0		3.1						
640.0		4.1						
641.0		5.1						
642.0		6.1						
643.0		7.1						

库水位 Z (m)	库容 $V_总$ (万 m³)	堰上水头 h (m)	堰上库容 V (万 m³)	$h^{3/2}$	下泄流量 q (m³/s)	$\frac{q}{2}$ (m³/s)	$\frac{V}{\Delta t}$ (m³/s)	$\frac{V}{\Delta t}+\frac{q}{2}$ (m³/s)
644.0		8.1						
645.0		9.1						
646.0		10.1						
647.0		11.1						
648.0		12.1						
649.0		13.1						
650.0		14.1						

表 20.3　　　　　单辅曲线法调洪计算表（$p=1\%$）

时间 t (h)	入库流量 Q (m³/s)	时段 Δt (2h)	平均流量 $\overline{Q}$ (m³/s)	$\frac{V_2}{\Delta t}+\frac{q_2}{2}$ (m³/s)	q_2 (m³/s)	总库容 $V_总$ (万 m³)	库水位 Z (m)
0	10	0	0	0	0		
2	430	1					
4	930	2					
6	1390	3					
8	1800	4					
10	1490	5					
12	1140	6					
14	820	7					
16	500	8					
18	300	9					
20	245	10					
22	210	11					
24	180	12					
26	155	13					
28	140	14					
30	130	15					
32	120	16					
34	110	17					
36	100	18					
38		19					
40		20					
42		21					
44		22					
46		23					

（3）水库溢洪道为无闸门控制的实用堰，堰宽 $B=71.9\text{m}$，堰顶高程 $Z_堰=635.9\text{m}$，与正常蓄水位齐平，相应库容 $V_正=6095$ 万 m^3。

（4）下泄流量按式 $q=MBh^{3/2}$ 计算，流量系数 $M=1.47$。

（5）波浪爬高和安全超高分别按 1.0m 计。

3. 要求

（1）绘制水库的 Z—V、q—V 关系曲线。

（2）计算绘制调洪计算的单辅助曲线 $q—\left(\dfrac{V}{\Delta t}+\dfrac{q}{2}\right)$。

（3）用单辅助曲线法进行调洪计算，推求 $p=1\%$ 设计洪水的最大下泄流量 q_m，拦洪库容 $V_拦$，设计洪水位 $Z_设$。

（4）确定坝顶高程 $Z_坝$ 和坝高 $H_坝$。

（5）用 Excel 计算，并将计算过程及结果用 Word 整理成规范文档，用电子邮件发到任课老师指定的邮箱。

4. 做法提示

（1）绘图方格纸宜用 $25\text{cm}\times35\text{cm}$。比例尺：$Z$ 为 $1：1\text{m}$，q 为 $1：200\text{m}^3/\text{s}$，V 为 $1：400$ 万 m^3。

（2）假定洪水来临时库水位为正常蓄水位 $Z_正$，即起调水位 $Z_起=Z_堰=Z_正$。

（3）也可以用 Excel 列表计算。

技能训练项目 21　水库调洪计算
——简化三角形法

1. 训练目标

(1) 能陈述简化三角形法调洪计算的原理与适用条件。

(2) 会用简化三角形法进行水库调洪计算，推求最大下泄流量、最大调洪库容、最高库水位、估算坝顶高程。

2. 资料

(1) 富强水库设计（$p=2\%$）和校核（$p=0.2\%$）洪峰流量 Q_{mp} 和洪水总量 W_{mp}，见表 21.1。

表 21.1　　　　　　　　　　富强水库设计洪水计算成果表

项　　目	洪峰流量 Q_{mp} （m^3/s）	洪量 W_p （$10^4 m^3$）	汇流历时 τ （h）	总历时 T （h）	退水历时 t_2 （h）
设计洪水 （$p=2\%$）	312	241.2	2.14	4.31	2.17
校核洪水 （$p=0.2\%$）	619	413.0	1.8	3.7	1.9

(2) 水库特性曲线（$Z—F_水$、$Z—V$），见表 16.1 的成果。

(3) 溢洪道为宽顶式无闸门控制的实用堰，堰顶高程 $G_堰=G_正$（见技能训练项目 18 的成果）。

(4) 溢洪道宽两个待选方案，$B_1=30m$，$B_2=40m$，流量系数 $M=1.55$。

(5) 坝基高程 $Z_基=923$；风浪爬高 $h_浪$ 暂按 1.0m 考虑；设计与校核情况下，坝顶安全超高 Δh 分别为 0.5m 和 0.3m。

3. 要求

(1) 计算并点绘 $q—V$ 关系曲线。

(2) 用简化三角形解法，求解设计与校核两种情况下的相应调洪库容 V_m 和最大泄量 q_m，并确定设计洪水位和校核水洪水水位。选定溢洪道宽 B。

(3) 估算坝顶高程 $Z_坝$，确定坝高 $H_坝$。

4. 做法提示

(1) 点绘 $Q—t$ 与 $q—V$ 综合图时，图纸大小不应小于 $20cm \times 35cm$。比例尺选用 q 为 $1:40 m^3/s$，V 为 1:20 万 m^3，t 为 1:0.5h。

(2) 应注意设计和校核两套图解线的区别，以免混淆。

表 21.2　　　　　　　　　　　　**富强水库 $q=f（V）$ 关系曲线计算表**

水库水位 Z （m）													
总库容 $V_总$ （万 m³）													
堰上水头 h （m）		0	0.5	1.0	1.5	2.0	2.5	3.0	3.5	4.0	4.5	5.0	5.5
下泄流量 q （m³/s）	$B_1=30m$												
	$B_2=40m$												

表 21.3　　　　　　　　　　　**富强水库简化三角形图解法调洪计算成果**

设计标准 p	设计洪峰流量 Q_{mp} （m³/s）	设计洪水总量 W_{mp} （万 m³）	$B_1=30m$		$B_2=40m$	
			q_m （m³/s）	V_m （万 m³）	q_m （m³√s）	V_m （万 m³）
2%	312	241.2				
0.2%	619	413.0				

表 21.4　　　　　　　　　　　　**富强水库设计水位、坝顶高估算表**

频率 p	堰宽 B （m）	调洪库容 V_m （万 m³）	总库容 $V_总$ （万 m³）	最高洪水位 Z_{mp} （m）	风浪爬高 $h_浪$ （m）	安全超高 Δh （m）	坝顶高程 $Z_坝$ （m）	选定堰宽 B_p （m）	坝顶高程 $Z_{坝p}$ （m）	坝高 $H_坝$ （m）
2%	30				1.0	0.5				
	40									
0.2%	30				1.0	0.3				
	40									

195

技能训练项目 22　综合实训
——防洪与灌溉水库的水文水利计算

1. 训练目标

（1）能够收集并分析工程水文水利计算所需的基本资料。

（2）能进行年径流的分析计算。

（3）能根据暴雨资料进行设计洪水的分析计算。

（4）能够进行水库的兴利调节计算和防洪调节计算。

（5）能够分析确定水库不同设计方案的规模参数。

（6）能够正确运用有关设计规范。

（7）养成严肃认真、勤奋踏实的工作作风。

2. 资料

（1）工程概况。M 河水库为中型水利枢纽工程，总库容 2322 万 m^3，控制流域面积 94 km^2。水库枢纽主要建筑物有拦河坝、溢洪道和放水洞。

M 河水库于 1958 年兴建，1959 年 7 月竣工并投入使用，历经多次除险加固，现状工程特性有关数据见表 22.1。

表 22.1　　　　　　　　　　　　M 河水库现状工程特性有关数据

水库控制流域面积			94km^2	溢洪道	型式	宽顶堰、无闸门
建筑物等级	工程等别		Ⅲ		堰顶高程	130.352m
	设计标准		100 年一遇		堰顶净宽	61.7m
	校核标准		1000 年一遇			
水库特征	调节性能		年调节	放水洞	型式	拱形浆砌石涵洞
	水位	校核洪水位	136.752m		断面尺寸	2.05m×1.3m(下部分为矩形，上部分为半圆)
		设计洪水位	134.752m		进口底高程	122.15m
		汛限水位	127.652m		底坡与洞长	平坡、40m
					闸门型式	平板钢闸门
		正常蓄水位	130.352m	下游情况	河道安全泄量	760m^3/s
		死水位	122.652m		铁路桥安全泄量	1100m^3/s
	库容	总库容	2445 万 m^3		坝址距铁路	9km
		校核洪水调洪库容	1965 万 m^3		坝型	黏土斜墙坝
		兴利库容	原设计值：840 万 m^3		坝顶高程	137.952m
		死库容	原设计值：45.5 万 m^3		防浪墙顶高程	138.952m

该水库是一座以防洪为主，结合蓄水灌溉等综合利用的中型水库枢纽工程，担负着下游主要交通干线及 46 个村镇的防洪，以及下游 2667hm²（4 万亩）土地的灌溉任务。水库自 1959 年投入运用以来，在防洪、灌溉等方面发挥了显著的效益。

该水库虽经数次除险加固，但水库运用过程中仍存在一些安全问题，需进一步除险加固，并调整有关特征水位。

与水文水利计算有关的除险加固项目是，水库现状溢洪道浆砌石衬砌不满足设计洪水抗冲要求，根据除险加固要求，需要新衬砌 0.3m 厚的混凝土，堰顶高程由现状 130.352m 提高到 130.652m。

根据水库上游情况，通过研究表明，可将现状正常蓄水位提高至除险加固后的溢洪道堰顶高程 130.652m，而不需要征地与移民。

该水库现状防洪限制水位低于堰顶高程，防洪运用时，防洪限制水位与堰顶高程之间的蓄洪量靠输水洞泄放，由于输水洞的泄流能力较小，且为便于水库调度运用，减少操作事故风险，拟将汛限水位提高至除险加固后的溢洪道堰顶高程 130.652m。

此外，该水库自 1959 年蓄水至 2005 年，泥沙淤积量约 280 万 m³，淤积形态为锥体淤积兼带状淤积，死库容已基本淤平，并已影响到兴利库容。通过对泥沙淤积分析计算，并按该水库除险加固后正常运行 30 年的要求，将死水位由现状 122.652m 提高至 124.652m。

（2）水库除险加固后的工程标准与有关资料。

水库除险加固后的工程任务仍以防洪为主，结合灌溉等综合利用。

1）防洪标准。M 河水库属于中型规模，Ⅲ 等工程，主要建筑物级别为 3 级。防洪标准仍按现状标准，即水库主要建筑物设计洪水标准为 100 年一遇，校核洪水标准为 1000 年一遇。

水库下游防洪任务为：30 年一遇洪水保下游河道及农田，安全泄量为 760m³/s，100 年一遇保下游铁路，安全泄量为 1100m³/s。

2）除险加固后水库允许最高水位。除险加固后，水库仍按现状坝顶高程，核定水库遇 100 年一遇洪水允许最高洪水位为 136.622m，1000 年一遇洪水允许最高水位为 137.582m。

3）兴利标准与水库调节性能。水库下游为井渠结合灌区，地面水灌溉保证率按 50% 考虑。设计基准年为 2005 年，设计水平年采用 2015 年。兴利调节采用年调节运用方式。

4）来水资料。

a）该水库缺乏实测径流资料，利用等值线图法已求得水库坝址断面处年径流量的统计参数为 $\overline{R}=101mm$，$C_v=1.20$，采用 $C_s=2.5 C_v$。

b）搜集设计流域所在地区《水文手册》不同频率代表年的各月径流量分配比见表 22.2。

表 22.2　　　　　　　　　M 河水库不同频率代表年径流量年内分配

频率（%）	各月径流量占全年总量的百分数（%）											
	1 月	2 月	3 月	4 月	5 月	6 月	7 月	8 月	9 月	10 月	11 月	12 月
25	0.9	0	1.1	0.6	3.6	15.1	29.2	42.1	3.4	2.5	1.5	0
50	0	0.1	0.7	2.2	0.9	18.3	22.9	41.7	10.2	2.1	0.9	0

5）暴雨洪水及有关资料。

a）流域特征参数，见表 22.3。

表 22.3　　　　　　　　　　　　M 河水库流域特征参数

流域面积（km²）	主河道长度（km）	主河道坡度（‰）	流域平均宽度（km）	流域面积不对称系数
94	17.7	11.2	5.7	0.5

b）设计暴雨量。M 河水库雨量站具有 1961～1997 年共 37 年的雨量资料。

暴雨计算时段取 1h、6h、24h、3d。其中长历时 24h、3d 设计点雨量根据雨量站资料频率计算求得；1h、6h 设计点雨量采用等值线图法求得。各时段点雨量的统计参数见表 22.4。

表 22.4　　　　　　　　　　M 河水库 30 年一遇设计暴雨量的统计参数

计算时段	1h	6h	24h	3d
暴雨量均值（mm）	38	80	92	121
变差系数 C_v	0.61	0.70	0.87	1.0
C_s/C_v	3.5	3.5	3.5	3.5

根据水库所在地区不同流域面积、不同频率的 1～3h、6h、24h 的点面换算系数的分析成果，确定设计流域 30 年一遇的历时 1～3h、6h、24h 的点面换算系数分别为 0.752、0.806、0.928、0.962。

c）典型暴雨时程分配。水库所在地区 3d 暴雨时程分配见表 22.5。

d）设计洪水。

产流方案：该流域属半湿润半干旱地区，采用初损后损法产流计算。该流域由设计的前期影响雨量确定设计条件下初损 I_0 为 85mm，后期平均损失强度 $\overline{f}=2.5\text{mm/h}$。

表 22.5　　　　　　　　　　　　水库所在地区 3d 暴雨时程分配

时段（Δt=3h）	24h 面雨量分配	(3d−24h) 面雨量分配率	时段（Δt=3h）	24h 面雨量分配	(3d−24h) 面雨量分配率
1		0.040	14	H_9-H_6	
2		0.060	15	H_6-H_3	
3		0.010	16	H_3	
4		0.000	17	$H_{12}-H_9$	
5		0.120	18		0.090
6		0.078	19		0.090
7		0.078	20		0.260
8		0.081	21		0.009
9		0.081	22		0.003
10	$H_{24}-H_{21}$		23		
11	$H_{21}-H_{18}$		24		
12	$H_{18}-H_{15}$		合计		1.000
13	$H_{15}-H_{12}$				

汇流方案：采用瞬时单位线法。参数 $n=1.0$，参数 m_1 的经验公式如下

$$m_1 = \omega F^{0.65} J^{-0.30} I^{-0.35}$$

其中
$$\omega = \begin{cases} 10^{-2.95\frac{B}{L}K_a^{0.25}+0.38} & \left(0.1 \leqslant \frac{B}{L}K_a^{0.25} \leqslant 0.30\right) \\ -\ln\left(2.1\frac{B}{L}K_a^{0.25}+0.11\right) & \left(0.1 \leqslant \frac{B}{L}K_a^{0.25} \leqslant 0.35\right) \\ K_a = f_{小}/f_{大} \end{cases}$$

式中　F——流域面积，km^2；

　　　L——主河道长度，km；

　　　J——主河道坡度，以‰计；

　　　I——设计净雨平均雨强，mm/h；

　　　B——流域平均宽度，km；

　　　K_a——流域面积不对称系数；

　　　$f_{小}$——主河道一侧小流域面积；

　　　$f_{大}$——主河道一侧大流域面积。

设计流域基流为 $2m^3/s$。

已有设计洪水成果见表 22.6。

表 22.6　　　　　　　　　　　**水库设计洪水过程线**　　　　　　　　单位：m^3/s

时间（h）	1000 年一遇	100 年一遇	时间（h）	1000 年一遇	100 年一遇
0	2	2	12	209	19
1	15	6	13	216	60
2	22	10	14	220	130
3	32	24	15	211	177
4	75	60	16	180	168
5	130	108	17	150	140
6	184	134	18	129	165
7	200	134	19	160	270
8	200	112	20	222	430
9	199	89	21	250	621
10	200	60	22	225	923
11	207	26	23	178	1270

时间（h）	1000 年一遇	100 年一遇	时间（h）	1000 年一遇	100 年一遇
24	153	1394	40	392	18
25	208	1150	41	308	14
26	328	670	42	268	8
27	385	300	43	230	6
28	360	186	44	210	5
29	312	140	45	246	3
30	321	102	46	425	3
31	420	74	47	650	2
32	570	60	48	758	2
33	786	72	49	600	
34	1250	140	50	300	
35	1775	240	51	77	
36	1989	280	52	25	
37	1650	228	53	10	
38	1000	120	54	9	
39	521	41			

6）用水资料。灌区与水库处于同一气候区。2015 年水平年上游耗水量见表 22.7；灌区 2015 水平年频率 25％、50％的综合毛灌溉定额见表 22.8。

表 22.7　　　　　　　　　　　　2015 年水平年上游耗水量　　　　　　　　单位：万 m³

月份	1	2	3	4	5	6	7	8	9	10	11	12
耗水量	0	0	0.2	0.6	0.4	10.3	1.7	1.6	1.8	1.7	0	0

表 22.8　　　　　　　灌区 2015 年水平年不同频率综合毛灌溉定额　　　　　单位：m³/hm²

月份	3	4	5	6	7	8	9	10	11	全年用水
$p=25\%$	645	1125	645	480	0	0	645	0	570	4110
$p=50\%$	675	1170	675	510	1095	600	675	0	600	6000

7）水库特性资料。

a）水位—面积、水位—容积关系见表 22.9。

b）蒸发、渗漏损失计算有关资料。该水库所在流域多年平均年降水量 550mm，由水库器测水面蒸发观测资料确定年最大蒸发量为 1510mm，E-601 型蒸发器折算系数年平均值为 0.95，多年平均器测水面蒸发量月分配比见表 22.10。根据水库水文地质条件，渗漏损失按月蓄水量 2％计。

表 22.9   **M 河水库水位、容积、面积关系表**

水位 （m）	现状库容 （万 m³）	面积 （万 m²）	水位 （m）	现状库容 （万 m³）	面积 （万 m²）
122	0.1	4.0	131	790.0	179.8
123	7.0	9.8	132	980.0	200.2
124	30.0	33.2	133	1189.0	217.8
124.65	68.0	41.0	134	1418.0	240.2
125	73.0	49.8	135	1667.0	257.8
126	137.0	78.2	136	1942.0	279.0
127	230.0	100.8	137	2217.0	299.0
128	342.0	126.2	137.428	2321.0	310.0
129	471.0	141.8	137.431	2322.0	313.0
130	621.0	158.2	137.65	2375.0	323
130.65	726.0	170.0			

表 22.10   **多年平均器测水面蒸发量月分配**

月份	1	2	3	4	5	6	7	8	9	10	11	12
月分配（％）	2.3	3.2	6.8	12.2	17.9	14.8	11.9	9.9	8.7	6.8	3.4	2.1

8）泄流设施

溢洪道为开敞式宽顶堰，淹没系数、侧收缩系数分别取 1.0；流量系数取 0.32。

3. 要求

（1）训练内容。

1）洪水调节及保坝标准复核。对汛限水位提高至除险加固后的溢洪道堰顶高程 130.652m，放水洞不参加泄洪的方案调洪计算，并论证提高汛限水位，现状坝顶高程、堰顶净宽能否满足要求的大坝洪水标准与下游防洪安全要求，进而说明提高汛限水位是否可行。

2）兴利调节计算。根据除险加固后的死水位、正常蓄水位，推求频率 25％、50％代表年保证的灌溉面积，为灌区规划提供依据。

（2）其他要求。

1）提交设计成果。包括设计说明书、计算书（也可将说明书与计算书合一）、图表等。

2）成果要求。

a）设计说明书的内容一般包括：设计摘要、目录、概述与设计资料、设计计算过程、设计成果、参考资料等几个部分。

b）设计说明书对每项设计任务要详细说明，要求层次清楚、观点明确、叙述简要、格式规范，不得徒手绘制草图。设计要遵循现行国家标准、规范和规程，选定的参数要有依据、计算正确；各种符号应注有文字说明；列表表达计算数据，表名、物理量单位等要标注清楚。

3）绘图要求。计算所用图形应绘在方格纸上，曲线要光滑；图名、纵、横坐标名称及单位要标注清楚。

4）有关计算提倡使用 Excel 软件，提高工作效率。

4. 做法提示

（1）熟悉资料。熟悉本技能训练所提供的有关原始数据和资料，搞清楚训练任务的完成方法、步骤以及相应成果。

（2）设计年径流分析计算。根据所给资料推求设计频率 $p=25\%$、$p=50\%$ 的设计年径流量及其年内分配。

（3）30 年一遇的设计面暴雨过程计算。根据已求得的短历时 1h、6h、24h、3d 的暴雨统计参数求 30 年一遇的设计点雨量；根据 30 年一遇 1h、6h、24h 的设计点雨量，求 30 年一遇 3h、9h、12h、15h、18h、21h 的设计点暴雨量。

根据所给历时的暴雨点面换算系数，内插 9h、12h、15h、18h、21h 的点面换算系数，进而由设计点雨量求设计面雨量。

根据所给典型暴雨时程分配，推求 30 年一遇的设计面暴雨过程。

（4）设计净雨与设计洪水过程线的计算。利用该水库采用的产、汇流方案，推求 30 年一遇的设计洪水过程线。

（5）洪水调节及保坝标准复核。

1）绘制调洪计算辅助曲线。为提高计算精度，取计算时段 $\Delta t = 1h$。

2）分别对不同频率的洪水调洪计算（其中 30 年一遇设计洪水过程需按每隔 1h 取值，并且不要漏掉洪峰、对每隔 1h 取一个值的设计洪水过程线相应的洪水总量要进行校核，应等于设计洪水总量，或误差不超过 1%）。

3）根据调洪计算成果，分析提高汛限水位是否可行。

（6）兴利调节计算，推求频率 25%、50% 代表年保证的灌溉面积。

1）2015 年水平年逐月入库径流量计算。根据第（2）步求得的天然条件下的设计年径流，扣除 2015 年水平年上游的耗水量，得入库径流量。

2）求逐月蒸发损失深度。

3）对频率 50% 的代表年，求保证的灌溉面积。

拟定灌溉面积 F_1，计算频率 50% 的灌溉用水，进而计入损失调节计算求所需兴利库容 $V_{兴1}$。

拟定灌溉面积 F_2，计算频率 50% 的灌溉用水，进而计入损失调节计算求所需兴利库容 $V_{兴2}$。

依此类推，推求完全年调节时灌溉面积。

参 考 文 献

［1］ 张子贤. 综合利用水库兴利调节计算中若干问题［J］. 海河水利，1995（6）：13－17.
［2］ 张子贤. 关于可供水量定义及计算方法的讨论［J］. 人民长江，2002（7）：27－29.
［3］ 张子贤. 论最小二乘法回归分析中的几个问题［J］. 河北水利水电技术，2002（5）：15－17.
［4］ 张子贤. 水科学中应用数理统计方法应注意的几个问题［J］. 中国农村水利水电，2005（12：）13－15.
［5］ 张子贤主编. 工程水文及水利计算（第二版）［M］. 北京：中国水利水电出版社，2008.
［6］ 龙建明，李敏科，马艳丽. 小型水电站装机容量的确定［J］. 小水电，2006（4）：37－38.
［7］ 朱伯俊. 水利水电规划［M］. 北京：水利电力出版社，1992.
［8］ 朱歧武，拜存有主编. 水文与水利水电规划（第二版）［M］. 郑州：黄河水利出版社，2008.
［9］ 王火利，章润娣主编. 水利水电工程建设项目管理［M］. 北京：中国水利水电出版社，2005.
［10］ GB 50201—94 防洪标准. 北京：中国计划出版社，1994.
［11］ SL 76—94 小水电水能设计规程. 北京：中国计划出版社，1994.
［12］ SL 252—2000 水利水电工程等级划分及洪水标准. 北京：中国水利水电出版社，2000.
［13］ SL 44—2006 水利水电工程设计洪水计算规范. 北京：中国水利水电出版社，2006.
［14］ SL 278—2002 水利水电工程水文计算规范. 北京：中国水利水电出版社，2002.
［15］ SL 104—95 水利工程水利计算规范. 北京：中国水利水电出版社，1996.